高等职业教育农业农村部“十三五”规划教材

高等职业教育“十四五”规划教材

高等职业教育产教融合新形态教材

农产品快速检测

姚瑞祺　雷　琼　主编

中国农业大学出版社

·北京·

内 容 简 介

《农产品快速检测》分为8个项目，包括农产品快速检测基础、农产品农药残留快速检测、农产品兽药残留快速检测、重金属快速检测、食品添加剂及非法添加物快速检测、农产品掺假快速检测、生物毒素快速检测、农产品微生物快速检测。教材理论联系实际，着重使学生正确掌握农产品快速检测的基本方法和基本技能，加深对农产品快速检验原理的理解和增加职业技能，培养学生严谨的科学态度和良好的工作作风。本教材配套视频资源，学生在学习理论的同时，可以直接感知实际操作，实现教学内容职业化，缩短岗位适应时间，达到事半功倍的效果。本教材适用于高职高专食品营养与检测、农产品质量检测、食品加工技术、绿色食品生产与检验等专业，还可作为食品加工企业科技人员的参考用书或岗前培训的教材。

图书在版编目(CIP)数据

农产品快速检测/姚瑞祺，雷琼主编. —北京：中国农业大学出版社，2021.7
ISBN 978-7-5655-2599-5

Ⅰ.①农… Ⅱ.①姚… ②雷… Ⅲ.①农产品-质量检测-高等职业教育-教材 Ⅳ.①S37

中国版本图书馆 CIP 数据核字(2021)第 155814 号

书　　名 农产品快速检测
作　　者 姚瑞祺　雷　琼　主编

策划编辑 张　玉　　**责任编辑** 张　玉
封面设计 郑　川
出版发行 中国农业大学出版社
社　　址 北京市海淀区圆明园西路2号　　**邮政编码** 100193
电　　话 发行部 010-62733489，1190　　读者服务部 010-62732336
编辑部 010-62732617，2618　　出　版　部 010-62733440
网　　址 http://www.caupress.cn　　**E-mail** cbsszs@cau.edu.cn
经　　销 新华书店
印　　刷 北京时代华都印刷有限公司
版　　次 2021年9月第1版　2021年9月第1次印刷
规　　格 787×1 092　16开本　19.5印张　485千字
定　　价 55.00元

“高等职业教育产教融合新形态教材”
食品类专业系列教材
编审委员会

“高等职业教育产教融合新形态教材”
食品类专业系列教材
专　家　组

编写人员

主　编　姚瑞祺（杨凌职业技术学院）

雷　琼（杨凌职业技术学院）

副主编　刘颖沙（杨凌职业技术学院）

周鸿燕（济源职业技术学院）

管　爽（济南护理职业学院）

许　建（新疆农业职业技术学院）

参　编　戴　璐（杨凌职业技术学院）

赵　璐（渭南市检验检测研究院）

刘晶晶（北京电子科技职业学院）

马雅洁（陕西中食安第三方监管有限公司）

邢维维（北京维德维康生物技术有限公司）

出版说明

为贯彻落实《国家职业教育改革实施方案》(国发〔2019〕4号,又称“职教二十条”)以及《高等职业学校专业教学标准》等相关文件精神,有效推进产教融合、校企合作,建设一批校企“双元”合作开发的高质量教材,经向行业专家咨询及与有关高等职业院校沟通,借鉴与物化高等职业教育食品类专业教育教学改革成果,中国农业大学出版社开展了“高等职业教育产教融合新形态教材”食品类专业系列教材建设工作。

“高等职业产教融合新形态教材”食品类专业系列教材建设是食品类专业高技能人才培养的基础性工作,也是促进社会与经济发展的客观需求。近20年来,随着加入世贸组织,我国食品工业得到了持续与快速的发展,食品工业进入产业升级、调整改革的关键时期,食品产业从数量扩张向质量提升转变。原有的高等职业教育食品类专业教材从内容到表现形式,要满足现代食品工业人才培养的需要,就必须改革创新,在实践中不断探索高等职业教育食品类专业新形态教材建设的新路子,才能为高等职业教育食品类专业高技能人才培养奠定坚实的基础、发挥应有的作用。

“高等职业教育产教融合新形态教材”食品类专业系列教材具有如下特点:

1.精心组织编审队伍。在征集和分析相关高等职业院校的申报材料的基础上,充分考虑不同院校的专业优势及教学创新改革进程及成果等,慎重确定每一教材参加编审的骨干人员,并根据教师提供的编写提纲、编写思路与样章等,由“高等职业教育产教融合新形态教材”食品类专业系列教材编审委员会及专家组遴选组建编写团队。同时,邀请高等职业院校、行业及生产企业的专家参与教材建设,审核编写提纲,后期对书稿进行严格审定。教材编写过程中,作者与审稿人员充分沟通,书稿反复修改,从而确保了教材内容的前瞻性、科学性及对一线岗位的适应性。

2.创新编写体例。本次教材建设重点在食品类专业基础课程和专业核心课程。以“项目引领,任务驱动”作为教材的基本框架,以职业岗位确立典型工作任务,以典型工作任务确定岗位能力需求,以能力需求确定学习项目与任务,突出了实践性、企业案例化与职业化,并与项目紧密关联。内容新颖、趣味性强是本系列教材的一大亮点。对专业基础课程,突破了传统的学科编写体例,参考模块式总体思路设计,创立新的编写体例,使教材既精炼又实用,有利于提高学生的学习效果与效率。

3.突出职业教育特色。教材编写体现了现代职业教育体系教学改革精神,该新形态系列教材将努力体现课程内容与职业标准对接、教学过程与生产过程对接的要求,反映高等职业教育专业课教学与思想政治理论课教学同向同行、职业技能与职业精神培养高度融合的特点,尤其是“项目引领,任务驱动”式教材,每一任务的活动规程,力求按工作任务的环节以表格任务单或实际案例形式进行编写与训练,突出操作环节与质量要求,促进职业技能培养与职业素养的紧密结合,实现教学与职业岗位的“零距离对接”。

4.新形态信息技术在系列教材中广泛应用。努力对食品类专业教材中的知识点与技能点进行信息化处理，使其表现形式更加多元化，提高智能化水平，突出趣味性与直观性，实现手机终端推送学习，采用微课、视频、动画等展示相关知识、专项实验、任务拓展与测试题答案等内容，充分体现了高等职业教育教材多元化创新的全新特色。

“高等职业教育产教融合新形态教材”食品类专业系列教材基本覆盖了食品智能加工、食品生物技术、食品营养与健康与食品检验检测技术等食品类专业的专业基础课程与专业核心课程。系列教材既充分强调了食品科学的实践性，同时又充分考虑了食品产业与基础理论的有机结合，努力做到每种教材间内容相互补充、相互衔接，构成一个完整的课程体系。系列教材主要作为高等职业教育食品类专业的相关课程教材，也可作为现代食品企业相关技术人员及专业技术工人的培训、参考用书。

“高等职业教育产教融合新形态教材”食品类专业系列教材的顺利出版，是全国近60所高职学院及部分食品企业等共同奋斗的结果。编写过程中所做的许多探索，为进一步推进高等职业教育教材建设的改革与创新提供了有益的经验。我们真诚地希望，以此为契机，进一步有效加强与各高等职业院校及食品企业的交流与合作，不断拓展食品类专业新形态系列教材合作开发的思路，创新教材开发的模式与服务方式。让我们共同努力，为深化高等职业教育食品类专业教育教学改革与人才培养质量的提高，发挥积极的推动作用。

中国农业大学出版社

2020年7月

前　言

农产品是人类生活的必需品，农产品安全直接关系到公众身体健康和生命安全，关系到经济发展和社会稳定。农产品安全问题一直受到政府和老百姓的广泛关注，仅靠常规的理化检测已不能满足公众的需要。农产品快速检测方便、快捷，可用于市场产品的日常监测和快速筛查，节省大量的人力、物力。

《农产品快速检测》为高等职业教育农业农村部“十三五”规划教材。本教材作为食品营养与检测、农产品加工与质量检测、食品加工技术、绿色食品生产与检验等专业核心课程及专业选修课程用书，通过企业、市场、行业调研，对接“食品安全快速检测技术人员”岗位能力及“农产品食品检验员”等相关职业技能资质证书的要求，在内容上紧贴国际和国内最新技术和标准，可以满足常见农产品安全检测的需求。本教材分为8个项目，包括农产品快速检测基础、农产品农药残留快速检测、农产品兽药残留快速检测、重金属快速检测、食品添加剂及非法添加物快速检测、农产品掺假快速检测、生物毒素快速检测、农产品微生物快速检测。教材理论联系实际，着重让学生正确掌握农产品快速检测的基本方法和基本技能，加深对农产品快速检验原理的理解和增加职业技能，培养学生严谨的科学态度和良好的工作作风。本教材配套视频资源，学生在学习理论的同时，可以直接感知实际操作，实现教学内容职业化，缩短岗位适应时间，达到事半功倍的效果。

本教材由姚瑞祺、雷琼担任主编。参加编写的人员和编写分工如下：杨凌职业技术学院刘颖沙（课程导论、项目二、附录1）、杨凌职业技术学院姚瑞祺（项目一）、济源职业技术学院周鸿燕（项目三理论部分）、北京维德维康生物技术有限公司邢维维（项目三操作实施）、济南护理职业学院管爽（项目四）、杨凌职业技术学院戴璐（项目五任务1～4）、渭南市检验检测研究院赵璐（项目五任务5～7）、北京电子科技职业学院刘晶晶（项目六）、新疆农业职业技术学院许建（项目七）、杨凌职业技术学院雷琼（项目八）、陕西中食安第三方监管有限公司马雅洁（附录2）。

在教材的编写过程中，引入了部分行业、企业的生产案例，参考了众多国际和国内的标准，还参阅了相关的专家、学者的论著论文。本教材承蒙苏州农业职业技术学院夏红教授、北京农业职业学院赵晨霞教授和原中央农业广播电视学校陈肖安同志对教材内容进行了初审与终审，在此一并表示感谢。本教材涉及的检验项目多、内容广，加之编者水平和时间有限，书中难免有疏漏与不足之处，恳请同行专家和广大使用者批评指正，以便我们进一步修改与完善。

编　者

2021年1月

目　录

课程导论

一、农产品快速检测概念

随着社会经济的发展，人们的生活水平得到了很大的提高，食品数量、种类较以往有了极大地丰富。然而，在这样迅猛的商品经济运行过程中，我国的食品无论是农副产品还是加工食品质量均是良莠不齐，近年来，出现了许多大大小小的食品安全事故，比如妇孺皆知的"三聚氰胺"事件、"瘦肉精"事件已经成为食品安全的典型事件。而在全球，近几十年来也发生了许多重大食品安全事件，如 1986 年欧洲"疯牛病"、1999 年二噁英污染及罐装可口可乐污染、2000 年日本"雪印牌毒牛奶"、2006 年英国吉百利公司"沙门氏菌"事件等，都促使各国政府对食品安全越来越重视。而在食品安全保障工作中，食品安全快速检测技术具有重要的意义，在很多情况下，如对农贸市场的生鲜食品、超市的短期储存食品等进行食品安全监督，甚至经营商自身进行管理都需要应用快速检测技术。在一些重大社会活动中如奥运会、世博会等，以及一些日常卫生监督过程中，食品安全快速检测技术也是一种重要的保障手段。

农产品快速检测并不是一类既定的检测方法，目前也没有严格的定义，目前普遍从检测时间方面区别于经典检测方法来界定。从广义上来讲，包括样品制备在内，能够在短时间内出具检测结果的行为称之为快速检测。从严格意义上讲，快速检测方法与常规方法相比，除应具有准确性外，还应具有明显的简捷性、经济性与便携性。一般认为，理化快速检验方法包括制备样品在内，能够在 2 h 以内出具检测结果，即可视为实验室快速检测方法；如果某一方法能够应用于现场快速检测，在 30 min 内出具检测结果，即可视为现场快速检测方法；如果能够在十几分钟甚至几分钟内得到检测结果，可视其为比较理想的现场快速检测方法；与传统检验方法相比，微生物快速检测方法能够大幅度缩短检测时间（缩短 1/2 或 1/3 时间）；发现阳性结果或超标样品时，能用传统方法复检（特殊样品除外），其结果基本相同的方法，可视为快速检测方法。

二、农产品快速检测特点

随着社会的发展，食品安全监管人员，单凭眼看、手摸、鼻闻、嘴尝的管理方法已不适应现代食品安全管理的模式；而传统的实验室的设备有限、样品检测数量有限、检验周期较长、投入成本高，远远满足不了食品安全保障的需求，需要快速检测行为来适应社会发展的需要。

在食品安全监管工作中，快速检测技术表现出以下突出特点：

一是快速检测技术运用方便、成本低，能覆盖到农村、城乡接合部等偏远地带，使基层监管手段得到强化。

二是快速检测技术反应迅速，对突发公共卫生事件拥有较强的现场应急处理能力，能最大限度地避免和减轻各类突发食品安全事故的损害。

三是日常监管中对于大量的样品先用快速检测方法对其筛选，发现有问题的食品再通过仪器检测进一步判定，可以节省大量的人力、物力，很大程度上提升了执法人员现场控制能力和公信力。

尽管现场快速检测由于灵敏度和特异性方面的限制，不能作为判定样品安全性的最终依据；但作为初筛手段，现场快速检测是发现问题的第一步，具有不可替代的作用。事实上，一些突发食源性事件的现场调查也往往以现场快速检测作为筛查的第一步。根据我国当前的国情，对农副产品批发市场以及超市等食品零售网点进行食品安全监督，乃至经营者自身管理，都需要配以现场抽样和快速检测。

三、农产品快速检测意义

食品安全快速检测技术可以对大批量的样品进行采集和实验，减少和缩小实验室样品的检测范围，从而发现可疑样本，然后可以有针对性地采集样品和进行实验室确证实验，从而缩短检测时间、降低检测成本，提高监督、检验的效率。更重要的是，通过快速检测技术，尤其是现场快速检测可以增加样品的检测数量、扩大食品安全监控范围，可以减轻实验室检测的压力。食品安全快速检测技术迎合了食品企业内部及监管检测部门对食品质量安全及时控制的需要，因此食品快速检测技术具有重要意义。

第一，快速检测是食品安全监管人员的有力工具。在日常卫生监督过程中，除感官检测外，采用现场快速检测方法，及时发现可疑问题，迅速采取相应措施，这对提高监督工作效率和力度，保障食品安全有着重要的意义。

第二，快速检测是实验室常规检测的有益补充。为了保障食品安全，需要检测的产品、半成品以及生产环节有很多，一一采集样品送实验室检测是不现实的。采用快速检测，可使食品安全预警前移，可以扩大食品安全控制范围。对有问题的样品必要时送实验室进一步检测，既提高了监督检测效率，又能提出有针对性的检测项目，达到现场检测与实验室检测的有益互补。

第三，快速检测是保障大型活动卫生安全与应急事件处理的有效措施。在大型活动卫生保障中，可以防止发生群发性食物中毒事件；在应急事件处理中，可以快速筛查食物中毒可疑因子，从而发挥快速检测方法的特殊作用。

第四，快速检测是中国国情的需要。中国近 30 年来经济快速发展，社会处于转型时期，而且还会持续相当长的一段时期。在商品经济发展运行中，食品安全也出现了一些问题，如农药、鼠药、甲醇、亚硝酸盐等造成群发性食物中毒，甲醛、吊白块、注水肉、瘦肉精、三聚氰胺等非法添加物事件的发生等。中国在提高食品安全整体水平方面仍有很长的路要走，快速检测将会在其中起到积极有效的作用。

四、农产品快速检测技术现状及发展趋势

随着科学技术的迅猛发展，各种食品检测法不断得到完善、更新，在保证检测结果准确度的前提下，食品检测正向着微量、快速、自动化的方向发展。在很多情况下，人们需要在最短的时间内出具检测结果，以便减少食品储存时间、保持产品新鲜、快速判断和处理紧急食品安全事故，因此，未来食品安全快速检测技术的发展也越来越得到重视。许多高灵敏度、高分辨率的分析仪器越来越多地应用于食品检测中，为食品的开发与研究、食品安全检测与卫生检验提

供了更加有力的手段。而食品安全快速检测的仪器也将向快速出具检测结果、便携、灵敏、易用、结果更准确的方向发展。

食品安全快速检测技术，可以及时控制、减轻、消除食品突发事故及有毒有害物质对人体潜在的危害，降低食品中毒发生率，提高工作效率，因此大力发展食品安全快速检测技术是一项利国利民的大事。食品安全快速检测未来发展的趋势主要有以下几方面：

第一，检测灵敏度更高，即最低检出限更低。通过有效的样品前处理方法消除基体干扰，提高测定灵敏度和选择性，减少交叉干扰。

第二，检测速度越来越快，最好能实现在线检测，必须考虑采样、处理、检测、分析各个环节的效率。

第三，选择性不断提高，各种高新技术的应用，使得在复杂混合体中直接进行污染物的选择性测定成为可能。

第四，检测结果的准确性越来越高。新工艺的应用，提高了检测产品的质量，使结果更准确，同时逐渐实现由定性和半定量检测到定量检测。

第五，检测仪器更智能化、微型化，并且由一次检测可同时测定多种成分的集成化技术，大大缩短了检测周期。

第六，检测成本越来越低，要加快研究实现快速检测产品的国产化、系统化。

第七，快速检测涉及的食品种类和检测对象繁多，现有的快速检测方法难以满足多残留同时检测的要求，因此，迫切需要发展多残留同时检测的快速检测方法。现有快速检测技术因方法本身的局限或缺乏有效样品前处理技术等影响，给实际推广应用带来不便。

五、农产品快速检测相关职业岗位能力分析

农产品快速检测课程是高等职业院校食品营养与检测、农产品加工与质量检测、食品加工技术、绿色食品生产与检验专业核心课，是从事农产品和农资产品质量检测、食品检验等岗位工作的必修课程。本课程主要介绍农药残留、兽药残留、重金属、非法添加物及食品微生物、生物毒素等的快速检测方法，理论结合实践，着重让学生正确掌握农产品（食品）的基本方法和基本技能，加深对农产品检验原理的理解和增加职业技能，培养学生严谨的科学态度和良好的实践作风。

六、本课程内容及学习方法

（一）本课程主要内容

项目一　农产品快速检测基础；

项目二　农产品农药残留快速检测；

项目三　农产品兽药残留快速检测；

项目四　重金属快速检测；

项目五　食品添加剂及非法添加物快速检测；

项目六　农产品掺假快速检测；

项目七　生物毒素快速检测；

项目八　农产品微生物快速检测。

(二)本课程学习方法

在学习农产品快速检测时应注意以下几点：

第一，建立扎实的课程知识体系；

第二，在归纳理解的基础上适当记忆；

第三，重视实验，理论联系实际。

项目一

农产品快速检测基础

【案例聚焦】

2020 年,“建设基层所食品安全快速检测实验室”项目被列为各地“为民办实事”项目。该项目以“一所一快检室”为目标,在基层市场监管所设置食品安全快速检测室。通过快检技能培训,能有效提高快检工作人员的业务水平,提升基层食品安全快速检测能力,为快检室的顺利运作提供保障。

【学习目标】

知识目标:掌握食品样品的采集、制备、保存等知识;掌握食品样品预处理的方法和原理;理解食品分析检验结果与数据处理的相关知识。

能力目标:熟练操作食品样品采集、制备、保存;熟练操作各种样品的前处理方法;能够应用食品分析检验数据对分析结果进行评价。

素质目标:能够将爱国守法、保护环境、职业奉献融入学习全过程;具备职业素养,遵守规则,认真负责;培养学生探索精神和严谨求实的精神。

【思维导图】

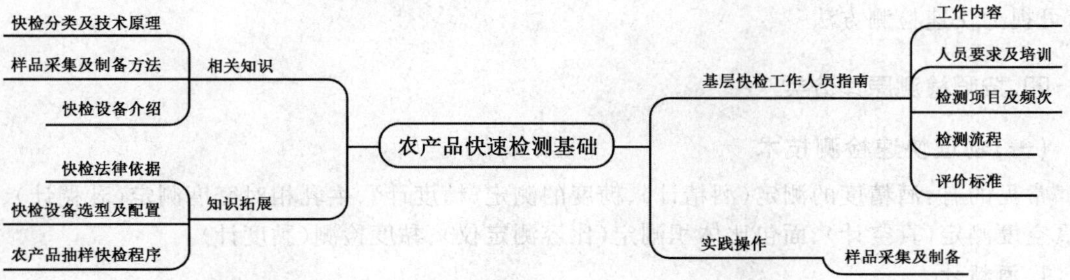

任务 1　快速检测分类

任务内容

本任务主要介绍农产品快速检测的分类，阐述各种技术的特点、原理、应用范围及优缺点。

知识准备

一、按照检测项目分类

按照检测项目，可以分为农药残留快速检测、兽药残留快速检测、重金属快速检测、生物毒素快速检测、食品添加剂及非法添加物快速检测、掺假快速检测、微生物快速检测等。

二、按照检测场地分类

按检测场地，可以分为现场快速检测和实验室快速检测。现场快速检测着重于利用一切可以利用的手段对检测样品快速定性和半定量；实验室快速检测着重利用一切可以利用的仪器设备对检测样品进行快速定性与定量。

三、按照检测时间分类

农产品快速检测本质上属于理化检验或微生物检验。

(一)理化快速检测

1. 实验室快速检测

包括制备样品在内，能够在 2 h 以内出具检测结果，即可视为实验室快速检测方法。

2. 现场快速检测

如果某一方法能够应用于现场快速检测，在 30 min 内出具检测结果，即可视为现场快速检测方法；如果能够在十几分钟甚至几分钟内得到检测结果，可视其为比较理想的现场快速检测方法。

(二)微生物快速检测

与传统检验方法相比，微生物快速检测方法能够大幅度缩短检测时间(缩短 1/2 或 1/3 时间)；发现阳性结果或超标样品时，能用传统方法复检(特殊样品除外)，其结果基本相同的方法，可视为快速检测方法。

四、按照检测原理分类

(一)物理快速检测技术

常见的有：酒精度的测定(酒精计)、糖度的测定(糖度计)、牛乳相对密度测定(乳稠计)、罐头真空度测定(真空计)、面包比体积测定(比容测定仪)、黏度检测(黏度计)。

1. 酒精计

酒精计是根据酒精浓度不同，比重不同，浮体沉入酒液中排开酒液的体积不同的原理而制造的。当酒精计放入酒液中时，酒的浓度越高，酒精计下沉也越多，比重也越小；反之，酒的浓度越低，酒精计下沉也越少，比重也越大。

2. 糖度计

光线从一种介质进入另一种介质时会产生折射现象，且入射角正弦之比恒为定值，此比值称为折光率。故测定果蔬汁液的折光率，可求出果蔬汁液的糖度，常用仪器是糖度计。通过测定果蔬糖度，可了解果蔬的品质，估计果实成熟度。

3. 比容测定仪

面包比容反映的是面团体积膨胀程度及保持能力，比容直接影响成品面包的外形、口感、组织。面包比容测定仪（图 1-1）的工作原理为菜籽置换法，即样品室放置面包，样品所占体积将菜籽排挤到玻璃刻度管中，该体积减去样品室不放样品时测得体积即为面包体积。

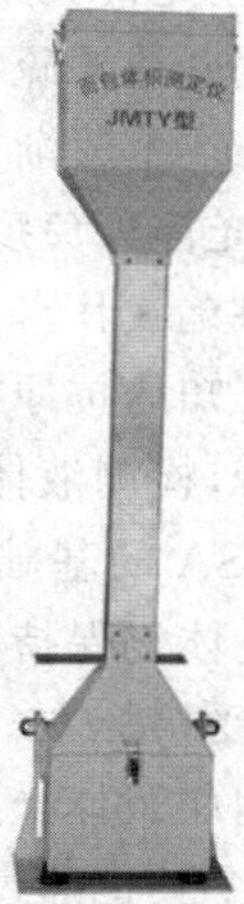

图 1-1　面包比容测定仪

（二）化学快速检测技术

常见的有：目视比色法、光电比色法、分光光度法、甲醛快速检测法、亚硝酸盐快速检测法、劣质食用油快检检测法等。

1. 目视比色法

用眼睛比较溶液颜色的深浅以测定物质含量的方法，称为目视比色法。若待测液与某一标准溶液颜色深度一致，则说明两者浓度相等，若待测液颜色介于两标准溶液之间，则取其算术平均值作为待测液浓度。

2. 光电比色法

利用光电比色计测量有色溶液对入色光的吸收程度对物质进行分析，称为光电比色法。光电比色法只获得可见光区的光源，即常用钨灯、碘钨灯获得连续光谱。此光源只能对有色稀溶液进行测定。

3. 分光光度法

分光光度计采用适当的光源和检测器，使测量的范围不只局限于可见光区。如用红外光作为光源称为红外分光光度法；用紫外线作为光源称为紫外分光光度法。

分光光度法分别用紫外和可见光区的光源，可见光区使用钨灯，近紫外光区使用氢灯或氘灯，此光源对有色和无色溶液均能测定。

4. 甲醛快速检测法

甲醛检测仪采用电化学电压型传感器。样气的气体分子被吸收到电化学敏感电极，经过扩散介质后，在适当的敏感电极电位下气体分子发生电化学反应，这一反应产生一个与气体浓度成正比的电流，这一电流转换为电压值并传送给仪表读数或记录仪记录。

（三）酶抑制快速检测技术

酶抑制技术是利用有机磷和氨基甲酸酯类农药抑制胆碱酯酶（ChE）的特异性生化反应。酶抑制技术是研究比较成熟、在国内应用最广泛的快速检测技术之一。

酶抑制法只能检测有机磷和氨基甲酸酯两类农药，且对同类、不同种农药的抑制率差别很大，所以用统一的抑制率确定农药残留是否超标，必然会导致假阳性或假阴性的漏检。酶抑制技术是目前不得已而采用的速测法，该方法仅适用于基层初检，在发现超标现象时，必须用标准方法进行复测确证，这在《农产品质量安全法》第三十六条第二款中有明确的规定。对阴性结果，也应按比例进行抽样，采用可靠的方法进行复测确证。

（四）免疫学快速检测技术

1. 免疫荧光技术

免疫荧光分析（Immuno Fluorescence Assay，IFA）始创于20世纪40年代初，1942年康斯（Cons）等首次报道用异硫氰酸荧光素标记抗体，检查小鼠组织切片中的可溶性肺炎球菌多糖抗体，但此种荧光素标记物的性能较差，未能推广应用。20世纪50年代，Riggs等合成出性能较为优良的异硫氰酸荧光素。Mashall等对荧光抗体的标记方法又进行了改进，从而使得免疫荧光技术逐渐得到推广应用。免疫荧光技术包括底物标记荧光测定法、荧光偏振免疫测定法、荧光猝灭免疫测定法、荧光增强免疫测定法。

2. 酶免疫技术

将已知的抗原或抗体吸附在固相载体表面，用酶标记抗原或抗体，使抗原抗体反应在固相表面进行，检测液体中未知抗体或抗原的方法，简称ELISA。

ELISA的基础是抗原或抗体的固相化及抗原或抗体的酶标记。结合在固相载体表面的抗原或抗体仍保持其免疫活性，酶标记的抗原或抗体既保留其免疫活性，又保留酶的活性。在测定时，受检标本（测定其中的抗体或抗原）与固相载体表面的抗原或抗体起反应。用洗涤的方法使固相载体上形成的抗原-抗体复合物与液体中的其他物质分开。再加入酶标记的抗原或抗体，令其也通过反应而结合在固相载体上。此时固相载体上的酶量与标本中受检物质的量呈一定的比例。加入酶反应的底物后，底物被酶催化成为有色产物，产物的量与标本中受检物质的量直接相关，故可根据呈色的深浅进行定性或定量分析。

ELISA的主要类型有夹心法、间接法、竞争法、捕获包被法、亲和素标记法等，其中竞争法测定的是小分子抗原，适用于食品安全分析。

3. 放射免疫技术

放射免疫技术（Radio Immuno Assay，RIA）是以放射性核素为标记物的标记免疫分析法。是由Yalow和Berson于1960年创建的标记免疫分析技术。由于标记物放射性核素的检测灵敏性，本法灵敏度高，测定准确性良好，特别适用于蛋白质、激素和多肽的精确定量测定。

RIA由于可以避免假阳性，适宜于阳性率较低的大量样品检测，已广泛应用于水产品、肉类产品、果蔬产品中的农药残留量的检测。还可检测经食品传播的细菌及毒素、真菌及毒素、病毒和寄生虫及小分子物质和大分子物质。

4. 免疫胶体金技术

胶体金是一群呈胶体状态，粒径在微米级以下的悬浮于水溶液中的金的颗粒。胶体金是一种常用的标记技术，是以胶体金作为示踪标志物应用于抗原抗体的一种新型的免疫标记技术。

免疫胶体金检测技术，是利用胶体金颗粒进行标记的一项技术，将特异的抗体交联到试纸条上和有颜色的物质上，试纸条上有一条保证试纸条功能正常的控制线和一条或几条显示结果的测试线，当试纸条上抗体和特异抗原结合后，再和有颜色的特异抗原进行反应时，就形成带有颜色的“三明治”结构，并且固定在试纸条上，通过观察颜色对结果进行判定。该技术常用于有害微生物、农药残留、兽药残留等的检测。

（五）分子生物学快速检测技术

1. PCR（Polymerase Chain Reaction，PCR）技术

PCR技术是一种利用DNA变性与复性原理，在体外利用DNA聚合酶活性，在引物的引

导和脱氧核糖核苷酸(dNTP)等的参与下，将模板 DNA 在数小时内进行百万倍扩增的检测技术。该技术自 1985 年问世以来，就以惊人的速度广泛地应用于生命科学的众多领域。目前在食品工程领域中致病性微生物、转基因食品的检测等方面的应用也越来越受到关注，较为成熟的有单核细胞增多性李斯特氏菌、金黄色葡萄球菌、沙门氏菌、肠毒素大肠杆菌等的检测。

2. 基因芯片技术

基因芯片技术是鉴别微生物和转基因成分最有效的手段之一，为全面、快速、准确地进行食品安全检测提供了一个崭新的平台。

基因芯片技术的基本原理：将各种基因寡核苷酸点样于芯片表面，微生物样品 DNA 经 PCR 扩增后，制备荧光标记探针，然后再与芯片上的寡核苷酸点杂交，最后通过扫描仪定量和分析荧光分布模式来确定检测样品是否存在某些特定微生物。

基因芯片可广泛应用于各种导致食品腐败的致病菌的检测，该技术具有快速、准确、灵敏等优点，可以及时反映食品中微生物的污染情况。国内外都已开始食品微生物检测芯片的研究，并取得了一些积极的结论。

(六)生物传感器技术

生物传感器是通过被测定分子与固定在生物接收器上的敏感材料发生特异性结合，并发生生物化学反应，产生热焓变化、离子强度变化、pH 变化、颜色变化或质量变化等信号，且反应产生的信号的强弱在一定条件下与特异性结合的被测定分子的量存在一定的数学关系，这些信号经换能器转变成电信号后被放大测定，从而间接测定被测定分子的量。

根据生物识别元件和生物功能膜的不同，生物传感器可分为酶传感器、免疫传感器、微生物传感器、组织传感器、细胞传感器、类脂质膜传感器、DNA 杂交传感器等。生物传感器的特点是高特异性和高灵敏度，其高特异性是由生物分子特异性识别所决定的。

有试验表明，采用酶免疫电流型生物传感器可实现对存在于食品中的少量的沙门氏菌、大肠杆菌和金黄色葡萄球菌等的快速检测。

知识链接

农产品快速检测法律依据

视频 1-1　快速检测相关法律依据

1.《中华人民共和国食品安全法》第六十条第三款

县级以上质量监督、工商行政管理、食品药品监督管理部门在执法工作中需要对食品进行检验的，应当委托符合本法规定的食品检验机构进行，并支付相关费用。对检验结论有异议的，可以依法进行复检。

2.《中华人民共和国食品安全法实施条例》第五十条

质量监督、工商行政管理、食品药品监督管理部门在食品安全监督管理工作中可以采用国务院质量监督、工商行政管理和国家食品药品监督管理部门认定的快速检测方法对食品进行初步筛查；对初步筛查结果表明可能不符合食品安全标准的食品，应当依照食品安全法第六十条第三款的规定进行检验。初步筛查结果不得作为执法依据。

任务2 样品采集与检测结果报告

任务内容

本任务主要介绍采样、样品制备与处理、结果分析和结果报告的知识。按照采样的基本要求，做好采样方案和采样工具的准备工作，采用正确的方法进行采样和样品制备，经检测后最终形成结果报告。

知识准备

一、样品采集

(一)基本概念

样品采集是检测的第一步。从大量的分析对象中抽取具有代表性的一部分样品作为分析材料(分析样品)，称为样品的采集，简称采样。所抽取的分析材料称为样品或试样。

(二)采样原则

采样时一般要遵循代表性、典型性、适时性及程序性原则。

1. 代表性原则

采集的样品应充分代表检测的总体情况，也就是通过对具有代表性样本的检测能客观推测食品的质量。快检分析中，不同种类的样品，或即使同一种类的样品，因品种、产地、成熟期、加工及储存方法、保藏条件的不同，其成分和含量也会有显著性差异。

2. 典型性原则

采集能充分达到检测目的的典型样本，包括污染或怀疑污染的食品、掺假或怀疑掺假的食品、有毒或怀疑有毒的食品等。

3. 适时性原则

因为不少被检物质总是随时间发生变化的，为了保证得到正确结论应尽快检测，及时为重大活动的食品安全卫生提供保障，为食物中毒患者提供救治依据。如发生食物中毒应立即赶到现场及时采样，否则不易采得中毒食品，在临床上也往往要等检出毒物后才能采用有针对性的解救药物进行抢救。因此，采样和送检的时间性是很重要的。

4. 程序性原则

采样、检验、留样、报告均应按规定的程序进行，各阶段都要有完整的手续，责任必须分清。

(三)采样方法

样品的采集一般分为随机抽样和代表性取样两类。

随机抽样，即按照随机原则，从大批物料中抽取部分样品。操作时，应使所有物料的各个部分都有被抽到的机会。代表性取样，是用系统抽样法进行采样，根据样品随空间(位置)、时间变化的规律，采集能代表其相应部分的组成和质量的样品，如分层取样、随生产过程流动定时取样、按组批取样、定期抽取货架商品取样等。随机取样可以避免人为倾向，但是，对不均匀样品，仅用随机抽样法是不够的，必须结合代表性取样，从有代表性的各个部分分别取样，才能保证样品的代表性。具体的取样方法因分析对象的不同而异。

对于粮食、油料类物品，由原始样品充分混合均匀，进而分取平均样品或试样的过程，称为分样。分样常用的方法有“四分法”(图 1-2)。“四分法”将原始样品做成平均样品，即将原始样品充分混合均匀后堆集在清洁的玻璃板上，压平成厚度在 3 cm 以下的形状，并画对角线或“十”字线，将样品分成 4 份，取对角线的两份混合，再继续分为 4 份，取对角的 2 份。这样操作直至取得所需数量为止，此即是平均样品。

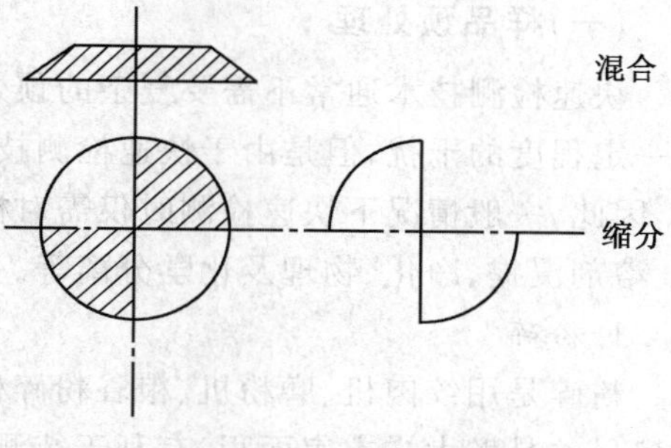

图 1-2　四分法图解

(四)采样步骤

采样一般分为下列五个步骤：

(1)获得检样。用随机抽样或代表性取样的方法得到检样。

(2)得到原始样品。将检样混合在一起得到原始样品。

(3)获得平均样品。从原始样品中按照规定方法进行混合平均，均匀地分出一部分，得到平均样品。

(4)平均样品分为 3 份。将平均样品分为 3 份，分别得到检验样品、复验样品和保留样品。

(5)填写采样记录。包括采样单位、地址、日期、样品的批号、采样条件、采样时的包装情况、数量、要求检验的项目及采样人等。

(五)采样工具及容器

1. 采样工具

(1)一般常用工具。包括钳子、螺丝刀、小刀、剪刀、镊子、罐头及瓶盖开启器、手电筒、蜡笔、圆珠笔、胶布、记录本、照相机等。

(2)专用工具。如长柄勺，适用于散装液体样品采集；玻璃或金属采样器，适用于深型桶装液体食品采样；金属探管和金属探子，适用于袋装的颗粒或粉末状食品采样；采样铲，适用于散装粮食或袋装的较大颗粒食品采样；长柄匙或半圆形金属管，适用于较小包装的半固体样品采集；电钻、小斧、凿子等，可用于已冻结的冰蛋采样；搅拌器，适用于桶装液体样品的搅拌。

2. 盛样容器

盛装样品的容器应密封，内壁光滑、清洁、干燥，不含待鉴定物质及干扰物质。容器及其盖、塞应不影响样品的气味、风味、pH 及食物成分。

盛装液体或半液体样品常用防水防油材料制成的带塞玻璃瓶、广口瓶、塑料瓶等。

盛装固体或半固体样品可用广口玻璃瓶、不锈钢或铝制盒或盅、搪瓷盅、塑料袋等。

采集粮食等大宗食品时应准备四方搪瓷盘供现场分样用；在现场检查面粉时，可用金属筛筛选，检查有无昆虫或其他机械杂质等。

二、样品的预处理与制备

(一)样品预处理

快速检测技术通常不需要复杂的预处理。食品的复杂成分对实验检测结果的准确性会带来一定程度的干扰,但是由于快速检测技术通常仅作为一种筛查手段,对结果的精确度要求不高,因此,一般情况下快速检测时仅需对样品进行简单的预处理。常用到的预处理过程包括粉碎、溶剂浸提、净化、物理及化学分离等。

1. 粉碎

粉碎是用绞肉机、磨粉机、粮谷粉碎机等将块状的或颗粒较大的动植物样本细化的过程。粉碎目的是增大样本表面积,有利于待测组分的提取。

2. 溶剂浸提

在同一溶剂中,不同的物质具有不同的溶解度。利用样品各组分在某一溶剂中的溶解度的差异,将各组分完全或部分地分离的方法,称为溶剂浸提法。此法在食品安全快速检测中经常用到,如食品添加剂、农药、黄曲霉毒素、非法添加物等的检测。溶剂浸提法又称为液固萃取法。一般来说,提取效果符合相似相溶的原则,故应根据被提取物的极性强弱选择提取剂。对极性较弱的成分(如有机氯农药)可用极性小的溶剂(如正己烷、石油醚)提取。对极性强的成分(如黄曲霉毒素 B_1)可用极性大的溶剂(如甲醇与水的混合溶剂)提取。溶剂要稳定,不与样品发生作用,此外一般现场应用的溶剂应易于携带、沸点低、安全。主要的提取方法有:

(1)振荡浸渍法。将样品切碎,放在合适的溶剂系统中浸渍,振荡一定时间,即可从样品中提取出被测成分。

(2)捣碎法。将切碎的样品放入捣碎机中加溶剂捣碎一定时间,将被捣成分提取出来。此法回收率高,但干扰杂质溶出较多。

(3)表面浸泡法。将浸提液滴加在样品表面浸渍一定时间,使样品表面的待测成分被提取出来,然后进行检测。此法精确度不高,对采样要求较高。

3. 净化

经过提取的待测组分,提取物中会含有与该组分结构相似的杂质,将待测组分与杂质分离的过程,称为净化。包括化学分离、物理分离、固液萃取、固相萃取等。

4. 浓缩

由于净化过程所引入的溶剂,可能会降低待测组分的浓度或不适宜直接进样,需要去除部分或全部溶剂并进行溶剂转换,此过程为浓缩或富集,主要通过旋转蒸发、氮吹等除去溶剂,达到浓缩的目的。

(二)样品制备

按采样规程采取的样品往往数量过大、颗粒太大、组成不均匀,因此,为了确保分析结果的正确性,必须对样品继续粉碎、混匀、缩分,这项工作即为样品制备。样品制备的目的是保证样品均匀,使在检测时取任何部分都能代表全部样品的成分。样品的制备方法因产品类型不同而异。

1. 液体、浆体或悬浮液体

一般将样品摇匀,充分搅拌,常用的简便搅拌工具是玻璃搅拌棒,还有带变速的电动搅拌器，可以任意调节搅拌速度。

2. 互不相溶的液体

如油与水的混合物，首先使不相溶的成分分离，然后分别进行采样，再制备成平均样品。

3. 固体样品

应用切细、粉碎、捣碎、研磨等方法将样品制成均匀可检状态；水分含量少、硬度较大的固体样品（如谷类）可用粉碎机或研钵磨碎并均匀；水分含量较高、韧性较强的样品（如肉类）可取可食部分放入绞肉机中绞匀，或用研钵研磨；质地软的样品（如水果、蔬菜）可取可食部分放入组织捣碎机中捣匀。

4. 罐头

水果罐头在捣碎前必须清除果核；肉禽罐头应预先清除骨头；鱼类罐头要将调味品（葱、辣椒及其他）分出后再捣碎。常用捣碎工具有高速组织捣碎机等。

三、结果报告

快速检测主要体现在定性和限量检测上。有些方法可以达到半定量或定量的效果则更加有利于结果的分析与判断。目前，快检结果不能作为执法依据，但可以用于快速筛查。

（一）快速检测结果表述

1. 相关定义及概念

（1）定性检测。即快速地得出被检样品中是否含有有毒有害物质，或其本身就是有毒有害物质。

（2）标准规定值。相关检测标准给出的具体数值。

（3）半定量检测。能够得出所测物质成分的大概含量，有利于结果的判断。

（4）定量检测。也称全定量检测，一般在实验室中进行。有些现场检测方法，其本身也属定量检测范畴，如温度、湿度、消毒间紫外线辐照强度等物理指标的检测。

2. 定性检测表述形式

（1）阴性。表示用本方法未检出要检测的物质。

（2）阳性。通常用来表示检出了有毒有害物质。

3. 限量检测表述形式

（1）合格。表示检测结果在标准规定值范围之内。

（2）不合格。表示检测结果超出或达不到标准规定值。

4. 半定量与定量检测表述形式

与限量检测相同，也可标出具体数值。

（1）急性中毒物质。通常是以 LD_{50}（半数致死量）加以区分。通俗意义上是指毒性较强的物质，当人体摄入一定剂量后，在几分钟或数小时即可出现中毒症状。

（2）慢性伤害物质。是指与急性中毒物质相比在同等剂量的情况下毒性弱一些的物质，当人体摄入同等剂量时不会很快出现中毒症状，当毒性物质在人体中积累到一定程度时才显现出不良体征。

5. 结果报送和问题样品的处理

（1）对于阳性结果以及不合格结果的样品。应重复测试，排除偶然误差。重要样品，如含急性中毒物质或可能会对后期处理带来较大社会影响或较大经济损失的样品，应注意留样，并将样品送实验室进一步确证。

(2)对于阴性与阳性、合格与不合格之间不易判定的样品。应重复测试，以多次重复相同的结果报告或送实验室检测。

(3)检测结果实行月报制度。日常快速检测中发现可能存在食品安全问题的，应在 24 h 内向上级监管部门报告，并按采样要求采样封存，备查。

(4)经实验室确认为存在食品安全问题的样品应依法处理。

6. 快速检测档案管理

快速检测采样记录、检测结果等相关文件应由专人统一管理，按档案存档要求归档，存档期限 2 年。

(二)快速检测原始记录

应用实验、观察、调查或资料分析等方法，根据实际情况直接记录或统计形成的各种数据、文字、图表、图片、照片、声像等原始资料即原始记录。原始记录能反映分析检验中最真实最原始的情况。

(1)检验记录必须用统一格式、带有页码编号的专用检验记录本记录。检验记录本或记录纸应保持完整。

(2)检验记录应用字规范，须用蓝色或黑色字迹的钢笔或签字笔书写。不得使用铅笔或其他易褪色的书写工具书写。检验记录应使用规范的专业术语，计量单位应采用国际标准计量单位，有效数字的取舍应符合实验要求；常用的外文缩写(包括实验试剂的外文缩写)应符合规范，首次出现时必须用中文加以注释；属外文译文的应注明其外文全名称。

(3)检验记录不得随意删除、修改或增减数据。如必须修改，须在修改处画一斜线，不可完全涂黑，保证修改前记录能够辨认，并应由修改人签字或盖章，注明修改时间。

(4)计算机、自动记录仪器打印的图表和数据资料等应按顺序粘贴在记录纸的相应位置上，并在相应处注明实验日期和时间；不宜粘贴的，可另行整理装订成册并加以编号，同时在记录本相应处注明，以便查对；底片、磁盘文件、声像资料等特殊记录应装在统一制作的资料袋内或储存在统一的存储设备里，编号后另行保存。

(5)检验记录必须做到及时、真实、准确、完整，防止漏记和随意涂改。严禁伪造和编造数据。

(6)检验记录应妥善保存，避免水浸、墨污、卷边，保持整洁、完好、无破损、不丢失。

(7)对环境条件敏感的实验，应记录当天的天气情况和实验的微气候(如光照、通风、洁净度、温度及湿度等)。

(8)检验过程中应详细记录实验过程中的具体操作，观察到的现象，异常现象的处理，产生异常现象的可能原因及影响因素的分析等。

(9)检验记录中应记录所有参加实验的人员；每次实验结束后，应由记录人员签名，另一人复核，科室负责人或上一级主管审核。

(10)原始记录本必须按归档要求整理归档，实验者个人不得带走。

(11)各种原始资料应仔细保存，以方便查找。

(三)快速检测报告编制

快速检测报告应准确、清晰、明确和客观地报告每一项或每一系列的检测结果,并符合检测方法中规定的要求。

1.一般内容

检测报告的内容、检测报告的格式应由检测室负责人根据承检产品、项目标准的要求设计,其内容应包括以下部分:

——检测报告的标题。

——实验室的名称与地址,进行检测的地点(如果与实验室的地址不同)。

——检测报告的唯一编号标识和每页数及总页数,以确保可以识别该页是属于检测报告的一部分,以及表明检测报告结束的清晰标识。

——客户的名称和地址。

——所用方法的标识。

——检测物品的描述、状态和明确的标识。

——对结果的有效性和应用至关重要的检测物品的接收日期和进行检测的日期。

——如与结果的有效性和应用相关时,实验室所用的抽样计划和程序的说明。

——检测的结果带有测量单位。

——检测报告批准人的姓名、职务、签字或等同的标识。

2.特殊内容

当需要对检测结果做出解释时,还应包括下列内容:

——取样日期。

——抽取的物质、材料或产品的清晰标识(包括制造者的名称、标示的型号或类型和相应的系列号)。

——取样的地点,包括任何简图、草图或照片。

——所用取样计划和程序的说明。

——取样过程中可能影响检测结果解释的环境条件的详细信息。

——与取样方法或程序有关的标准或规范,以及对这些规范的偏离、增添或删节。

以下为某检测机构快速检测报告单(表 1-1)。

表 1-1　×××检测机构快速检测报告单

送检单位:	样品名称:	
	生产单位:	检验依据:
生产日期及批号:	送检日期:	检验日期:
	检验项目:	
	结论:	
技术负责人:	复核人:	检验人:

附注:

年　月　日

操作实施

操作实施一　样品采集及制备

一、实施目的

(1)掌握苹果、青菜、大米、大排等几种农产品原料类型的采集和保存方法。

(2)理解采样的注意事项。

二、实施原理

采样是指从整批被检食品中抽取一部分有代表性的样品,供分析化验用。采样是食品分析的首项工作和重要环节。同一类的食品成品由于品种、产地、成熟期、加工或保藏条件不同,其成分及其含量有相当大的差异。同一分析对象,不同部位的成分和含量也可能有较大差异。因此必须掌握科学的采样和保存技术。

三、试剂与器材准备

1.仪器

多功能组织粉碎机、刀具若干、80 目筛、精密天平。

2.材料

苹果、青菜、大米、大排。

四、操作步骤

1.苹果的取样

随机选取 3 颗苹果→清洗→沿生长轴按四分法切→取对角 2 块→加入相同质量的水→组织粉碎机粉碎(长刀)→转移至干净容器→待测。

2.青菜的取样

随机选取 3 棵青菜→清洗→沿生长轴按四分法切→取对角 2 块→组织粉碎机粉碎(长刀)→转移至干净容器→待测。

3.大米的取样与保存

取一定量的大米→按四分法取样→组织粉碎机粉碎(短刀)→过 80 目筛→转移至干净容器→装入铝盒保藏→待测。

4.大排的取样

取一定量的大排→去骨去筋→按四分法取样→组织粉碎机粉碎(长刀)→转移至干净容器→待测。

制备好的试样应该一式 3 份,供检验、复验和备查用,每份不得少于 5 g。采样时除注意样品代表性外,还应认真填写采样记录,写明样品的生产日期、批号、采样条件、包装情况等。样品的起运日期、来源地点、数量、厂方化验情况、品质,并填写检验项目、检验人、采样时间,具体内容见表 1-2、表 1-3 和表 1-4。

表 1-2　采样工具统计表

工具名称	型号	数量/个	使用前情况	使用后情况

表 1-3　采样记录单

检验类别		样品名称	
样品编号		商标	
采样日期		采样地点	
样本基数		采样量	
采样部位		采样方式	
包装方法		签封标志	完好□　　不完好□
采样时的环境条件和气候条件			
遇到的问题及解决方案			

抽样人及被抽样单位(人)仔细阅读下面文字,确认后签字:

我认真负责地填写(提供)了以上内容,确认填写内容及所抽样品的真实、可靠。

被抽样单位(人)盖章或签名: 年　月　日	抽样单位盖章: 抽样人签名: 年　月　日

备注:此单一式 3 份,第一联存根(或交任务下达部门),第二联随样品,第三联由被抽样单位保存。

表 1-4　回收登记表

组号	所用材料	使用情况	所用工具	使用情况	所用仪器	使用情况

五、结果与分析

(1)苹果的取样物呈黄色悬浊液,有大量絮状悬浮物。

(2)青菜取样为绿色黏稠状物,含一定量水分,放入洁净玻璃皿中保存,放入恒温箱保藏。

(3)大米取样为白色粉状固体,放入洁净铝盒保存,放入恒温箱保藏。

(4)大排取样为浅黄色悬浊液。

六、注意事项

(1)采样工具应该清洁,不应将任何有害物质带入样品中。

(2)样品在检测前,不得受到污染、发生变化。

(3)样品抽取后,应迅速送检测室进行分析。

(4)在感官性质上差别很大的食品不允许混在一起,要分开包装,并注明其性质。

(5)盛样容器可根据要求选用硬质玻璃或聚乙烯制品,容器上要贴上标签,并做好标记。

七、操作实施

(1)学生分成3～5人一组,各小组在老师指导下,通过网络教学资源等多渠道查询农产品样品采集及制备的资料。

(2)各组根据汇总的相关资料,师生共同讨论、分析,用集体智慧完成农产品采样及制备方案初稿,制作汇报提纲并选一代表进行学习汇报交流,对样品采样及制备方案进行修订。

(3)学生按照修订后的农产品样品采样及制备方案,按规范要求,独立完成农产品采样工具准备、采样、样品制备与检测任务,最终填写任务考核单(表1-5),教师在操作实施过程中巡回指导。

表1-5 任务考核单:样品采集及制备

班级: 姓名: 学号: (时间:30 min,总分:100分)

<table>
<tr><th>项目</th><th>考核内容</th><th>分值</th><th>考核记录(以"√"表示)</th><th>备注</th><th>得分</th></tr>
<tr><td rowspan="2">实验前的准备(10分)</td><td rowspan="2">实验用品准备及摆放</td><td rowspan="2">10</td><td>物品准备合适,摆放合理,得10分</td><td></td><td rowspan="2"></td></tr>
<tr><td>实验物品少选或多选1件扣5分,扣完为止</td><td></td></tr>
<tr><td rowspan="11">取样及预处理(20分)</td><td rowspan="6">取样方法</td><td rowspan="6">10</td><td>随机取样,取样量正确,得10分</td><td></td><td rowspan="11"></td></tr>
<tr><td>没有随机取样,扣6分</td><td></td></tr>
<tr><td>苹果取样数量不准确,扣1分</td><td></td></tr>
<tr><td>青菜取样数量不准确,扣1分</td><td></td></tr>
<tr><td>大米取样过多或过少,扣1分</td><td></td></tr>
<tr><td>大排取样过多或过少,扣1分</td><td></td></tr>
<tr><td rowspan="3">清洗</td><td rowspan="3">5</td><td>苹果和青菜正确清洗,得5分</td><td></td></tr>
<tr><td>苹果没有清洗,扣2.5分</td><td></td></tr>
<tr><td>青菜没有清洗,扣2.5分</td><td></td></tr>
<tr><td rowspan="2">去骨去筋</td><td rowspan="2">5</td><td>大排去骨去筋,得5分</td><td></td></tr>
<tr><td>大排没有去骨,扣5分</td><td></td></tr>
</table>

续表 1-5

项目	考核内容	分值	考核记录(以"√"表示)	备注	得分
样品制备（25分）	四分法	15	按照四分法正确操作，得 15 分		
			没有按照四分法操作，一个样品扣 5 分，扣完为止		
	粉碎机使用	10	正确使用长刀与短刀，得 10 分		
			没有正确使用长刀与短刀，一个样品扣 3 分，扣完为止		
采样记录（30分）	采样工具统计表	10	认真填写采样工具统计表，得 10 分		
			缺少一项扣 3 分，扣完为止		
	采样记录单	10	认真填写采样记录单，得 10 分		
			缺少一项扣 1 分，扣完为止		
	回收登记表	10	认真填写采样记录单，得 10 分		
			缺少一项扣 2 分，扣完为止		
文明操作（5分）	清理用物，整理台面	5	清扫实验台及收拾产生的垃圾，得 5 分		
			未清理所用实验物品，扣 2 分		
			未整理实验台面，扣 3 分		
时间（10分）	操作时间	10	在规定时间内完成实验操作，得 10 分		
			每超过 1 min，扣 2 分，扣完 10 分为止		
合计					

(4)学生对完成工作任务的表现进行自评和互评，各小组进行总结、考核及评估，教师做出最后评价，填写教学反馈表(表 1-6)。

表 1-6　教学反馈表

样品采集及制备				
序号	调查内容	是	否	理由陈述
1	会利用收集的样品采集及制备的新信息归纳整理与分析吗?			
2	对于样品采集及制备技术要求是否清楚?			
3	样品的采集和保存在食物分析中有何重要性?			
4	新鲜水果蔬菜样品在采集和保存中应特别注意哪些问题?			
5	对如何编制采样及制备方案是否心里有数?			
6	你能否独立完成制作方案汇报提纲，并能进行学习汇报交流?			
7	与其他同学口头交流内容是否流畅?			

续表 1-6

样品采集及制备				
序号	调查内容	是	否	理由陈述
8	能否按照安全与规范的规程操作？能否主动参与教学场所的清洁与整理工作？			
9	你对老师的本次操作实施任务教学满意吗？			
10	你对本小组完成本学习情境工作的配合满意吗？			

写出你对教学需要改进的建议和意见：

知识链接

样品制备举例

1. 鲜肉

将鲜肉的骨头、筋膜等除去，切成大小适当的肉片，用孔径为 3 mm 的绞肉机绞 3 次，再按四分法取样。

2. 肉制品

包括腊肉、火腿、腊肠及肉罐头等。除去包装，取出可食部分，切成适当大小的块状。以上样品分别用孔径 3 mm 的绞肉机绞 3 次，再按四分法取样。

3. 鲜蛋

抽取 5 枚以上鲜蛋，将其敲碎放入烧杯中，充分混匀，待检。如蛋白、蛋黄分开检测时，将蛋敲碎后倒入 7.5～9 cm 漏斗中，蛋黄在上，蛋白流下，然后分别收集于烧杯中，再用玻棒充分混匀，待检。

4. 饮料类

包括茶叶、咖啡等，充分研磨或粉碎、混匀；啤酒、汽水等含碳酸饮料，在 20～25℃ 温热，完全逐出碳酸后再进行检测；非碳酸饮料，如矿泉水、纯净水等可直接检测。

5. 奶类

①液体奶类：每次取样最少为 250 mL。由于牛奶的表层浮着脂肪，取样时要先将牛奶混匀，混匀方法可用特制的搅拌棒在牛奶中自上至下、自下至上各以螺旋式转动 20 次。

如要采集数桶奶的混合样品时，则先要估计每桶奶的质量，然后以质量比例决定每桶奶中应采集的量，用采样管采集在同一个样品瓶中，混匀即可。一般每千克可采样 0.2～1.0 mL。为了确定牧场在一定时期内生产的牛奶的成分，可逐日按质量采集一定的样品量（如 0.5 mL），每 100 mL 样品中可加入 1～2 滴甲醛作为防腐剂。

②固体奶油：放在40℃水浴中温热混合。

③加工奶制品、酸奶酪、生奶油：充分搅匀。冰激凌可溶解成液状后搅匀。

④干酪：弃去表面0.5 cm厚的部分，再切下3片（接近中心1片，两端各1片），剁细混匀。

⑤全脂奶粉：用箱或桶包装者，则开启总数的1%，用83 cm长的开口采样扦，先加以杀菌，然后自容器的四角及中心采取样品各1插，放在盘中搅匀，采取约总量的千分之一供检验用。采取瓶装、听装的奶粉样品时，可以按批号分开，自该批产品堆放的不同部位采集总数的千分之一供检验用，但不得少于2件。

6. 贝壳类

除去贝壳，将贝肉剁细、磨碎、混匀。

7. 调味品类

咖喱粉、胡椒粉等，充分拌匀制备样品；沙司、番茄酱、酱油等，充分搅匀待检。

8. 海藻类

新鲜的裙带菜用盐水洗去沙和盐后，用研钵或均质器磨浆待检。

9. 干货

用干布拭净表层，切细，用研钵研细。

10. 蔬菜、蘑菇、水果类

如需检测维生素含量时，将新鲜样品切细剁碎，用均质器制成匀浆。如不进行维生素含量分析，则可将其干燥后粉碎待检。

11. 油脂类

液态油经搅拌均匀可取样检测；常温为固体的样品（如黄油、人造黄油等），将其放入聚乙烯袋中，温热使其软化，捏袋使其均匀，切下一部分聚乙烯袋，挤出黄油作为检样。

12. 豆酱、豆腐、烹调食品

用搅拌机磨碎或用研钵磨匀。

13. 砂糖

将砂糖和水果糖等先溶于50℃温水中，用保温漏斗过滤，制备成液体待检。

14. 点心类

包括生点心、馒头、包子、糯米饼及西式点心，先烘干，再粉碎或研碎。

任务3　基层农检人员工作指南

任务内容

本任务可作为基层农检人员的工作指南，主要介绍快检人员的工作内容，人员要求及培训，检测项目及频次，检测流程。按照工作指南，农检人员要具备基本工作能力，能够对农产品进行快速检测。

视频1-2　基层农产品快速检测指南

知识准备

一、工作主要内容

基层单位应设置相应规模的农产品快速检测中心，开展农产品质量安全快速检测工作。

（一）基层农检中心职责

（1）执行快速检测工作计划，承担辖区农产品的快速检测工作。

（2）负责辖区农产品快速检测数据汇总和上报工作。

（3）负责对快速检测数据进行统计汇总，查找分析问题，提出对策建议。

（二）基层农检人员职责

（1）熟悉快速检测工作方法、规程，掌握仪器设备的使用维护技能。

（2）开展农产品快速检测工作，及时出具《农产品快速检测单》（表 1-7）和《农产品快速检测不合格结果告知书》，对快速检测结果负责。

（3）妥善保管快速检测有关原始材料，做好工作记录，及时将快速检测数据录入系统。

表 1-7　农产品快速检测单　　　　编号：

农产品销售者名称			地址		
负责人		电话		抽样时间	
产品名称	快检项目		结果		备注

快检人员：

年　　月　　日

备注：本单据一式两份，一份由快速检测中心（室）留存，一份由组织开展快检工作的监管单位归档。

二、检测人员要求及培训

农产品快速检测中心应当建立工作制度。制度包括：岗位职责、教育培训、设备管理、耗材管理、检测方法选择与确认、工作规程、文档管理、信息报送等内容。

农产品快速检测中心应配备 2 名以上检测人员，检测人员应具备相应的专业知识和技能，经培训考核合格后方可上岗。

省、市农产品监督管理部门应定期对农产品快检人员进行法律法规、岗位职责、工作程序、检测方法、质量控制等方面的技能培训。

三、检测项目及频次

（一）检测项目

快速检测项目应参考以下内容。

蔬菜：氧乐果、甲基对硫磷、克百威。

水果：氧乐果、甲基对硫磷、乙酰甲胺磷。

畜肉类：克伦特罗、莱克多巴胺、沙丁胺醇。

禽肉类：硝基呋喃类代谢物（AMOZ、SEM、AHD、AOZ）、四环素、土霉素。

水产品：孔雀石绿、氯霉素、硝基呋喃类代谢物、喹诺酮类、磺胺类。

水发产品：甲醛、过氧化氢、工业碱。

豆芽：6-苄基腺嘌呤、4-氯苯氧乙酸钠、赤霉素。

禽蛋类：苏丹红。

菌类：荧光增白剂、百菌清。

（二）检测频次

农产品质量安全快速检测，应在下列场所抽样：

——集中交易市场

——商场、超市

——便利店

——农产品展销会

快速检测抽样应覆盖辖区所有销售者。抽样时间和频次应根据年度农产品安全抽检计划由组织实施快速检测工作的监管部门确定。节假日或发生食品安全突发事件时应增加抽样品种及数量。

快速检测应覆盖辖区销售食用农产品品种，主要包括蔬菜、水果、肉类、水产品、水发产品、豆芽、禽蛋类和菌类。其中肉类和水产品等高风险品种应占年度任务总量的30%以上。

四、检测流程

（一）抽样

快速检测抽样应具有代表性，抽取的样品能真正反映该销售者同一品种的质量水平。抽样对象和抽样品种由组织开展快速检测工作的食品药品监督管理部门确定，样品的抽取采用随机方式。抽样单格式见表1-8。

表1-8　农产品快速检测抽样（告知）单　　　　编号：________

________（被抽样人）：

根据《食品安全法》《农产品质量安全法》《食用农产品市场销售质量安全监督管理办法》和《食品安全抽样检验管理办法》的有关规定，对你单位销售的食用农产品抽样并进行快速检测，请配合。

抽样信息

食用农产品销售者			
详细地址		电话	
样品名称	抽样量	单价	总价
食用农产品销售者签名或盖章： 年　　月　　日		抽样人： 抽样单位盖章： 年　　月　　日	

快速检测的抽样一般按农产品的最小个体确定。特殊情况，可适当增加抽样量。

快速检测抽样工作不得预先通知被抽样销售者，抽样人员不得少于两人。抽样前应当向被抽样销售者出示执法证件和《快速检测抽样（告知）单》，并告知抽样的目的和快速检测项目。由抽样人员根据快速检测的需要，在销售者经营场所或仓库抽取样品。

样品应当在销售者现场或在快速检测中心（室）进行检测。抽样全过程所有用具都必须保证不会对样品造成二次污染。需要在检测中心（室）检测的样品，抽样人员应以妥善的方式现场进行封样，并贴上盖有销售者印章或签名的封条，封条上应注明销售者名称、抽样人姓名、抽样日期及时间。

（二）检测

农检中心应当采用国家规定的快速检测方法对农产品质量安全进行抽查检测，快速检测项目应根据不同农产品的品种及快速检测技术确定。

快速检测人员应独立操作，检测过程应遵守操作规程，并及时记录，不得事后追记或誊写。记录包括：

——快速检测对象

——品种

——项目以及时间

——地点

——检测依据和方法

——判定依据

——仪器名称

——检测人员签字等内容

快速检测工作结束后，检测人员应及时出具《农产品快速检测单》。《农产品快速检测单》应有检测人员的签名，并加盖组织实施快速检测工作单位的印章。

经快速检测确定为不合格的食用农产品品种，由组织实施快速检测工作的监管部门及时向销售者送达《农产品快速检测结果不合格告知书》，销售者应在回执上签字确认。对销售者提出异议的，复检由组织实施快速检测工作的监管部门抽样，同销售者一并送检。复检结论仍不合格的，复检费用由申请人承担。复检不得采用快速检测方法。

快速检测人员不得出具虚假不真实的快速检测单。

五、评价标准

快速检测结果不符合农产品安全标准的，由辖区监管部门按照的有关规定处置。

监管部门要及时汇总上报农产品快速检测数据，及时发布经快速检测确定的不合格农产品信息，定期向销售者提示高风险食用农产品产地、品种等信息。

监督管理部门应指导农产品集中交易市场、商场、超市等开展农产品快速检测工作，并在销售场所内显著位置设立农产品质量安全信息公示牌（栏），公示本市场不合格农产品的处置情况。

快速检测工作的数据资料、统计报表、计算机文档等相关文件要指定专人负责保管。所有快速检测记录、单据应定期进行分类装订，保存 2 年。

知识链接

农产品抽样快检程序

(1)制订抽检计划:明确快检的农产品种类、抽样场所区域、抽样批次、快检项目。

(2)做好相关抽样准备:快检设备、试剂盒、抽样文书、人员培训等。

(3)抽样:善于发现疑似问题样品,进行规范抽样工作。

(4)快检:样品制备要精细,具备代表性;样品前处理要耐心仔细;利用快检设备和试剂盒等进行快速检验。

(5)判断结果:迅速并准确判定样品快检结果。

(6)再次抽样:如果发现疑似阳性或超标,应对同一批次样品进行规范抽样、封样并送往有资质的食品检验机构。

(7)暂时封存:对快检疑似有问题的样品进行暂时封存,要求被抽样人停止销售该食品。

(8)后处理:在接到检验机构正规报告后,进行后续处理。

任务4　认识农产品快速检测设备

任务内容

本任务主要介绍常见的农产品快速检测设备,重点阐述农产品快检车的设计标准与性能要求。指导农产品质量安全检测人员掌握常见的快检设备,熟悉快检设备的基本要求和使用方法。

知识准备

一、快检车

食品快速检测车:可在车辆上进行食品、农产品快速检测活动的特种专业技术用车。

快检车是从外形观看就像一辆普通巴士,但是内部却具有十分齐全的检测设备的简易实验室,其中包括了食品安全综合检测仪、农药兽药残留检测仪、甲醛检测仪等。快检车具有采样、现场检测、数据处理等功能,快检车能够检测出的食品、农产品种类高达100多种。快检车的实行很大程度上改变了我国传统的用手摸、眼睛看、鼻子闻的监管模式。

(一)基本要求

(1)快检车在下列外部环境条件下应能正常工作:

①环境温度:0～45℃;

②空气相对湿度:95%以下;

③海拔高度:3 000 m以下;

④四级及以上公路。

(2)快检车应选用具有生产资质、国家许可的生产商生产的车辆,安全性能应符合 GB 7258 的有关规定。

(3)快检车的外廓尺寸、轴荷及质量限值应符合 GB 1589 的规定。

(4)快检车在路面附着系数、驻坡性能、侧倾稳定角和防雨密封性限值应符合 GB/T 29471 的规定。

(二)结构与设计要求

1. 车型要求

快检车车型可根据实际需要而定,内部面积应能满足便于驾驶、实验操作及保障人员安全的要求。

2. 总体架构与布局设计

快检车的结构应能承受包括自重在内额定静载荷和实验过程中的额定动载荷,整体结构强度、刚度、重量应满足实际工作所需。布局设计应包括驾驶区和实验区。

(三)实验区设计要求

(1)实验区空间大小应能满足操作要求。

(2)实验区设计、制造应遵守 GB/T 29477 的规定,在满足移动特性的基础上,合理布局,突出可操作性、可维护性。

(3)实验区内不应有任何使人致伤的尖锐突出物,实验区、储物区内装饰材料应平整光滑,不积尘、易清洁,气密性好,不渗透,耐腐蚀,振动不落尘,不破裂,地板耐磨、防滑、防渗透、易清洁消毒。

(四)设施配置要求

(1)实验区应配置有明确标识的专用容器,用于收纳废液、废物等有毒有害的废弃物。

(2)快检车应具有温控系统和排风系统,系统应牢固、防锈、耐压、耐温、耐腐蚀。

(3)快检车电力供应满足实验要求,并有冗余。应有足够的固定电源插座,避免多台设备使用共同的电源插座。

(4)实验区如有供气(液)装置等,应安装牢固,输送管路应密闭无泄漏,管路易于清洗和检查。

(5)快检车内宜设置合理的工作照明及应急照明灯具,以保证工作台面照明度,专业区域照明的照度值应根据实际需要而定。

(五)运营要求

1. 人员要求

(1)应按实际需求配备驾驶人员以及与检测能力相适应的常驻专业人员。

(2)快检车人员应接受食品安全相关法律法规和有关专业技术培训。

2. 仪器设备配置

(1)快检室应根据承检样品和检测项目的需要,按照检测方法的要求,配备相适应的仪器设备,包括离心机、恒温水浴锅、样品浓缩仪、漩涡振荡器、样品粉碎机等,详见表 1-9。

表 1-9　快检车仪器设备配置表

序号	设备名称	规格及技术参数要求
1	恒温水浴锅	恒温水浴用
2	离心机	
3	漩涡振荡器	
4	样品粉碎机	
5	样品浓缩仪	可同时处理 10 个以上样品
6	电子天平	精度 0.01 g 以上
7	多量程移液枪	量程 20～200 μL,100～1 000 μL,1～5 mL
8	农药残留检测仪(酶抑制法)	

(2)应对测试需求、使用环境进行充分考虑,选用结构合理、可维护性、可操作性强及保障安全的仪器设备,宜使用用途广泛和体积较小的仪器设备。

(3)快检车应设置仪器存放区,且能保证仪器设备不因快检车的移动特性而带来安全隐患,包括人员安全、设备设施安全、环境安全等。

3.快速检测产品

(1)应根据快速检测实际工作需要配置相应快速检测产品。

(2)存放快速检测产品的区域应做好相应的防护措施,如防晒、温度控制等,避免快速检测产品失效,并保存相关记录。

4.环境条件

(1)外部环境。应对外部环境进行核查(包括水源、电源、气源连接等),了解外部环境可能对内部环境的影响程度,确保满足要求后方可开展工作。

(2)快检车停放环境。快检车在进行检测工作时停放区域环境要求:保持通风;采光充分但无阳光直射;周围环境温湿度对检测结果无影响;周围无其他对检测结果会造成影响的物质。

快检车非检测工作时停放区域环境要求:放置了仪器设备、快检试剂等快速检测产品的快检车应停放在阴凉处,尽量避免外部环境造成车内温度偏高对仪器设备和快检试剂造成不利影响;安装了固定仪器设备的快检车长时间停放区域宜具备遮阳设施,避免阳光直射损坏固定仪器设备。

5.其他要求

(1)废弃物处置。快检人员应具备良好的工作习惯,检测过程中产生的废弃物应倒入分类的废物桶或废液瓶,危害性废弃物不能随意丢弃。废弃物的处理应遵守 GB/T 29478 的规定,防止污染环境。无法妥善处理的废弃物应分类收集,交由专业机构统一处理,做好处置记录。

(2)安全卫生。快检车应配备消防器材和应急器材。应保障在紧急情况和意外灾难发生时,快检车的各类救护设施、逃生通道的打开及时有效,可充分保障人员的安全和逃离。快检车应保持整齐清洁,做完实验后及时清除实验废弃物,及时清洗用过的物品、器具、仪器设备,做好清洁工作。快检车应设安全卫生责任人,负责快检车的安全与卫生。快检车人员应掌握各种安全装置和消防器材的使用方法,以便在紧急情况下能正确使用,应定期检查安全装置和消防器材的有效性。

(3)维护要求。快检车应设车辆管理责任人,定期对车辆安全事项进行检查。应做好车辆保险、年审、维修、保养、清洗等工作,以及车载快检设备和相关物资的管理工作。

二、快检箱

快检箱是为卫生监督、工商稽查、产品质量监督等部门开展一般食品、农产品卫生监督而设计的,用试剂法代替小型仪器,使用简单,快捷方便。

按照不同的检测产品,快检箱大致可以分为以下类别,见表1-10。

表1-10 快检箱分类

序号	分类	配置
1	果蔬肉类快检箱	农药残留检测卡、甲醛检测卡、亚硝酸盐检测卡、硝酸盐检测盒、二氧化硫检测盒、盐酸克伦特罗检测卡、沙丁胺醇检测卡、莱克多巴胺检测卡、肉类水分检测盒、重金属汞检测盒、重金属铅检测盒、重金属砷检测盒
2	粮油、调味品快检箱	吊白块检测盒、硼酸硼砂检测盒、面粉增白剂检测盒、大米新鲜度检测盒、面制品中铝检测盒、面制品溴酸钾检测盒、毒鼠强快速检测管、食用油丙二醛检测盒、食用过氧化值检测盒、食用油中矿物质油检测盒、食醋总酸检测盒、食醋游离矿酸检测盒、味精中硫化钠检测盒、碘盐含碘量检测盒、酱油总酸和氨基酸态氮检测盒、黄曲霉毒素检测卡
3	乳品快检箱	三聚氰胺检测卡、乳品中尿素检测盒、乳品中甲醛检测盒、乳品中亚硝酸盐检测盒、乳品中蛋白质检测盒、乳品中硼酸硼砂检测盒
4	水产及水产制品快检箱	甲醛检测盒、过氧化氢检测盒、工业碱检测盒、氯霉素检测卡、孔雀石绿检测卡、磺胺类检测卡、呋喃唑酮检测卡、呋喃妥因检测卡、呋喃西林检测卡、呋喃它酮检测卡、沙星类药物检测卡

在实际工作中,可根据工作内容进行合理搭配。基层农检人员配备的快检箱一般包含如下物料:

(1)基本工具。电子秤、称量纸、手套、一次性口罩、剪刀、镊子、纸、记号笔、样品杯、纯净水、一次性吸管。

(2)农药残留项目。农残仪、农残卡。

(3)瘦肉精项目。3种瘦肉精速测卡(沙丁胺醇、盐酸克伦特罗、莱克多巴胺)、计时器(手机)、水浴锅(电热锅)、5 mL离心管(离心机)。

(4)二氧化硫项目。二氧化硫速测卡、说明书(比色卡)。

(5)甲醛项目。甲醛速测卡、说明书(比色卡)。

(6)亚硝酸盐项目。亚硝酸盐速测卡、说明书(比色卡)。

(7)食用油酸价和过氧化值。酸价速测卡、过氧化值速测卡、说明书(比色卡)。

(8)餐饮具表面洁净度。ATP荧光检测仪、拭子。

知识链接

实验室快速检测设备选型及配置

实验室快速检测设备选型及配置情况见表 1-11。

表 1-11　实验室快速检测设备

分类	设备名称*	用途及规格
检测设备	1. 酶标仪	兽药、真菌毒素检测
	2. 读卡仪	农残、兽药检测
	3. 肉类水分速测仪	肉类水分含量，辨别是否为注水畜产品
辅助设备	1. 移液器	2～20 μL
		10～200 μL
		1 mL
	2. 电子天平	精度 0.01 g
	3. 离心机	5 000 r/min 100 mL，10 mL、5 mL
		10 000 r/min，1.5 mL
	4. 振荡器	
	5. 绞肉机	
	6. 粉碎机	
	7. 电热恒温水浴锅	4 孔
		1 孔
办公用品	1. 电脑	数据分析和保存
	2. 打印机	

* 可根据实际情况进行增减。

学习小结

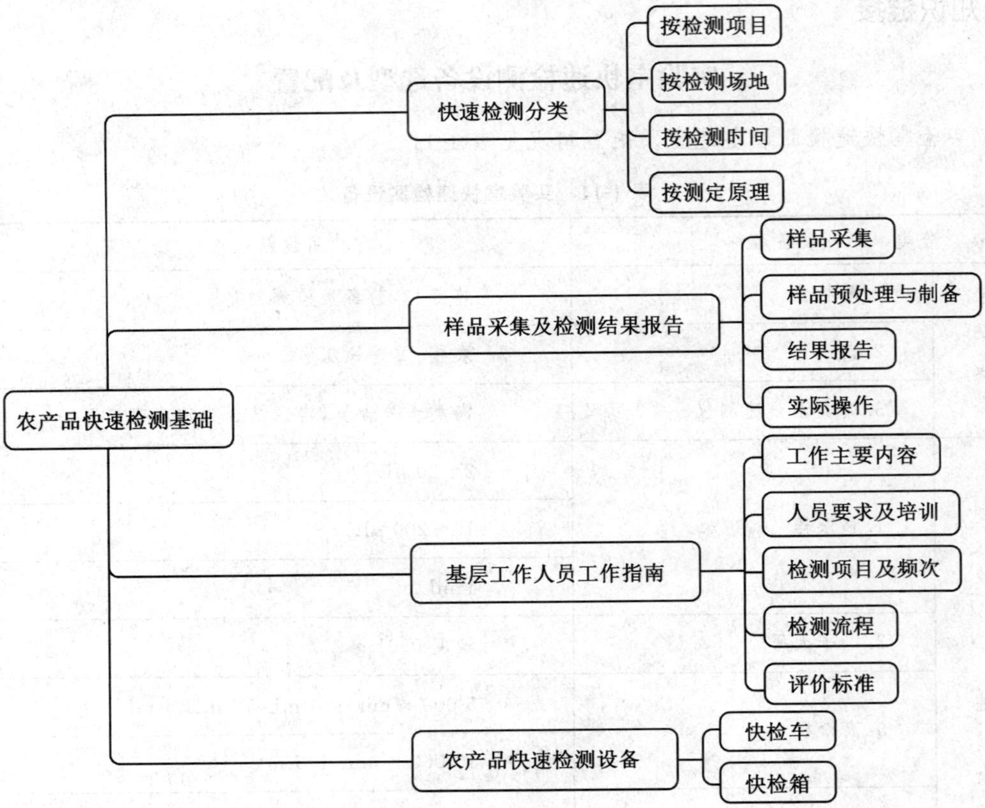

达标检测

一、问答题

1. 什么是快速检测？

2. 快速检测结果的表述形式有哪些？

二、判断题

1. 快速定性检测结果具有法律效力，可以根据结果直接做出处罚。（ ）

2. 在检测肉制品中只要检测出含有亚硝酸盐，就可以直接判断为不合格。（ ）

三、选择题

食品检测采样时，根据样品作用可以分为试验样品、复验样品和（ ）。

A. 原始样品　　B. 平均样品　　C. 保留样品　　D. 混合样品

项目二

农产品农药残留快速检测

【案例聚焦】

2018 年 3 月，被告人刘某某在种植韭菜期间，为防治病虫害把农药用水稀释后放入水渠里随水灌溉到韭菜地中。2018 年 3 月 27 日，该批韭菜被秦皇岛市农业行政综合执法支队查获，经检验，刘某某所种植的韭菜农药残留指标超标，检测结果呈阳性。

【学习目标】

知识目标：熟悉农药残留检测方法；掌握卡片法和酶抑制率法检测农药残留；掌握农药残留速测仪的使用方法。

能力目标：能使用农药速测仪对农产品的农药残留进行检测；能对农残结果进行分析和判定。

素质目标：培养学生具有科学严谨、爱岗敬业、勤学好问、善于思考的精神；正确恪守职业道德，具有较强的质量安全意识和规范操作意识；培养团队合作、竞争意识及创新思维、信息获取、策划与沟通展示能力。

【思维导图】

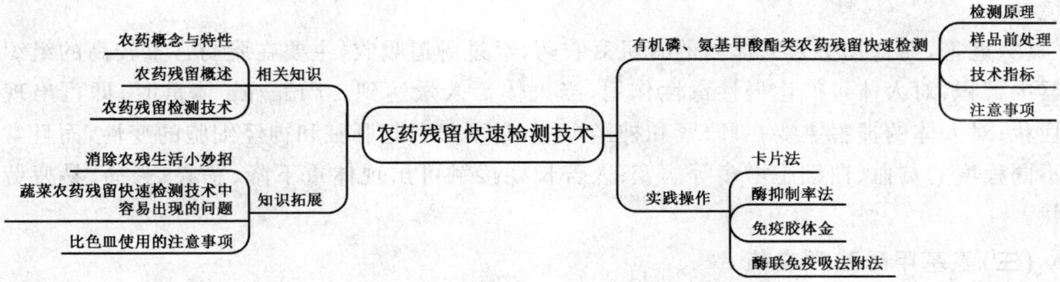

任务1　认识农药残留检测方法

任务内容

本任务主要介绍农药分类、农药特性、农药残留危害，阐述农药残留检测技术，通过厘清具体概念和性质，对比农药残留检测方法，指导帮助农产品检测人员辨别农药和对农药残留检测方法进行梳理。

知识准备

一、农药及其分类

指用于预防、消灭或者控制危害农业、林业的病虫草害和其他有害生物以及有目的地调节植物、昆虫生长的化学合成的或者来源于生物、其他天然物质的一种或几种物质的混合物及其制剂。

按化学成分可分为：有机氯、有机磷、氨基甲酸酯、有机汞、拟除虫菊酯、有机砷等。

按用途可分为：杀虫剂、杀菌剂、除草剂、粮食熏蒸剂、植物生长调节剂、杀螨剂等。

二、各类型农药性质

(一)有机磷类农药

(1)品种：敌百虫、敌敌畏、乐果、马拉硫磷等十余种。

(2)特点：强毒性，易分解，大多不溶于水，碱性条件下易水解而失效。

(3)危害：有机磷类农药的中毒特征是血液中胆碱酯酶活性下降，胆碱酯酶的活性受到抑制，导致神经系统机能失调，从而使一些受神经系统支配的脏器，如心脏、支气管、肠、胃等发生功能异常。

(二)有机氯农药

(1)种类：DDT、六六六、艾氏剂、狄氏剂等。我国使用DDT、六六六(BHC)时间较长，1983年停用。目前有机氯农药残留量正逐渐降低。

(2)特点：化学性质稳定，不易分解，易溶于脂肪中，并在脂肪中蓄积，长期使用会严重污染环境。

(3)危害：随食物摄入人体内的有机氯农药，经过肠道吸收，主要在脂肪含量较高的组织和脏器中蓄积；对人体可产生慢性毒性作用，当人体摄入量达到10 mg/kg体重时，即可出现中毒症状；对人体的损害主要在肝、肾和神经中枢，它不仅引起肝脏和神经细胞的变性，而且常伴有不同程度的贫血、白细胞增多等病变；人若长期接触可出现体重下降、恶心、头痛、易疲劳等症状。

(三)氨基甲酸酯类农药

(1)概念：氨基甲酸酯类农药是一种抑制胆碱酯酶的神经毒物，但氨基甲酸酯类和胆碱酯酶作用不形成氨基甲酰酯。它是一种可逆性抑制剂，水解后可复原成酯酶和氨基甲酸酯，因此它的中毒症状消失快，并且没有迟发性神经毒性。

(2)特点：分解快、残留期短、低毒、高效、选择性强。

(3)危害：氨基甲酸酯类杀虫剂进入人体内，在胃中酸性条件下可与食物中的亚硝基化合物的前体物质亚硝酸盐和硝酸盐反应生成强致癌性的亚硝基化合物(RNO)，因此认为氨基甲酸酯类杀虫剂可能具有致畸、致突变、致癌的风险，并推断氨基甲酸酯类杀虫剂本身在环境中也能形成亚硝胺。但目前还没有氨基甲酸酯类农药引起癌症的有关流行病学报告，其慢性毒害有待进一步研究。

(四)拟除虫菊酯类农药

(1)品种：溴氰菊酯、氯氰菊酯。

(2)特点：高效、广谱、低毒和生物降解性。

(3)危害：与人体细胞色素氧化酶结合，造成组织细胞内窒息，中毒症状为神经系统症状及皮肤刺激症状，对鱼类有很高的蓄积性，有“三致”作用。

三、农药残留相关知识

(1)农药残留：农药使用后残存在生物体、农副产品和环境中的微量农药原体、有毒代谢物、降解物和杂质的总称。以 mg/kg、μg/kg、ng/kg 表示。

(2)农药残留的危害：农药若大量残留在农副产品表面会引起人的神经传导阻碍、神经麻痹甚至引起死亡。

(3)最大残留限量：在农副产品中农药残留的法定最高允许浓度，又称最高残留限量，以每千克农副产品中农药残留的毫克数(mg/kg)表示。

(4)我国违禁农药：六六六、DDT、毒鼠强、甲胺磷、甲基对硫磷、对硫磷、久效磷、磷胺等高毒农药全面禁止使用。

四、农药残留检测技术

(一)农药残留的生物测定技术

利用指示生物的生理生化反应来判断农药残留及其污染情况。例如，可以用实验室养的敏感性家蝇为测定材料，以其接触待测样品后的中毒程度来表示该样品中的杀虫剂残留；以病菌生长受抑制的程度来检测杀菌剂的残留，以玉米或其他指示植物生长受抑制的程度来检测土壤中磺酰脲类除草剂残留等。该方法无需对样品前处理，比较简单快速，但对指示生物要求较高，测定结果不能确定农药品种，并且可能出现假阳性或假阴性的情况。该方法可作为快速检验方法用于农产品农药残留引起中毒的检测或在现场使用。

(二)农药残留的理化检测

用于农药残留的化学检测方法有分光光度法、极谱法、原子吸收光谱法、薄层层析法、气相色谱法、液相色谱法、同位素标记法、核磁共振波谱法、色质联用法等。自 20 世纪 90 年代以来，现代化学分析技术日新月异，许多新技术已进入实用阶段，如毛细管电脉仪技术(CZE)、色质联用技术(GC-MS，HPLC-MS)、超临界流体色谱技术(SFC)，直接光谱分析技术等。这些新技术的应用，大大提高了农药残留分析的灵敏度，简化了分析步骤，提高了分析效率。但是，这些分析方法有的灵敏度不高，如分光光度法、薄层层析法等。有的需要昂贵的仪器，如色质联用法、核磁共振波谱法等。还有的需要特殊的设备，如同位素标记法等。因此，目前，普遍采用的还是气相色谱法和液相色谱法，它们具有简便、快速、灵敏以及稳定性和重现性好，线性范围宽、耗资低等优点。

1. 气相色谱法(GC)

采用气体作流动相的色谱法，用于挥发性农药的检测，具有高选择性、高分离效能、高灵敏度、快速等特点，是农药残留量检测最常用的方法之一，目前用于农药残留检测的检测器主要有电子捕获检测器(ECD)、微池电子捕获检测器(u-ECD)、火焰光度检测器(FPD)、脉冲火焰光度检测器(P-FPD)、氮磷检测器(NPD)等。

2. 高效液相色谱法(HPLC)

采用液体作流动相的一种色谱法，它可以分离检测极性强、分子量大的农药及离子型的农药，可用于不易气化或受热易分解的农药的检测。近年来，采用新型高效固定相、高压泵和高灵敏度的检测器，柱前和柱后衍生技术以及计算机联用等，大大提高了检测效率、灵敏度和操作自动化程度。目前用于农药残留检测最多的是紫外吸收检测器(UV)、二极管阵列检测器(DAD)和荧光检测器(FLD)。

3. 色质联用法(GC-MS，HPLC-MS)

气相或液相与质谱联用，它既具备了色谱的高分离效能优点，又具备了质谱准确鉴定化合物结构的特点，可同时达到定性、定量的检测目的，特别适合于农药代谢物、降解物的检测和多残留检测等，不过此法需要贵重仪器且操作繁杂困难，不适合于经常性的检测。一般可用来做最后的确认工作。

4. 超临界流体色谱(SFC)

是以超临界流体作为流动相的色谱体系，超临界流体是指物质处于临界温度和临界压力时的状态，介于气、液态之间，兼有气体和液体的某些物理特性，因此，超临界流体色谱既有气相色谱的快速、高效、灵敏的特点，又有能检测对热不稳定的化合物和大分子化合物的液谱的特点。

5. 毛细管电泳法(CE)

该方法是利用毛细管及高电压(15～30 kW)分离各种农药残留物，非常适合于一些难以用传统色谱法分离的离子化样品的分离和分析，比 HPLC 有高 10～1 000 倍的分析能力，而且所需的缓冲液具有不危害环境的特点，在短时间(30 min)内就可以完成定性及定量分析。

(三)常用农药残留的快速检测方法

1. 酶抑制率法

有机磷与氨基甲酸酯类农药共为神经系统乙酰胆碱酯酶抑制物，因此可以利用农药靶标酶——乙酰胆碱酯酶(AChE)受抑制的程度来检测有机磷和氨基甲酸酯类农药。该方法目前已开发出了相应的各种速测卡和速测仪。该方法检测时，蔬菜中的水分、碳水化合物、蛋白质、脂类等物质不会对农药残留物的检测造成干扰，不必进行分离去杂，节省了大量预处理时间，从而能达到快速检测的目的，因此该方法适用于现场的定性和半定量测定，目前的农药残留快速检测就使用了该方法，并已上升为行业标准。但该方法只能用于测定有机磷和氨基甲酸酯类杀虫剂，其灵敏度和所使用的酶、显色反应时间和温度密切相关，经酶法检测出阳性后，需用标准仪器检验方法进一步检测，以鉴定残留农药品种及准确残留量。

2. 免疫分析法

有放射性免疫分析、酶免疫分析、多组分分析物免疫分析、免疫传感器分析等。最为常用的是酶联免疫法(ELISA 法)，它主要是以抗原与抗体的特异性、可逆性结合反应为基础的农药残留检测方法。该法利用化学物质在动物体内能产生免疫抗体的原理，先将小分子农药化合物与大分子生物物质结合成大分子，做成抗原，并使之在动物体内产生抗体，对抗体筛选制成试剂盒，通过抗原与抗体之间发生的酶联免疫反应，依靠比色来确定农药残留，它具有专一性强、灵敏度高、快速、操作简单等优点，试剂盒可广泛用于现场样品和大量样品的快速检测，可准确定性、定量。但由于受到农药种类多，抗体制备难度大，在不能肯定样本中的农药残留种类时检测有一定的盲目性及抗体制备技术较烦琐等影响，酶联免疫法的应用范围受到较大的限制。

3. 化学法——速测灵法

“速测灵”法应用的原理是具有强催化作用的金属离子催化剂，使各类有机磷农药(磷酸酯、二硫代酸酯、磷酸胺)在催化作用下水解为磷酸与醇，水解产物与显色剂反应，使显色剂的紫红色褪去变成无色。主要针对的是有机磷农药的残留检测，特别是甲胺磷、对硫磷农药。这种方法采用化学反应原理，避免了通常所使用的生化方法(酶法)的缺点(酶的制备、保存以及反应需比较严格的条件)，灵敏度也达到一定的要求。但是此方法主要针对的是甲胺磷、对硫磷等较高毒性的有机磷农药残留的定性检测。

该方法的特点是操作简便、价格便宜、检测速度快，通过进一步改善试剂性能，规范测定技术，可提高检测的灵敏度和准确性，从而受到当前广大城乡农产品生产和销售者青睐。

知识链接

清洗农药小窍门

清水浸泡洗涤法　先用清水冲洗掉蔬菜的表面污物，再用清水浸泡，不过浸泡时间最好不少于 10 min。清洗浸泡 2 次后基本上就可以清除绝大部分残留的农药成分。

储存法　空气中的氧气有分解部分农药的作用，所以对一些易于保管的蔬果可以通过延长存放时间的办法，来减少部分农药残留量。比如冬瓜、南瓜等不易腐烂的蔬菜，可以放置 3 d 以上再食用。

添加辅助剂浸泡洗涤法　可以添加碱(小苏打)、果蔬清洗剂、淘米水(最好用头两次的)进行浸泡洗涤。将蔬菜瓜果在这样的水中浸泡 5～15 min，可以去除蔬果表面所含的有机磷杀虫剂。浸泡后请注意要完全冲洗干净。

加热法　部分杀虫剂随着温度的升高会加快分解，所以加热同样可以帮助去除农药残留物。比如青椒、豆角、芹菜、荷兰豆等，可先用清水洗净，然后放入沸水中焯水 2～4 min，再用清水冲洗 1～2 遍。

去皮法 有机磷、有机汞及除虫菊酯类农药在水中溶解度虽然很低，但易溶于有机溶剂或蜡质液中，而蔬菜表面多有蜡质，很容易吸收农药。因此，对能去皮的蔬菜如黄瓜、丝瓜、南瓜等应先去皮后再食用。

任务2 有机磷、氨基甲酸酯类农药残留快速检测

任务内容

本任务主要介绍有机磷、氨基甲酸酯类农药残留快速检测的原理、操作步骤、技术指标和注意事项，指导帮助农产品检测人员正确对农药残留检测进行检测。

知识准备

一、有机磷、氨基甲酸酯类农药残留快速检测方法

动画2-1 卡片法快速检测农药残留原理

《GB/T 5009.199—2003 蔬菜中有机磷和氨基甲酸酯类农药残留量快速检测》中对于有机磷、氨基甲酸酯类农药残留快速检测的方法主要有两种，分别是速测卡法(纸片法)和酶抑制率法。

(一)速测卡法(纸片法)快速测定果蔬中农药残留

胆碱酯酶可催化靛酚乙酸酯(红色)水解为乙酸与靛酚(蓝色)，有机磷或氨基甲酸酯类农药对胆碱酯酶有抑制作用，使催化、水解、变色的过程发生改变，由此可判断出样品中是否有高剂量有机磷或氨基甲酸酯类农药的存在。见图2-1。

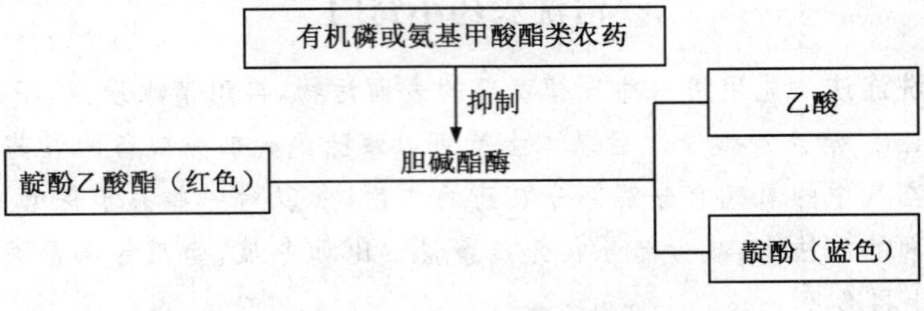

图2-1 速测卡法(纸片法)快速测定果蔬中农药残留原理

动画2-2 酶抑制率法检测农药残留原理

(二)酶抑制率法快速测定果蔬中农药残留

在一定条件下，有机磷和氨基甲酸酯类农药对胆碱酯酶正常功能有抑制作用，其抑制率与农药的浓度呈正相关。正常情况下，酶催化神经传导代谢产物(乙酰胆碱)水解，其水解产物与显色剂反应，产生黄色物质，用分光光度计在412 nm处测定吸光度随时间的变化值，计算出抑制率，通过抑制率可以判断出样品中是否有高剂量有机磷或氨基甲

酸酯类农药的存在。

二、样品前处理

(一)速测卡法(纸片法)样品前处理

1. 整体测定法

选取有代表性的蔬菜样品,擦去表面泥土,剪成 1 cm 左右见方片,取 5 g 放入带盖瓶中,加入 10 mL 浸提液,振摇 50 次,静置 2 min 以上(超声波提取中振荡 30 s)。

2. 表面测定法(粗筛法)

选取有代表性的蔬菜样品,擦去蔬菜表面泥土,滴 2～3 滴浸提液在蔬菜表面,用另一片蔬菜在滴液处轻轻摩擦。取一片速测卡,将蔬菜上的液滴滴在白色药片上即可。

图 2-2 为速测卡法(纸片法)快速测定果蔬中农药残留的过程。

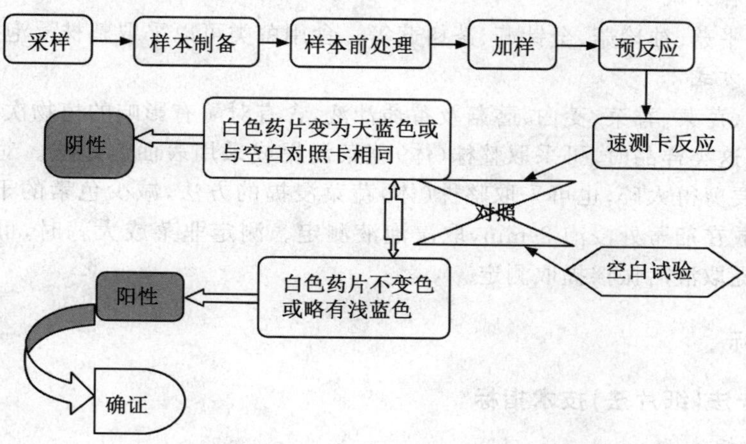

图 2-2　速测卡法(纸片法)快速测定果蔬中农药残留的过程

视频 2-1　表面测定法快速检测蔬菜中农药残留(卡片法)

视频 2-2　整体测定法快速检测蔬菜中农药残留(卡片法)

(二)酶抑制率法样品前处理

选取有代表性的蔬菜样品,冲洗掉表面泥土,剪成 1 cm 左右见方碎片,取样品 1 g,放入烧杯或提取瓶中,加入 5 mL 缓冲溶液(pH 8.0 缓冲溶液:分别取 11.9 g 无水磷酸氢二钾与 3.2 g 磷酸二氢钾,用 1 000 mL 蒸馏水溶解),振荡 1～2 min,倒出提取液,静置 3～5 min,待用。

检测时要从每棵蔬菜上取样,具体的取样方式如下:

1. 叶菜类取样方式

青菜、小青菜、菜心、菜苋、米苋、生菜、菠菜、雍菜、大白菜、杭白菜、黄芽菜、空心菜、娃娃菜、鸡毛菜、莜麦菜、塔菜、芥蓝、草头、紫角叶、荠菜、蓬蒿、黄心菜、甘蓝、卷心菜、牛心菜、菊花菜、芹菜、美芹、水芹、黄心芹、香菜、豆苗、金丝芥、芥菜、马兰、韭菜、韭黄、大葱、小葱、大蒜、蒜苗、洋葱等。叶菜类取样品时，不宜太碎，以叶为主。葱蒜等特殊菜注意假阳性，样品比对使用标准对照库。

2. 果菜类取样方式

茄子、番茄、青茄、红茄、辣椒、尖椒、甜椒、杭椒、青椒、黄瓜、西葫芦、冬瓜、瓠瓜、苦瓜、丝瓜、南瓜、节瓜、金瓜、佛手瓜、豇豆、刀豆、芸豆、扁豆、白扁豆、毛豆、蚕豆、豌豆、荷兰豆等。果菜类可以采取顺皮削取的方法。用带刮皮器的水果刀顺皮削下一片，然后切成 1 cm 左右见方碎片。

3. 食用菌取样方式

蘑菇、香菇、平菇、袖珍菇、金针菇、茶树菇等。食用菌类可以采取整株浸泡的方法。

4. 特殊取样方式

葱、蒜、萝卜、芹菜、香菜、茭白、蘑菇及番茄汁液，含有对酶有影响的植物次生物质，容易产生假阳性。处理这类样品时，可采取整株(体)蔬菜浸提或采用表面测定法。对一些含叶绿素较高的蔬菜，不要剪得太碎，也可采取整株(体)蔬菜浸提的方法，减少色素的干扰。测定番茄时，可将提取液放在茄蒂处浸泡 2 min，取浸泡液测定。测定韭菜或大蒜时，可整根或整粒放入容器中，加入提取液后振摇提取测定。

三、技术指标

(一)速测卡法(纸片法)技术指标

1. 灵敏度指标

速测卡对部分的农药检出限见表 2-1。

表 2-1　部分农药的检出限　　mg/kg

农药名称	检出限	农药名称	检出限	农药名称	检出限
甲胺磷	1.7	乙酰甲胺磷	3.5	甲萘威	2.5
对硫磷	1.7	敌敌畏	0.3	好年冬	1.0
水胺硫磷	3.1	敌百虫	0.3	呋喃丹	0.5
马拉硫磷	2.0	乐果	1.3		
氧化乐果	2.3	久效磷	2.5		

2. 符合率

据报道，在检出的 30 份以上阳性样品中，经气相色谱验证，阳性结果的符合率在 80% 以上。

(二)酶抑制率法技术指标

1. 灵敏度指标

酶抑制率法对部分的农药检出限见表 2-2。

表 2-2　部分农药的检出限

mg/kg

农药名称	检出限	农药名称	检出限
敌敌畏	0.1	氧化乐果	0.8
对硫磷	1.0	甲基异柳磷	5.0
辛硫磷	0.3	灭多威	0.1
甲胺磷	4.0	丁硫克百威	0.05
马拉硫磷	4.0	敌百虫	0.2
乐果	3.0	呋喃丹	0.05

2. 符合率

据报道，在检出的 30 份以上阳性样品中，经气相色谱验证，阳性结果的符合率在 80% 以上。

四、注意事项

(1)干扰物质的排除。葱、蒜、萝卜、芹菜、香菜、茭白、蘑菇及番茄汁液，含有对酶有影响的植物次生物质，容易产生假阳性。处理这类样品时，可采取整株(体)蔬菜浸提或采用表面测定法。对一些含叶绿素较高的蔬菜，也可采取整株(体)蔬菜浸提的方法，减少色素的干扰。

(2)速测卡法(纸片法)。当温度低于 37℃，酶反应的速度随之放慢，药片加液后放置反应的时间应相对延长。延长时间的确定，应以空白对照卡用手指(体温)捏 3 min 时可以变蓝，即可往下操作。注意样品放置的时间应与空白对照卡放置的时间一致才有可比性。空白对照卡不变色原因：一是药片表面浸提液少，预反应后的药片表面不够湿润；二是温度太低。

(3)酶抑制率法。当温度低于 37℃，酶反应的速度随之放慢，加入酶液和显色剂后放置反应的时间应相对延长。延长时间的确定，应以胆碱酯酶空白对照测试 3 min 的吸光度变化 ΔA_0 值在 0.3 以上，即可往下操作。注意样品放置的时间应与空白对照溶液放置的时间一致才有可比性。胆碱酯酶空白对照液 3 min 的吸光度变化 ΔA_0 值$<$0.3 的原因：一是酶的活性不够；二是温度太低。

(4)红色药片与白色药片叠合反应的时间以 3 min 为准，3 min 后的蓝色加深，24 h 后颜色会逐渐褪去。

(5)为了避免交叉污染，每次取不同的样品，需要更换或清洗采样器具。

(6)加入酶、底物、显色剂时，加入量按试剂说明进行操作。实验要求的蒸馏水可以用纯净水代替，但是不能用矿泉水、天然饮用水。

(7)酶液、显色剂与底物切忌长时间在室温下放置，用后应立即放入冷藏室内(0～4℃)。

(8)提取液可以放在常温下保存。(从冰箱中拿出的酶液要等它恢复到室温才能使用，不然会导致酶的活性不够，保持酶的活性最适温度为 37℃)。

(9)移液枪，中间有两个挡位，第一个挡位是量程，第二个挡位是尽可能地排除液体。

(10)转动移液枪的量程，低于或者高于它的量程可能会卡槽。

(11)移液器每次取完不同试剂要更换枪嘴，操作时保持移液器竖直状态。注意不要让移液器嘴里面的液体回流，以免损坏移液器。

(12)仪器开机之后最好预热 10 min 以上。

(13)样品加入缓冲液提取振荡时,采用回旋振荡法,尽量让样品与缓冲液充分接触。

(14)比色皿分为光面和毛面,一般我们手持毛面,检测时让光通过光面。

(15)加底物时要迅速,样品加底物的时间和空白样加底物的时间越接近越好(加好底物时,也要迅速用大拇指按住比色皿口,食指捏住比色皿底端,上下摇晃几下,迅速放入测试仪器中)。

(16)做样品检测的时候,加完酶液和显色剂,一定要等 10 min 后再加底物(为了菜叶表面的农药能充分抑制酶液的活性)。

(17)界面上有对照检测、样品检测,对照检测是放在零通道,样品检测可以放在任一通道。

(18)检测样品时,必须进入"农药残留检测界面",在别的界面没法检测。

(19)空白样品的数值 ΔA_0 应该在如下区间:实验室温度在 25℃以上时在 0.3～0.7;实验室温度在 10℃以下时在 0.2～0.7。空白的作用除了对照作用之外,还可以判断试剂是否失效,如果加入底物的时候比色皿中液体立刻变成深黄,或者加入底物之后试剂不变黄,说明试剂已经失效。(有效试剂颜色变化如下:加入底物之后比色皿中液体颜色慢慢变黄,3 min 之后是深黄。)

(20)根据比色皿中液体的颜色,也可以初步判断样品中农药残留量的多少。如果最后加入底物之后,液体颜色越黄,说明农药残留越少;液体颜色越淡,农药残留就越多。

(21)酶为乙酰胆碱酯酶,所以通常情况是以 50%作为农药残留是否超标的标准。如果检测结果在 50%左右,此样品为可疑样品,需要复检。

操作实施

操作实施一　速测卡法(纸片法)快速检测农产品农药残留

一、实施目的

(1)理解速测卡法(纸片法)检测农药残留的基本原理。

(2)掌握速测卡检测的基本技能。

二、实施原理

胆碱酯酶可催化靛酚乙酸酯(红色)水解为乙酸与靛酚(蓝色),有机磷或氨基甲酸酯类农药对胆碱酯酶有抑制作用,使催化、水解、变色的过程发生改变,由此可判断出样品中是否有高剂量有机磷或氨基甲酸酯类农药的存在。

三、试剂与器材准备

1. 试剂

农药残留快速检测卡,蒸馏水。

2. 仪器设备

农药残留快速测定仪,超声波清洗机,恒温水浴或恒温箱。

四、操作步骤

(一)样品前处理

速测卡法(纸片法)具体又可分为3种:整体测定法、表面测定法和仪器法。

1.整体测定法

选取有代表性的蔬菜样品,擦去表面泥土,剪成1 cm左右见方片,取5 g放入带盖瓶中,加入10 mL浸提液,振摇50次,静置2 min以上(超声波提取中振荡30 s)。

2.表面测定法(粗筛法)

选取有代表性的蔬菜样品,擦去蔬菜表面泥土,滴2~3滴浸提液在蔬菜表面,用另一片蔬菜在滴液处轻轻摩擦。

3.仪器法

取表面干净的果蔬2 g,用剪刀剪成1 cm大小,放入烧杯中,倒入10 mL蒸馏水,用玻璃棒轻轻搅动使菜叶与水充分接触,静置2 min取上清液备用。

(二)分析检测

1.整体测定法

(1)取一片速测卡,用白色药片蘸取提取液,放置10 min以上进行预反应,有条件的可在37℃恒温装置中放置10 min。预反应后的药片表面必须保持湿润。

(2)将速测卡对折,用手捏3 min或用恒温装置恒温3 min,使红色药片和白色药片叠合。

(3)每批测定应设一个缓冲液的空白对照。

2.表面测定法

(1)取一片速测卡,将蔬菜上的液滴滴在白色药片上。放置10 min以上进行预反应,有条件时在37℃恒温装置中放置10 min。预反应后的药片表面必须保持湿润。

(2)将速测卡对折,用手捏3 min或用恒温装置恒温3 min,使红色药片和白色药片叠合。

(3)每批测定应设一个缓冲液的空白对照。

3.仪器法

以安鑫宝WT-R01农药残留速测仪为例。

(1)参数设置。将光标移动到项目"参数设置"上,按"确定"键进入系统设置界面,用"左翻""右翻"键可左、右移动光标选择不同设置项目,按"确定"键进入相应设置项目。

视频2-3　WT-R01农药残留快速检测仪操作与维护

(2)样品检测。将光标移动到项目"样品检测"上,按"确定"键进入样品检测界面,再次按"确定"键,仪器将按预先设置开始样品检测,检测结束后按"返回"键返回上一级菜单。

(3)进仓/出仓。完成开机后,按"电源"键,仓门打开;按"电源"键,仓门关闭。

(4)装片要求。取农残速测卡片,沿卡片中线对折使之呈约90°角,揭去速测卡保护膜,打开仪器仓门,将速测卡按从左到右的原则将白色药片部分插入仪器插卡槽,橙红色药片向上。

(5)加样。检测方式有两种,分别为"0"和"1"。

检测方式0:空白对照必须放"0"通道,仪器默认为此方式。在"0"通道的白色药片上用移液器滴加90 μL纯净水,作为对照检测,在其他通道的白色药片滴加90 μL各样品提取的上清液。

检测方式1:选择此方式后,空白对照可以放入任意通道,仪器默认颜色最蓝的为空白对照。(注:每次开机第一次检测必须做对照,第一次检测后仪器将自动保存对照检测值,所以直到仪器再次重新启动前的检测都不用再做对照检测。)

五、实验数据记录与分析

(一)整体测定法、表面测定法

结果以酶被有机磷或氨基甲酸酯类农药抑制(阳性)、未抑制(阴性)表示。

与空白对照实验卡比较,白色药片不变色或略有浅蓝色均为阳性结果。白色药片变为天蓝色或与空白对照卡相同为阴性结果。

对阳性结果的样品,可用其他分析方法进一步确定具体农药品种和含量。

将实验结果在表2-3中进行记录。

表2-3 农药残留记录单

样品名称	前处理方式	加样方式	现象	结果判定

(二)仪器法

检测结果以酶被抑制的程度(抑制率)表示。该仪器检测结束后抑制率直接显示在显示屏上,通过比较直接判断出样品中的农药残留情况。

当蔬菜样品提取液对酶的抑制率<50%时,表示蔬菜中有机磷或氨基甲酸酯类农药含量较低或没有,样品为阴性结果。

当蔬菜样品提取液对酶的抑制率≥50%时,表示蔬菜中有高剂量有机磷或氨基甲酸酯类农药存在,样品为阳性结果。阳性结果的样品需要重复检验2次以上。对阳性结果的样品,可用其他方法进一步确定具体农药品种和含量。

将实验结果在表2-4中进行记录。

表2-4 农药残留记录单(仪器法)

样品名称	前处理方式	加样方式	现象或抑制率	结果判定

六、注意事项

(1)农药残留速测仪有 2 种检测方式,“0”方式和“1”方式。“0”方式,是每次都要在 0 通道做一个空白对照(加蒸馏水),其余通道做样品。“1”方式,是先单独在任意通道内做一个空白对照,做完拿出来之后再去做样品,且往后在不关机的情况下可以直接做样品。

(2)加样液时,注意让液体附着在白色药片上,不要让其流到加热板。

(3)卡片要放正,让药片处在加热板中央。

(4)要把仪器上的数据上传至电脑,传输时,确保仪器处于“数据通信”界面。

(5)卡片要放到 0～4℃冰箱保存,保质期为一年。

七、操作实施

(1)学生分成 3～5 人一组,各小组在老师指导下,通过网络教学资源等多渠道查询农药分类、特性、残留危害及农药残留检测技术的资料。

(2)各组根据汇总的相关资料,师生共同讨论、分析,用集体智慧完成农产品农药残留卡片法与农残测定仪的快速检测方案,制作汇报提纲并选一代表进行学习汇报交流,并对该方案进行修订。

(3)学生按照修订后的农产品农药残留卡片法与农残测定仪的快速检测方案,按规范要求,独立完成农产品农药残留卡片法与农残测定仪的快速检测任务,最终填写任务考核单(表 2-5),教师在操作实施过程中巡回指导。

表 2-5　任务考核单:果蔬类农产品农药残留速测卡法(纸片法)快速检测

班级:　　　　　　姓名:　　　　　　学号:　　　　　　(时间:30 min,总分:100 分)

项目	考核内容	分值	考核记录(以“√”表示)	备注	得分
实验前的准备(10 分)	实验用品准备及摆放	10	物品准备合适,摆放合理,得 10 分		
			实验物品少选或多选,1 件扣 5 分,扣完为止		
样品前处理(20 分)	取样操作	10	取表面干净的果蔬 2 g,用剪刀剪成 1 cm 大小,放入烧杯中,倒入 10 mL 蒸馏水,得 10 分		
			取样质量不准确,扣 2 分		
			剪刀等工具未清洗,扣 3 分		
			剪样大小过大过小,扣 2 分		
			加入蒸馏水不准确,扣 3 分		
	搅拌静置	10	用玻璃棒轻轻搅动使菜叶与水充分接触,静置 2 min 取上清液备用,得 10 分		
			搅拌不均匀,扣 5 分		
			静置时间不够,扣 5 分		

续表 2-5

项目	考核内容	分值	考核记录（以"√"表示）	备注	得分
仪器操作（45分）	仪器组装	5	农残检测仪安放位置合理，组装规范，得5分		
			安放位置不合理，扣2分		
			组装操作不规范，扣3分		
	检测设置	10	正确设置检测设置和时间设置，得10分		
			检测设置操作不规范，扣5分		
			时间设置操作不规范，扣5分		
	卡片安装	15	将光标移动到项目"样品检测"，操作正确，取农残速测卡片，沿卡片中线对折使之呈约90°角，揭去速测卡保护膜，打开仪器仓门，将速测卡按从左到有的原则将白色药片部分插入仪器插卡槽，橙红色药片向上，得15分		
			样品检测设置操作不规范，扣5分		
			进仓/出仓操作不规范，扣5分		
			农残速测卡片折叠不正确，扣5分		
	加样检测	15	选择正确的检测方式"0"和"1"，并按照不同的检测方式完成检测。操作正确规范，得15分		
			"0"方式未在0通道进行对照，扣5分		
			"1"方式开机第一次检测未做对照，扣5分		
			滴加90 μL 样品操作不规范，扣10分		
数据处理（10分）	数据处理与上传	10	打印数据，正确计算抑制率并进行判定，完成系统上传，得10分		
			抑制率计算不正确，扣2分		
			结果判定不正确，扣3分		
			系统上传操作不规范，扣5分		
文明操作（5分）	清理用物，整理台面	5	清扫实验台及收拾产生的垃圾，得5分		
			未清理所用实验物品，扣2分		
			未整理实验台面，扣3分		
时间（10分）	操作时间	10	在规定时间内完成实验操作，得10分		
			每超过1 min，扣2分，扣完10分为止		
合计					

(4)学生对完成工作任务的表现进行自评和互评,各小组进行总结、考核及评估,教师做出最后评价,填写教学反馈表(表 2-6)。

表 2-6　教学反馈表

速测卡法(纸片法)快速检测农产品农药残留				
序号	调查内容	是	否	理由陈述
1	你会利用收集的农药及农药残留检测技术的新技术、新信息归纳整理与分析吗?			
2	对于农药及农药残留检测要求是否清楚?			
3	哪些果蔬宜采用整体测定法?哪些果蔬宜采用表面测定法?为什么?你是否清楚?			
4	白色、红色药片上分别固定的是什么?你是否可以叙述?			
5	如何编制农产品农药残留卡片法农残测定仪的快速检测方案,你是否心里有数?			
6	你能否独立完成制作方案汇报提纲,并能进行学习汇报交流?			
7	卡片法农残测定仪的快速检测操作实施前准备及样品前处理的技术要点有哪些,你是否可以叙述?			
8	你是否已经掌握仪器操作卡片法农残测定仪的正确操作方法?能否按照安全与规范的规程操作?			
9	你与其他同学口头交流内容是否流畅?			
10	你能否主动参与教学场所的清洁与整理工作?			
11	你对老师的本次操作实施任务教学满意吗?			
12	你对本小组完成本学习情境工作的配合满意吗?			
写出你对教学需要改进的建议和意见:				

操作实施二　酶抑制率法快速检测果蔬类农产品农药残留

一、实施目的

(1)理解酶抑制率法检测农药残留的基本原理。

(2)具备独立操作农药残留快速检测仪的基本技能。

二、实施原理

在一定条件下,有机磷和氨基甲酸酯类农药对胆碱酯酶正常功能有抑制作用,其抑制率与农药的浓度呈正相关。正常情况下，酶催化神经传导代谢产物（乙酰胆碱）水解，其水解产物与显色剂反应，产生黄色物质，用分光光度计在 412 nm 处测定吸光度随时间的变化值，计算出抑制率，通过抑制率可以判断出样品中是否有高剂量有机磷或氨基甲酸酯类农药的存在。

三、试剂与器材准备

1. 试剂

(1)pH 8.0 缓冲溶液。分别取 11.9 g 无水磷酸氢二钾与 3.2 g 磷酸二氢钾，用 1 000 mL 蒸馏水溶解。

(2)显色剂。分别取 160 mg 二硫代二硝基苯甲酸（DTNB）和 15.6 mg 碳酸氢钠，用 20 mL 缓冲溶液溶解，4℃冰箱中保存。

(3)底物。取 25.0 mg 硫代乙酰胆碱，加 3.0 mL 蒸馏水溶解，摇匀后置 4℃冰箱中保存备用。保存期不超过两周。

(4)乙酰胆碱酯酶。根据酶的活性情况，用缓冲溶液溶解，3 min 的吸光度变化 ΔA_0 值应控制在 0.3 以上。摇匀后置 4℃冰箱中保存备用，保存期不超过 4 d。

(5)可选用由以上试剂制备的试剂盒。乙酰胆碱酯酶的 ΔA_0 应控制在 0.3 以上。

2. 仪器设备

分光光度计或农残测定仪，常量天平，恒温水浴或恒温箱。

四、操作步骤

(一)采用分光光度计检测

1. 样品处理

选取有代表性的蔬菜样品，冲洗掉表面泥土，剪成 1 cm 左右见方碎片，取样品 1 g，放入烧杯或提取瓶中，加入 5 mL 缓冲溶液，振荡 1～2 min，倒出提取液，静置 3～5 min，待用。

2. 对照溶液测试

先于试管中加入 2.5 mL 缓冲溶液，再加入 0.1 mL 酶液、0.1 mL 显色剂，摇匀后于 37℃放置 15 min 以上（每批样品的控制时间应一致）。再加入 0.1 mL 底物摇匀，此时检液开始显色反应，应立即放入仪器比色池中，记录反应 3 min 的吸光度变化值 ΔA_0。

3. 样品溶液测试

先于试管中加入 2.5 mL 样品提取液，其他操作与对照溶液测试相同，记录反应变化值 ΔA_t。

视频 2-4　WT-51A 农药残留快速检测仪操作与维护

(二)采用农残测定仪检测

以安鑫宝 WT-51A 农药残留测定仪为例。检测流程见图 2-3。

1. 样品处理

取表面干净的果蔬 2 g（菜叶类取叶子，瓜果类取皮），用剪刀剪成 1 cm 大小，放入烧杯中，加入 10 mL 纯净水，用玻璃棒轻轻搅动使菜叶与水充分接触，静置 2 min 取上清液备用。（注意：用玻璃棒搅拌时不能将菜叶搅碎。处理多个样品时，每个样品需要用不同的玻璃棒搅动，或洗净后再使用；每剪完一个样品，剪刀要洗净后方可处理另一个样品，以免交叉污染，影响检测结果；对生姜、葱、蒜、辣椒等汁液中含有酶破坏性果蔬，采取整株浸泡或淋喷方式取样。）

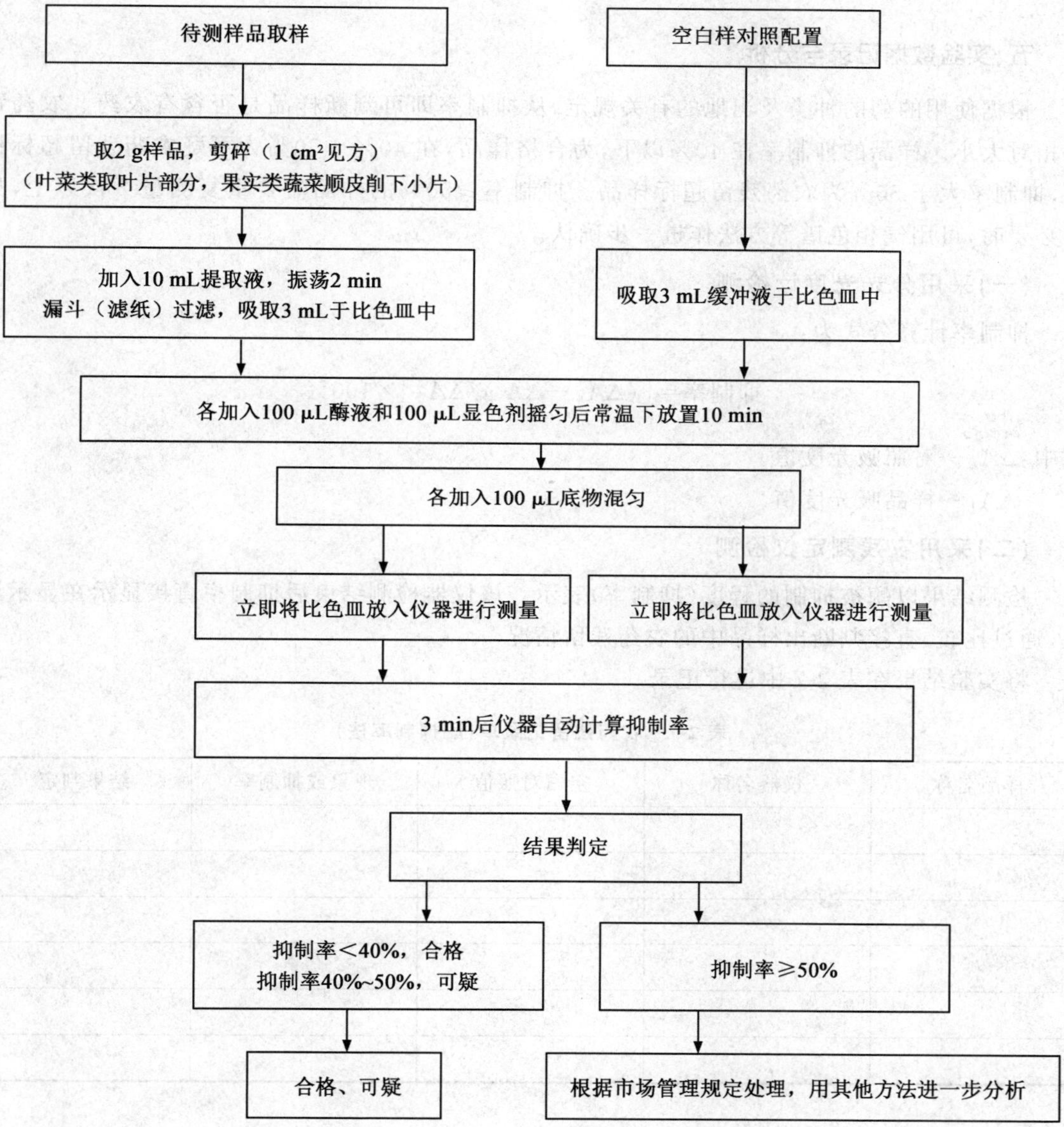

图 2-3　检测流程

2. 对照检测

取比色皿，加缓冲液 3 mL，酶液 100 μL，显色剂 100 μL，静置 10 min，加底物 100 μL 放入比色池内（注意：一定要让比色皿光面对准紫外光光源），盖上盖子，检测，倒计时结束后，其正常的变化波动值在 0.2～1.0。

3. 样品检测

取比色皿，加上清滤液 3 mL，酶液 100 μL，显色剂 100 μL，静置 10 min，加底物 100 μL 放入比色池内(注意：一定要让比色皿光面对准紫外光光源)，盖上盖子，检测，倒计时结束后，显示结果。

五、实验数据记录与分析

根据使用的酶的种类及当地的有关规定，从抑制率即可判断样品是否含有农药、农药毒性相对大小。样品的抑制率在 40%以下，为合格样品，在 40%～50%为可疑农药残留超标样品，抑制率大于 50%为农药残留超标样品。抑制率≥50%的样品需要重复测量 2 次以上，如有必要时，可用气相色谱等方法作进一步确认。

(一)采用分光光度计检测

抑制率计算公式为：

$$抑制率=[(\Delta A_0-\Delta A_t)/\Delta A_0]\times 100\%$$

式中：ΔA_0—对照吸光度值。

ΔA_b—样品吸光度值。

(二)采用农残测定仪检测

检测结果以酶被抑制的程度(抑制率)表示。该仪器检测结束后抑制率直接显示在显示屏上，通过比较，直接判断出样品中的农药残留情况。

将实验结果在表 2-7 中进行记录。

表 2-7 农药残留记录单(酶抑制率法)

样品名称	仪器名称	空白对照值	现象或抑制率	结果判定

六、操作实施

(1)学生分成 3～5 人一组，各小组在老师指导下，通过网络教学资源等多渠道查询农产品农药残留酶抑制率法的快速检测的资料。

(2)各组根据汇总的相关资料，师生共同讨论、分析，用集体智慧完成上述农产品农药残留酶抑制率法快速检测方案初稿，制作汇报提纲并选一代表进行学习汇报交流，对该快速检测方案进行修订。

(3)学生按照修订后的该快速检测方案,按规范要求,独立完成该快速检测任务,最终填写任务考核单(表 2-8),教师在操作实施过程中巡回指导。

表 2-8　任务考核单:农产品农药残留酶抑制率法快速检测

班级:　　　　姓名:　　　　学号:　　　　(时间:30 min,总分:100 分)

项目	考核内容	分值	考核记录(以"√"表示)	备注	得分
实验前的准备(10 分)	实验用品准备及摆放	10	物品准备合适,摆放合理,得 10 分		
			实验物品少选或多选,1 件扣 5 分,扣完为止		
样品前处理(30 分)	取样操作	15	取表面干净的果蔬 2 g,用剪刀剪成 1 cm^2 大小,放入烧杯中,倒入 10 mL 蒸馏水,得 15 分		
			取样质量不准确,扣 5 分		
			剪刀等工作未清洗,扣 2 分		
			剪样大小过大过小,扣 3 分		
			加入蒸馏水不准确,扣 5 分		
	搅拌静置	10	用玻璃棒轻轻搅动使菜叶与水充分接触,静置 2 min 取上清液备用,得 10 分		
			搅拌不均匀,扣 5 分		
			静置时间不够,扣 5 分		
	试剂配制	5	按照试剂中说明进行试剂配制正确,得 5 分		
			未按照试剂中说明进行试剂配制正确,扣 5 分		
仪器操作(35 分)	仪器组装	5	农残检测仪安放位置合理,组装规范,得 5 分		
			安放位置不合理,扣 2 分		
			组装操作不规范,扣 3 分		
	对照检测	10	取比色皿,加缓冲液 3 mL,酶液 100 μL,显色剂 100 μL,静置 10 min,加底物 100 μL 放入比色池内,操作规范,变化波动值在 0.2～1.0,得 10 分		
			加缓冲液不准确,扣 2 分		
			加酶液不准确,扣 2 分		
			加显色剂不准确,扣 2 分		
			加底物不准确,扣 2 分		
			变化波动值不在 0.2～1.0 范围,扣 2 分		

续表 2-8

项目	考核内容	分值	考核记录(以"√"表示)	备注	得分
仪器操作(35分)	样品检测	10	取比色皿,加上清滤液 3 mL,酶液 100 μL,显色剂 100 μL,静置 10 min,加底物 100 μL 放入比色池,操作规范,得 10 分		
			加上清滤液不准确,扣 2 分		
			加酶液不准确,扣 2 分		
			加显色剂不准确,扣 2 分		
			加底物不准确,扣 2 分		
			操作不连贯,扣 2 分		
	比色皿的使用	10	规范使用比色皿,得 10 分		
			不规范使用比色皿,扣 10 分		
数据处理(10分)	数据处理与上传	10	打印数据,正确计算抑制率并进行判定,完成系统上传,得 10 分		
			抑制率计算不正确,扣 2 分		
			结果判定不正确,扣 2 分		
			系统上传操作不规范,扣 5 分		
文明操作(5分)	清理用物,整理台面	5	清扫实验台及收拾产生垃圾,得 5 分		
			未清理所用实验物品,扣 2 分		
			未整理实验台面,扣 3 分		
时间(10分)	操作时间	10	在规定时间内完成实验操作,得 10 分		
			每超过 1 min,扣 2 分,扣完 10 分为止		
			合计		

(4)学生对完成工作任务的表现进行自评和互评,各小组进行总结、考核及评估,教师做出最后评价,填写教学反馈表(表 2-9)。

表 2-9 教学反馈表

酶抑制率法快速检测果蔬类农产品农药残留				
序号	调查内容	是	否	理由陈述
1	你会利用收集的农产品农药残留酶抑制率法快速检测的新信息归纳整理与分析吗?			
2	对于农产品农药残留酶抑制率法的快速检测技术要求是否清楚?			
3	当农药残留检测仪器检查结果经常出现 0.00%或 100%时,你是否可以说明是什么原因造成的?			
4	仪器在使用过程中,更换了酶试剂或重新设置了测量时间,必须进行的操作是什么?你是否清楚?			

续表 2-9

酶抑制率法快速检测果蔬类农产品农药残留				
序号	调查内容	是	否	理由陈述
5	酶抑制率法检测出现假阳性后，你是否可以说出后续的操作应如何处理？			
6	为什么要严格控制时间、温度，它们对检测结果有何影响？你是否可以叙述？			
7	对如何编制农药残留酶抑制率法方案是否心里有数？			
8	你能否独立完成制作方案汇报提纲，并能进行学习汇报交流？			
9	你与其他同学口头交流内容是否流畅？			
10	能否按照安全与规范的规程操作？能否主动参与教学场所的清洁与整理工作？			
11	你对老师的本次操作实施任务教学满意吗？			
12	你对本小组完成本学习情境工作的配合满意吗？			

写出你对教学需要改进的建议和意见：

知识链接

比色皿的使用

一、使用比色皿注意事项

比色皿一般为长方体，其底及两侧为磨毛玻璃，另两面为光学玻璃制成的透光面，采用熔融一体、玻璃粉高温烧结和胶粘合而成。所以使用时应注意以下几点：

(1)拿取比色皿时，只能用手指接触两侧的毛玻璃，避免接触光学面。同时注意轻拿轻放，防止外力对比色皿的影响，产生应力后破损。

(2)凡含有腐蚀玻璃的物质的溶液，不得长期盛放在比色皿中。

(3)不能将比色皿放在火焰或电炉上进行加热或放在干燥箱内烘烤。

(4)当发现比色皿里面被污染后，应用无水乙醇清洗，及时擦拭干净。

(5)不得将比色皿的透光面与硬物或脏物接触。盛装溶液时，高度为比色皿的 2/3 处即可，光学面如有残液可先用滤纸轻轻吸附，然后再用镜头纸或丝绸擦拭。

二、比色皿成组性测试

在测量时如对比色皿有怀疑，可自行检测，方法如下：

(1)可将波长选择置实际使用的波长上，将一套比色皿都注入蒸馏水，将其中一只的透射比调至100%处，测量其他各只的透射比，凡透射比之差不大于0.5%，即可配套使用。

(2)比色前将各个比色皿中装入蒸馏水，在比色波长下进行比较，误差在±0.001吸光度以内的比色皿选出4～8个进行比色测定，可避免因比色皿差异造成测量误差。

三、比色皿的洗涤方法

随着光谱分析仪器的迅速发展，微量、半微量、荧光等一些比色皿不断出现，对使用维护、清洗比色皿有更高的要求。一般在国外比色皿都是一次性使用，在国内为了节约成本而重复使用。对比色皿进行清洗，只能按照各种试剂特点，采用能溶解中和的方法来进行。原则上一是不能损坏比色皿的结构和透光性能；二是能够采用中和溶解的方法来达到比色皿干净如初的效果。而分光光度计中比色皿洁净与否是影响测定准确度的因素之一。因此，必须重视选择正确的洗净方法。下面介绍几种清洗方式：

(1)比如测定溶液是酸，比色皿如果不干净，就用弱碱溶液清洗；测定溶液是碱，如果不干净，就用弱酸溶液清洗；测定溶液是有机物质，如果不干净，就用有机溶剂，比如酒精等溶液清洗。

(2)选择比色皿洗涤液的原则是去污效果好，不损坏比色皿，同时又不影响测定。

(3)分析常用的铬酸洗液不宜用于洗涤比色皿，这是因为带水的比色皿在该洗液中有时会局部发热，致使比色皿胶接面裂开而损坏。同时经洗液洗涤后的比色皿还很可能残存微量铬，其在紫外区有吸收，因此会影响铬及其他有关元素的测定。一般使用硝酸和过氧化氢(5∶1)的混合溶液泡洗，然后用水冲洗干净。

操作实施三　免疫胶体金试剂板测定有机磷农药残留

一、实施目的

熟悉免疫胶体金分析法测定农药残留的原理和方法。

二、实施原理

有机磷农药免疫胶体金快速检测试剂板的中央膜面上固定有两条隐形线，有机磷农药抗原固定在测试区作为检测线(T线)，二抗固定在质控区作为对照线(C线)。

当待检样品溶液滴入试剂板加样孔后，样品溶液因色谱作用往上扩散。如果样品溶液含有相应农药的残留，农药将和胶体金颗粒上的抗体先行反应，因此当胶体金颗粒随样品溶液扩散至T线时，胶体金颗粒上的抗体的活性位点因被样品溶液中的农药占据而无法与T线上药物抗原结合，所以当样品中的有机磷农药含量超过试剂板检出限时，试剂板上的T线将较C

线显色淡或甚至无显色，判定为阳性。反之，当样品中有机磷农药含量在试剂板检出限以下或无残留时，试剂板上的T线显色与C线相近或偏深，判定为阴性。

适用于快速检测蔬菜、水果、蜂蜜、蜂王浆、肌肉组织和水产品中的有机磷农药残留。

三、试剂与器材准备

1.试剂

乙腈，氯化钠。

2.仪器设备

有机磷农药免疫胶体金快速检测试剂板（图2-4），组织捣碎机，离心机或布氏漏斗。

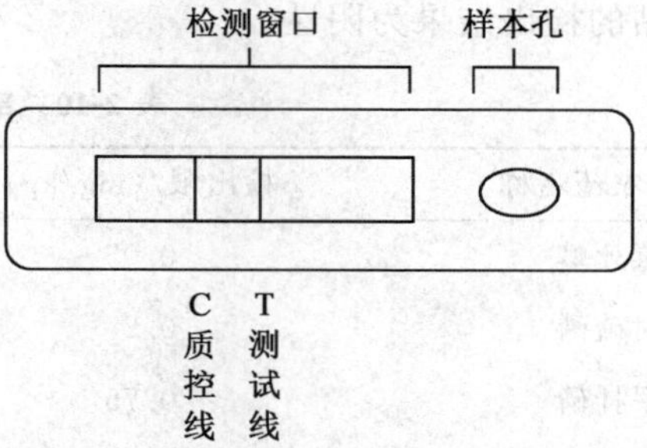

图2-4　有机磷农药免疫胶体金快速检测试剂板

四、操作步骤

（1）样品处理。取20 g左右的组织，切碎混匀；称取10 g样本于烧杯中，加入大约5 mL蒸馏水和35 mL乙腈，用高速组织捣碎机提取约1 min；用布氏漏斗过滤或室温下4 000 r/min离心5 min，滤液或上清液转入离心管中；加入约4 g氯化钠，上下翻转振荡1～2 min，静置20 min分层；移取乙腈上清液6 mL于试管中，在50℃下氮气吹干。

（2）将试剂板和待测样本溶液恢复至常温，用滴管吸取待测样品溶液，滴加3滴于加样孔中，加样后开始计时。

（3）3～5 min后读取结果，其他时间判读无效。

五、实验数据记录与分析

（一）结果分析

（1）T线（测试线，靠近加样孔一端）比C线（对照线）深或一样深，表示样品中有机磷农药浓度低于试剂板检出限或无农药残留（图2-5a）。

（2）T线比C线浅，或T线无显色，表示样品中有机磷农药浓度高于试剂板检出限；T线相比C线越浅，表示有机磷农药浓度越高（图2-5b）。

（3）未出现C线，表明不正确的操作过程或试剂板已经变质失效，判定为无效（图2-5c）。在此情况下，应用新的试剂板重新测试。

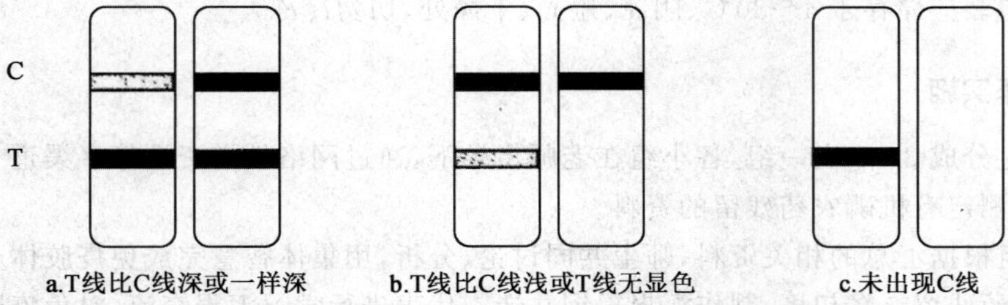

图2-5　有机磷农药免疫胶体金快速检测试剂板结果判读

(二)特异性及灵敏度

有机磷农药免疫胶体金快速检测试剂板对 19 种农药标准品进行检测，对 13 种农药检出结果为阳性，见表 2-10。对 30 mg/L 倍硫磷、久效磷、克线丹、马拉硫磷、敌百虫、克百威 6 种标准品的检出结果为阴性。

表 2-10 部分有机磷农药的检出限

农药名称	检出限/(mg/kg)	农药名称	检出限/(mg/kg)
毒死蜱	0.05	甲基对硫磷	0.375
对硫磷	0.2	杀螟硫磷	0.75
甲拌磷	0.75	乐果	3.0
水胺硫磷	3.0	喹硫磷	0.75
三唑磷	0.75	杀扑磷	1.5
甲胺磷	3.0	敌敌畏	3.0
乙酰甲胺磷	1.5		

将实验结果在表 2-11 中进行记录。

表 2-11 农药残留记录单(免疫分析法)

样品名称	检测方法	T 线现象	C 线现象	结果判定

六、注意事项

(1)尽量不要触摸试剂板中央的白色膜面。

(2)请勿使用过期的试剂板。

(3)原包装应储存于 4～30℃、阴凉、避光、干燥处，切勿冷冻。

七、操作实施

(1)学生分成 3～5 人一组，各小组在老师指导下，通过网络教学资源等多渠道查询免疫胶体金试剂板测定有机磷农药残留的资料。

(2)各组根据汇总的相关资料，师生共同讨论、分析，用集体智慧完成免疫胶体金试剂板测定有机磷农药残留方案初稿，制作汇报提纲并选一代表进行学习汇报交流，对免疫胶体金试剂板测定有机磷农药残留方案进行修订。

(3)学生按照修订后的免疫胶体金试剂板测定有机磷农药残留方案，按规范要求，独立完成该检测任务，最终填写任务考核单(表 2-12)，教师在操作实施过程中巡回指导。

表 2-12　任务考核单:免疫胶体金试剂板测定有机磷农药残留

班级：　　　　姓名：　　　　学号：　　　　(时间:30 min,总分:100 分)

项目	考核内容	分值	考核记录(以"√"表示)	备注	得分
实验前的准备(10 分)	实验用品准备及摆放	10	物品准备合适,摆放合理,得 10 分		
			实验物品少选或多选,1 件扣 5 分,扣完为止		
取样前处理(40 分)	样品处理操作	40	取 20 g 左右的组织,切碎混匀;称取 10 g 样本于烧杯中,加入大约 5 mL 蒸馏水和 35 mL 乙腈,用高速组织捣碎机提取约 1 min;用布氏漏斗过滤或室温下 4 000 r/min 离心 5 min,滤液或上清液转入离心管中;加入约 4 g 氯化钠,上下翻转振荡 1～2 min,静置 20 min 分层;移取乙腈上清液 6 mL 于试管中,在 50℃下氮气吹干。正确操作得 40 分		
			取样质量不准确,扣 5 分		
			加水体积不正确,扣 5 分		
			加乙腈体积不正确,扣 5 分		
			高速组织捣碎机使用不规范,扣 5 分		
			离心操作不正确,扣 5 分		
			振荡操作不正确,扣 5 分		
			氮吹仪使用不规范,扣 10 分		
仪器操作(20 分)	卡片温浴	10	将试剂板和待测样本溶液恢复至常温,操作正确,得 10 分		
			未将试剂板恢复至常温,扣 5 分		
			未将测样本溶液恢复至常温,扣 5 分		
	样品检测	10	用滴管吸取待测样品溶液,滴加 3 滴于加样孔中,操作规范,得 10 分		
			换样品未换吸管,扣 5 分		
			滴加操作不正确,扣 5 分		
数据处理(10 分)	结果观察与记录	10	3～5 min 后读取结果正确,得 10 分		
			读取结果不正确,扣 8 分		
			时间不在 3～5 min 后,扣 2 分		

续表 2-12

项目	考核内容	分值	考核记录(以"√"表示)	备注	得分
文明操作（10分）	清理用物，整理台面	10	清扫实验台及收拾产生垃圾，得10分		
			未清理所用实验物品，扣5分		
			未整理实验台面，扣5分		
时间（10分）	操作时间	10	在规定时间内完成实验操作，得10分		
			每超过1 min，扣2分，扣完10分为止		
合计					

(4)学生对完成工作任务的表现进行自评和互评，各小组进行总结、考核及评估，教师做出最后评价，填写教学反馈表(表 2-13)。

表 2-13　教学反馈表

免疫胶体金试剂板测定有机磷农药残留				
序号	调查内容	是	否	理由陈述
1	你会利用收集的免疫胶体金试剂板测定有机磷农药残留的新信息归纳整理与分析吗？			
2	对于免疫胶体金试剂板测定有机磷农药残留技术要求是否清楚？			
3	保存和使用胶体金试剂盒有哪些注意事项？你是否清楚？			
4	你能否按照安全与规范的规程操作？			
5	对如何编制免疫胶体金试剂板测定有机磷农药残留方案是否心里有数？			
6	你能否独立完成制作方案汇报提纲，并能进行学习汇报交流？			
7	你与其他同学口头交流内容是否流畅？			
8	你能否主动参与教学场所的清洁与整理工作？			
9	你对老师的本次操作实施任务教学满意吗？			
10	你对本小组完成本学习情境工作的配合满意吗？			

写出你对教学需要改进的建议和意见：

操作实施四　酶联免疫吸附法测定有机磷农药残留

一、实施目的

熟悉酶联免疫吸附法测定有机磷农药残留的原理和方法。

二、实施原理

采用间接竞争 ELISA,微孔条上载有偶联抗原,有机磷农药与微孔条上的偶联抗原竞争有机磷农药的抗体,加入酶标记物后,与底物显色,样本吸光值与有机磷农药残留量成反比,与标准曲线比较计算有机磷农药残留物的含量。

适用于纺织品、棉花、粮食、水果、蔬菜、肉、乳、水和土壤中农药的残留检测。

三、试剂与器材准备

1. 试剂

有机磷 ELISA 试剂盒。

2. 仪器设备

酶标板,移液器及吸头,EP 管。

四、操作步骤

1. 样品处理

取适量蔬菜或水果样品,用搅拌机打碎,取 5 g 于 30 mL 塑料试管中,加 25 mL 甲醇,加盖振荡 30 min。振荡后将试管置高速离心机中以 6 000 r/min 离心 10 min,上层清液备用。

2. 测定

(1)酶标板分别设空白孔、标准孔、待测样品孔。空白孔加样品稀释液 100 μL,其余孔依次加标准品和待测样品 100 μL。

(2)每孔加检测溶液 A 100 μL,酶标板加上覆膜,37℃反应 60 min。

(3)弃去液体,甩干,用洗涤剂洗板 3 次,每次浸泡 1～2 min,大约每孔 400 μL,甩干。

(4)每孔加检测溶液 B 100 μL,酶标板加上覆膜,37℃反应 60 min。

(5)弃去液体,甩干,用洗涤剂洗板 5 次,每次浸泡 1～2 min,大约每孔 350 μL,甩干。

(6)依序每孔加底物溶液 90 μL,加上覆膜,37℃避光显色。30 min 内,肉眼可见标准品的前 3～4 孔有明显的梯度显色,即可终止。

(7)依次每孔加终止溶液 50 μL,终止反应,此时蓝色立刻转变成黄色,在 450 nm 波长立即测定各孔的光密度(OD 值)。

五、实验数据记录与分析

(一)结果分析

用对数坐标纸,标准物的浓度为纵坐标,OD 值为横坐标,绘出标准曲线。也可使用专业制作曲线软件进行分析,如 Curve Expert 1.3,根据样品的 OD 值由标准曲线查出相应的浓度,再乘以稀释倍数,即为样品的实际浓度。

(二)灵敏度

该试剂盒测定有机磷农药的灵敏度为1.0 μg/mL。将实验结果在表2-14中进行记录。

表2-14　农药残留记录单(酶联免疫吸附法)

	浓度	吸光度1	吸光度2	平均值
标准品				
样品	—			
	—			
	—			
标准曲线				
结果判定				

六、注意事项

(1)实验开始前,各试剂需平衡至室温。

(2)在操作过程中必须保证样品分析与标样测定同步进行,以减小温浴时间对分析结果的影响。如样品数量多,推荐使用多通道移液器。

(3)整个实验过程中,酶标板要保持一定的湿度。为防止样液蒸发,试验时将反应板置于铺有湿布的密闭盒内,酶标板加盖或覆膜,以避免液体蒸发;洗板后应尽快进行下一步操作,任何时候都应避免酶标板处于干燥状态。

(4)注意控制反应时间。加入底物后定时观察反应孔的颜色变化(比如,每隔10 min),如颜色较深,提前加入终止液终止反应,避免反应过强从而影响酶标板光密度读数。

(5)底物避光保存,在储存和温浴时避免强光直接照射。

(6)实验前应预测样品含量,如样品浓度过高时,应对样品进行稀释,以使稀释后的样品符合试剂盒的检测范围,计算时再乘以相应的稀释倍数。

(7)样品的处理。用ELISA检测农药残留,首先要将农药从样品中提取出来。多数农药是非极性或弱极性,不易溶于水,通常用有机溶剂进行提取。而ELISA反应是以水溶液作为反应介质,一般认为,ELISA检测过程中样品溶液不能含有非水溶性溶剂,溶剂脂溶性越大,对免疫反应抑制率越大。但研究发现,反应介质中有适量水溶性有机溶剂(甲醇、丙酮、二甲基亚砜等)的存在,能增加农药特别是脂溶性农药在介质中的溶解性,降低其在实验器皿表面的吸附损失和破坏样品基质的亲脂性胶束。

七、操作实施

(1)学生分成3~5人一组,各小组在老师指导下,通过网络教学资源等多渠道查询酶联免疫吸附法测定有机磷农药残留的资料。

(2)各组根据汇总的相关资料,师生共同讨论、分析,用集体智慧完成酶联免疫吸附法测定有机磷农药残留方案初稿，制作汇报提纲并选一代表进行学习汇报交流，对酶联免疫吸附法测定有机磷农药残留方案进行修订。

（3）学生按照修订后的酶联免疫吸附法测定有机磷农药残留方案，按规范要求，独立完成酶联免疫吸附法测定有机磷农药残留检测任务，最终填写任务考核单（表 2-15），教师在操作实施过程中巡回指导。

表 2-15　任务考核单：酶联免疫吸附法测定有机磷农药残留

班级：　　　　姓名：　　　　学号：　　　　（时间：30 min，总分：100 分）

项目	考核内容	分值	考核记录（以"√"表示）	备注	得分
实验前的准备（5 分）	实验用品准备及摆放	5	物品准备合适，摆放合理，得 5 分		
			实验物品少选或多选，1 件扣 2 分，扣完为止		
样品前处理（30 分）	样品处理操作	30	取适量蔬菜或水果样品，用搅拌机打碎，取 5 g 于 30 mL 塑料试管中，加 25 mL 甲醇，加盖振荡 30 min。振荡后将试管置高速离心机中以 6 000 r/min 离心 10 min，上层清液备用。正确操作得 30 分		
			取样质量不准确，扣 5 分		
			加甲醇体积不正确，扣 5 分		
			离心操作不正确，扣 10 分		
			振荡操作不正确，扣 10 分		
仪器操作（40 分）	试剂盒常温	10	将试剂板和待测样本溶液恢复至常温，操作正确得 10 分		
			未将试剂板恢复至常温，扣 5 分		
			未将测样本溶液恢复至常温，扣 5 分		
	样品检测	30	按照操作说明依次加入检测溶液 A、孵育、洗板、检测溶液 B、孵育、洗板、底物、孵育、显色、终止液。操作规范得 30 分		
			滴加顺序不对，扣 10 分		
			移液管操作不规范，扣 10 分		
			洗板操作不规范，扣 10 分		
数据处理（10 分）	结果观察与计算	10	绘制标准曲线，进行实际样品浓度计算，对结果进行正确判定，得 10 分		
			标准曲线绘制不正确，扣 5 分		
			结果判定错误，扣 5 分		

续表 2-15

项目	考核内容	分值	考核记录(以"√"表示)	备注	得分
文明操作(5分)	清理用物,整理台面	5	清扫实验台及收拾产生垃圾,得5分		
			未清理所用实验物品,扣2分		
			未整理实验台面,扣3分		
时间(10分)	操作时间	10	在规定时间内完成实验操作,得10分		
			每超过1 min,扣2分,扣完10分为止		
合计					

(4)学生对完成工作任务的表现进行自评和互评,各小组进行总结、考核及评估,教师做出最后评价,填写教学反馈表(表2-16)。

表2-16 教学反馈表

酶联免疫吸附法测定有机磷农药残留				
序号	调查内容	是	否	理由陈述
1	你会利用收集的酶联免疫吸附法测定有机磷农药残留的新信息归纳整理与分析吗?			
2	对于酶联免疫吸附法测定有机磷农药残留技术要求是否清楚?			
3	有机磷ELISA试剂盒使用时有哪些注意事项?你是否清楚?			
4	你能否按照安全与规范的规程操作?			
5	对如何编制酶联免疫吸附法测定有机磷农药残留方案是否心里有数?			
6	你能否独立完成制作方案汇报提纲,并能进行学习汇报交流?			
7	你与其他同学口头交流内容是否流畅?			
8	你能否主动参与教学场所的清洁与整理工作?			
9	你对老师的本次操作实施任务教学满意吗?			
10	你对本小组完成本学习情境工作的配合满意吗?			

写出你对教学需要改进的建议和意见:

知识链接

蔬菜农药残留快速检测技术中容易出现的问题

一、同批次蔬菜检测结果不同

我们的生活中经常会发生这样的现象，同批次的蔬菜不同的人吃了会有不同的反应，或者对于同批次蔬菜进行农药残留检测的结果不同。蔬菜农药残留快速检测方法是一种粗略的检测，每次检测的定液量以及取样量在一定程度上都会有误差。另外，同样的操作方法以及仪器系统也会有误差，这就在一定程度上影响了我国蔬菜的农药残留快速检测的结果，使得同批次的蔬菜检测结果不同。

解决措施：首先，我们在进行蔬菜农药残留检测时，要保证抽样工具以及容器的洁净、干燥、无异味等，减少因为容器等的不洁对于样品造成污染而影响检测的结果。同时在取样之后一定要进行封存，防止样品变质，这就在一定程度上提高了蔬菜农药检测的准确度，有助于避免同批次检测结果的不同。

其次，取样检测时，样品量要保证，一般来说，叶菜类取 2 g，非叶菜类取 4 g，这种适度的量既有助于避免由于取量过少导致的检测不准，又有助于防止取量过多导致的浪费，从而提高取样检测的准确性。

再者，蔬菜农药残留检测的目的就是为了保证我们的生活健康，因此在进行蔬菜取量的时候，为了保证同批次蔬菜抽样的公正性以及代表性，取样的部位要均匀合理，多点混取，尽量取用可供食用的部分，这样就可以在一定程度上保证同批次蔬菜农药残留检测结果的一致性。另外，由于蔬菜农药检测技术是一种粗略的检测，检测的仪器并不十分严密，因此定量加液器的加液量要尽量一致，这有助于保证检测结果的一致性。

最后，在农贸市场中我们经常看到农民在进行蔬菜农药检测的时候并不按规程操作，这就在一定程度上影响了农药残留检测的结果。在平常的生活中，要定期地对蔬菜农药检测的仪器进行维护，并且在进行操作的时候要严格地按照规程进行操作，避免由于操作不当导致的检测结果不一致等。通过上述各种措施，我们可以有效地避免同批次的蔬菜中农药残留结果不一致的现象。

二、假阳性问题

如果检测结果呈现阳性，说明蔬菜中农药的残留达标，会对我们的身体产生比较严重的影响。但是假阳性的检测结果对于我们的日常生活也有着重要的影响，不利于我们的健康生活。

解决措施：首先，我们在进行蔬菜样品提取之前，蔬菜尽量不要水洗，如果进行水洗，那么我们提取的样品中的农药相当于被稀释了，因此检测的结果不能够反映出没有水洗的蔬菜农药残留状况。

其次，蔬菜通过叶绿素进行光合作用，从而促进蔬菜的生长。我们在进行农药残留检测的时候蔬菜中的叶绿素对于农药残留的检测有着重要的影响。因此我们在进行含叶绿素较高的蔬菜农药检测的时候，要严格注意时间，并且要浸提过后再进行检测，以避免叶绿素的干扰，保证检测的准确性。

最后，我们在进行检测的时候难免会遇到各种各样的干扰因素，因此要尽量多进行几次检测，然后取平均值，这样可以避免误差导致的假阳性，保证检测结果的准确性。

三、抑制率偏低

(1)酶在参加反应之前就已经部分失活，从而导致 $\Delta A_c<0.3$，影响检测结果

解决措施：酶是生物催化剂，较之其他的催化剂来说更加的脆弱，比较容易失去活性。一旦失去活性就会使检测的结果出现差错。因此酶作用一般要求比较温和的条件，例如常温、常压以及接近中性的酸碱度等。我们在进行酶的调试的时候，需要在培养箱中将温度调试为 37.5～38.5℃，提取液的 pH 控制在 8.0。

(2)底物与酶未反应完全

解决措施：酶是一种比较脆弱的生物催化剂，对于温度的要求比较高。因此为了保证酶的稳定性以及酶的活性，我们在进行试验的时候，尽量保证恒温，这样就可以保证酶的活性较高，从而促进酶与底物的反应。另外，酶的抑制时间也在一定程度上影响酶的抑制率。因此我们在进行试验操作的时候，必须要控制好酶的抑制时间，使空白与样品的反应时间一致，这就在一定程度上避免了底物与酶的未完全反应影响检测中结果。

任务3 熏蒸剂的快速检测

任务内容

本任务主要介绍常用的熏蒸剂类型以及溴甲烷的测定方法。

知识准备

一、熏蒸剂概述

粮食及其制品或一些其他食品原料在储藏过程中容易生虫或发霉，为了延长其保质期，在一定储藏条件下，常使用一些熏蒸剂进行熏蒸保藏。通常使用的粮食熏蒸剂有溴甲烷、二硫化碳、环氧乙烷、四氯化碳、氯化苦、氰化物、砷化物和磷化物。有些熏蒸剂如氯化苦对人体是有害的，二溴乙烷也是一种强致癌剂。有些熏蒸剂如氯化苦、二溴乙烷、氰化物、砷化物等在我国已停止使用，但进口粮食及其制品中时有检出，因此需要进行熏蒸剂残留量的测定。

由于食品中的环氧乙烷与无机氯化物化合合成相应的有害物质——α-氯乙醇，也需要进行 α-氯乙醇的含量测定。

微量的混合物采用 GC 进行分离测定，含量较高时可用常规比色法。

目前，食品中熏蒸剂残留量的检测还没有一种方法快捷的现场快速检测方法，大多是依据化学反应比色法或者利用气相色谱仪进行分析。目前市面上出现的 MB-02 溴甲烷熏蒸气体检测仪则是针对熏蒸气体进行检测。例如，在封闭的集装箱外检测溴甲烷的泄漏量；地窖和包装箱的溴甲烷的浓度。该仪器灵敏度高，一旦检测到溴甲烷，几秒钟内就会读数，声音报警；同时它体积小，重量轻，携带和存放都很方便。

二、溴甲烷的快速检测

1. 检测原理

溴甲烷随水蒸气蒸出后被氢氧化钾-醇溶液吸收，经酸化后与过量硝酸银作用，剩余硝酸银与硫氰酸铵作用，生成红色混合物，颜色的深浅与样品中溴甲烷成比例，从而可以求出溴甲烷的含量。

适用于粮谷类中溴甲烷熏蒸剂残留量的测定。

2. 主要仪器

水蒸气蒸馏装置，比色管。

3. 试剂

6 mol/L 硝酸，5%氢氧化钾-乙醇溶液，0.010 mol/L 硝酸银溶液，0.010 mol/L 硫氰酸铵溶液，硫酸铁铵指示剂(称取 8 g 硫酸铁铵溶于 100 mL 水中)，溴甲烷标准溶液(准确称取溴化钠 0.108 4 g，溶于 100 mL 水中。此溶液每毫升相当于 1 mg 溴甲烷)。

4. 操作步骤

(1)样品预处理。称取样品 100 g，置于圆底烧瓶中，按水蒸气蒸馏装置进行水蒸气蒸馏；馏出液用承装 20 mL 5%氢氧化钾-乙醇溶液的 100 mL 容量瓶接收，馏出液体积达到 90 mL 时停止蒸馏；加入 6 mol/L 硝酸 5 mL 使溶液呈酸性，加水至刻度，摇匀。

(2)标准曲线制作。准确吸取溴甲烷标准溶液 0 mL、0.5 mL、1.0 mL、1.5 mL、2.0 mL、2.5 mL，分别移入锥形瓶中，加入 5 mL 6 mol/L 硝酸溶液，再加入水，使总体积达到 50 mL；分别准确加入 0.010 mol/L 硝酸银溶液 1 mL、0.010 mol/L 硫氰酸铵溶液 1 mL 以及硫酸铁铵指示剂 2 mL，摇匀后通过干滤纸滤入 50 mL 比色管中，备用。

(3)测定。准确吸取酸性溶液 50 mL 置于锥形瓶中，分别准确加入 0.010 mol/L 硝酸银溶液 1 mL、0.010 mol/L 硫氰酸铵溶液 1 mL 以及硫酸铁铵指示剂 2 mL，以下操作同标准曲线制作。与标准管比较定量，求出样品中溴甲烷的含量。

5. 结果计算

$$溴甲烷含量(mg/kg)=m/w\times 1\,000$$

式中：m—样品管中相当于标准管的溴甲烷量，mg；

w—检测时样品实际质量，g。

学习小结

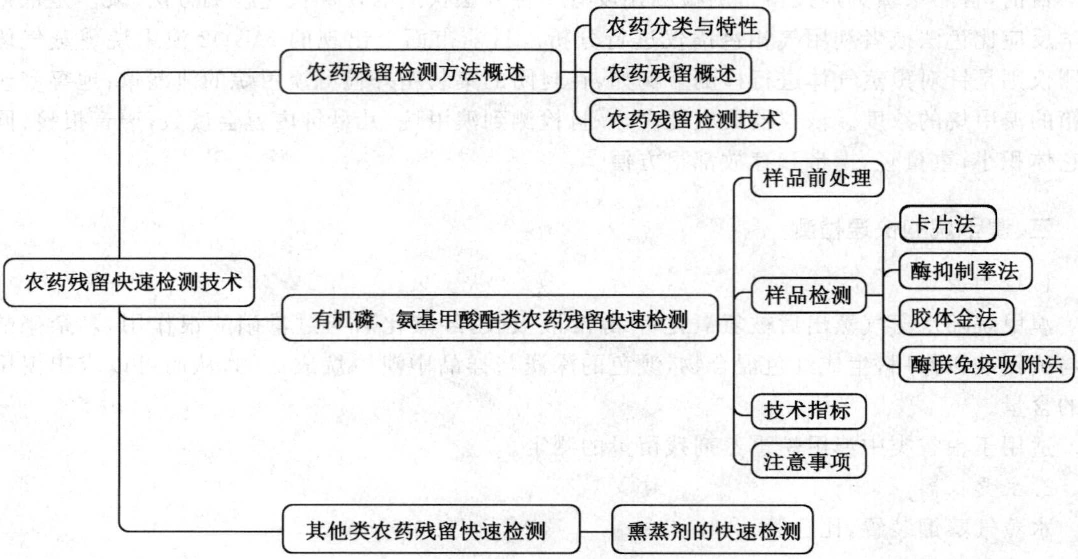

达标检测

一、单选题

1. 分解快、残留期短、低毒、高效、选择性强是哪一种农药的特点？（　　）

A. 拟除虫菊酯　　B. 有机氯　　C. 有机磷　　D. 氨基甲酸酯

2. 农药残留快速卡片中红色为（　　）。

A. 靛酚乙酸酯　　B. 胆碱酯酶　　C. 乙酸　　D. 靛酚

3. 农药残留快速卡片中白色为（　　）。

A. 靛酚乙酸酯　　B. 胆碱酯酶　　C. 乙酸　　D. 靛酚

4. 酶抑制率法起作用的是哪种酶？（　　）

A. 靛酚乙酸酯　　B. 胆碱酯酶　　C. 乙酸　　D. 靛酚

5. 酶抑制率法测定时波长为（　　）。

A. 412 nm　　B. 625 nm　　C. 280 nm　　D. 460 nm

二、多选题

1. 农药按化学成分可分为（　　）。

A. 有机氯　　B. 有机磷　　C. 氨基甲酸酯　　D. 有机汞

2. 仪器检查结果经常出现 0.00%或 100%时说明（　　）。

A. 检查操作是否规范　　B. 试剂是否污染或失效

C. 对照测试值是否准确　　D. 0.00%表示没有农残，100%表示农残高

三、简答题

1. 简述比色皿使用的注意事项。
2. 简述速测卡法测定有机磷或氨基甲酸酯类农药时需要注意的问题。
3. 简述熏蒸剂的检测方法有哪些。

项目三

农产品兽药残留快速检测

【案例聚焦】

2017 年 8 月 24 日，日本千叶县山武市一养鸡场生产的鸡蛋中检出兽药残留超过限量标准，该养鸡场决定召回问题鸡蛋。被检出残留超标兽药为磺胺类抗菌药磺胺-6-甲氧嘧啶，一般混合在饲料中使用，限量值为 0.01 mg/L，检出值为 0.14 mg/L。召回对象为 7 月 21 日发货的 90 盒 10 只装鸡蛋及 7 月 22 日发货的 950 kg 未进行包装的鸡蛋。

兽药残留不仅会对人体健康造成直接危害，而且对畜牧业和生态环境也会造成很大威胁，最终将影响人类的生存安全。同时，兽药残留也影响经济的可持续发展和对外贸易。

【学习目标】

知识目标：了解兽药中常见的药物残留的种类及国标中常见兽药残留的限量标准；理解胶体金免疫层析技术和酶联免疫法原理；掌握常见兽药的快速检测方法。

能力目标：能使用各种速测仪器对农产品的兽药残留进行检测；能对测定结果进行分析和判定。

素质目标：能恪守职业道德，具有较强的质量安全、责任意识和规范操作意识；具有科学严谨、爱岗敬业、勤学好问、善于思考的精神；培养学生创新思维、信息获取、沟通展示、计划决策能力及团队合作的意识。

【思维导图】

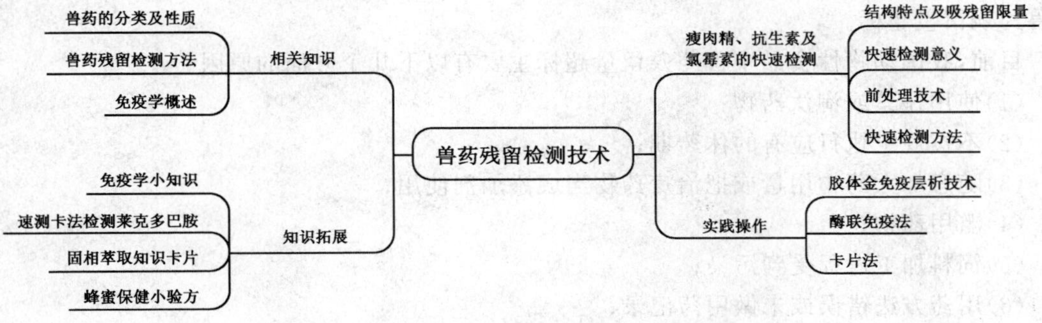

任务1　认识兽药残留检测方法

任务内容

本任务主要介绍兽药分类及性质、兽药残留危害，阐述兽药残留检测技术，通过对兽药与兽药残留具体概念和性质的研究、兽药残留检测方法的对比，指导帮助农产品检测人员辨别兽药性质和对兽药残留检测方法进行梳理。

知识准备

一、常见兽药的分类及性质

(一)兽药与兽药残留

兽药是指用于预防、治疗、诊断动物疾病或者有目的地调节动物生理机能的物质(含药物饲料添加剂)。兽药主要包括血清制品、疫苗、诊断制品、微生态制品、中药材、中成药、化学药品、抗生素、生化药品、放射性药品及外用杀虫剂、消毒剂等。

兽药残留是“兽药在动物源性食品中的残留”的简称，是指给动物用药后蓄积或储存在细胞、组织或器官内的药物原形、代谢产物和药物杂质。所以兽药残留既包括原药，也包括药物在动物体内的代谢产物和兽药生产中所伴生的杂质，一般以 μg/mL 或 μg/g 计量。

(二)兽药的分类

兽药种类繁多，在残留毒理学方面意义较重要的药物按用途主要分为7类：①抗生素类和合成抗生素类；②驱肠虫药类；③生长促进剂类；④抗原虫药类；⑤灭锥虫药类；⑥镇静剂类；⑦β-肾上腺素能受体阻断剂。抗生素类和合成抗生素类统称抗微生物药物，是最主要的药物添加剂和兽药残留成分，约占药物添加剂的60%。

目前，对人畜危害较大的兽药及饲料药物添加剂主要包括抗生素类、磺胺类、呋喃类、抗寄生虫类和激素类等药物。

(三)兽药残留量超标的原因

动物病害防治用药和饲养添加剂用药存在许多区别，对食品安全性的影响也不尽相同。动物的治疗、预防用药一般是间断的、个别的。而作为饲料添加剂的用药是持续的、普遍的，累积量大，并且目前往往是在畜产品上市前才停用。如果没有严格遵守休药期的规定，很容易造成兽药残留量超标。

目前，我国动物性食品中兽药残留量超标主要有以下几个方面的原因。

(1)使用违禁或淘汰药物；

(2)不按规定执行应有的休药期；

(3)随意加大药物用量或把治疗药物当成添加剂使用；

(4)滥用药物；

(5)饲料加工过程受到污染；

(6)用药方法错误或未做用药记录；

(7)屠宰前使用兽药；

(8)厩舍粪池中含兽药。

(四)食品动物禁用的兽药及其化合物

食品动物是指各种供人食用或其产品供人食用的动物。为保证动物源性食品的安全，维护人们的身体健康，根据《兽药管理条例》的规定，我国农业部(现为农业农村部)于2002年4月9日公布了《食品动物禁用的兽药及其他化合物清单》，主要有β-兴奋剂类：克伦特罗、沙丁胺醇、西马特罗及其盐、酯及制剂；性激素类：己烯雌酚及其盐、酯及制剂；具有雌激素样作用的物质：玉米赤霉醇、去甲雄三烯醇酮、乙酸甲羟孕酮及制剂，氯霉素及其盐、酯及制剂，氨苯砜及制剂；硝基呋喃类：呋喃唑酮、呋喃它酮、呋喃苯烯酸钠及制剂；硝基化合物：硝基酚钠、硝呋烯腙及制剂；催眠、镇静类：甲喹酮及制剂、氯丙嗪、地西泮(安定)及其盐、酯及制剂，林丹，毒杀芬，呋喃丹(克百威)，杀虫脒，双甲脒，酒石酸锑钾，锥虫胂胺，孔雀石绿，五氯酚酸钠，各种汞制剂；性激素类：甲睾酮、丙酸睾酮、苯丙酸诺龙、苯甲酸雌二醇及其盐、酯及制剂；硝基咪唑类：甲硝唑、地美硝唑及其盐、酯及制剂。

二、兽药残留检测方法

(一)兽药残留检测意义及特点

1.兽药残留检测意义

过量使用兽药会对食物造成污染，会带来严重的食品安全问题，这不但严重影响了人类的饮食健康，而且会阻碍农产品和食品的出口贸易，有损国家食品产业的国际信誉。为了适应社会经济的快速发展，满足日常食品安全监督、管理的需要，快速准确地检测食品中的兽药等残留物质意义重大。

2.兽药残留检测的特点

由于不同的兽药残留物质的化学结构、性质、毒性、在环境中的降解速度、食品中的残留情况不尽相同，相应的分析检测技术手段也有差异。兽药残留分析已成为一门新兴学科，其中心任务是为动物和动物性食品中的兽药残留监控提供分析手段，包括食品中兽药残留的含量测定与结构鉴定以及组织分布与代谢。兽药残留分析属于痕量分析范畴，具有以下特点：

(1)残留物质的含量低，且其含量波动范围大(pg/kg～mg/kg)，实际残留测定或监控通常在MRL水平(mg/kg)进行。

(2)样品基质复杂，干扰物质多。兽药残留分析测定的样品多数为生物材料样品，而且不同种属动物的样品以及同种动物的不同组织间在成分上也有显著差异，因此导致干扰物质多且方法的通用性差。

(3)对于残留检测，不仅要求检测原型化合物，而且要求检测代谢物，如禁用兽药硝基呋喃类由于代谢很快，只能检测代谢产物。鉴于此，残留分析对方法的灵敏度、准确度要求极高，相应要求具有分离能力强和线性范围宽、灵敏度高、特异性强的定量检测方法，其中严格的样品前处理过程(即样品分离)是残留分析的核心。近年来，以免疫分析技术对样品进行筛选，以气相色谱法、高效液相色谱法等检测，并与质谱联用进行定量确证等一套分析技术成为趋势。

(二)兽药残留检测方法

兽药残留检测方法有比色法、分光光度法、生物学方法及色谱分析方法等。比色法、分光光度法只适合个别兽药残留的分析,该法操作比较简单,运行成本低,在市场应用中占有一定比例。但该法检测灵敏度相对较低,不适合微量、痕量残留分析。生物学方法有微生物法、酶抑制技术、免疫分析技术等,适合进行快速分析、现场分析、筛选实验。当前应用较广的生物学方法有试纸条、试剂盒、生物传感器等,其中免疫分析技术在批量样本分析兽药残留的快速筛选检测中占据主流地位,但是生物学方法在定性和定量分析中存在较大误差。

色谱分析方法是兽药残留分析的首选方法,例如在兽药残留量检测技术中,高效液相色谱法分析应用非常广泛,质谱法(MS)的发展大大推动了兽药残留分析的进展。目前,气质联用(GC/MS)及液质联用(HPLC/MS)技术是兽药残留定性和定量分析的最有效的确证手段之一,有时一次处理、分析可以鉴别、测定上百种的兽药残留,所以色谱分析技术是目前食品安全检测中兽药残留定量检测的主流分析技术。采用质谱进行定量和确证也将从低分辨质谱向高分辨质谱、从一级质谱向串联质谱发展。串联质谱(MS/MS 或 MSn)具有高度选择性和可靠性,在代谢物结构和代谢途径及其药理学与毒理学作用的分子基础研究中具有非常广阔的前景。

另外,生物传感器、生物芯片、毛细管电泳、超临界流体色谱等近些年发展起来的新的分析技术在兽药残留检测上也具有广阔的应用前景,是目前兽药残留分析领域中的研究热点。目前直接对痕量残留物质进行定性或定量分析的方法,主要是利用待测物分子的整体性质(如紫外/可见、红外、荧光、质谱等波谱学性质)和其他可供用于检测的性质(如氧化-还原性、旋光性和官能团性质),常用方法的灵敏度范围见图 3-1,广泛应用的是色谱分析技术和免疫分析技术。

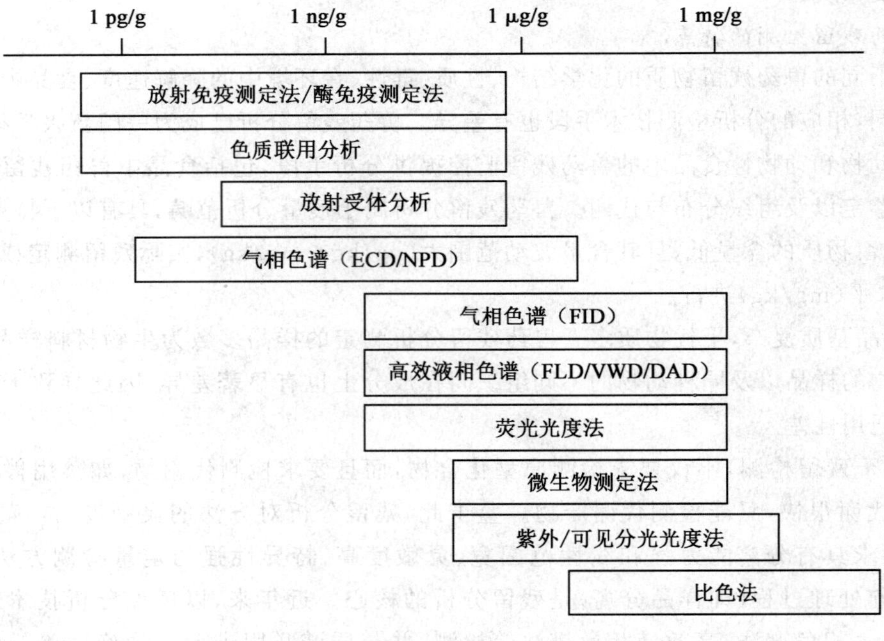

图 3-1 各种测定方法的灵敏度范围

任务2　瘦肉精快速检测

任务内容

掌握瘦肉精的概念，了解瘦肉精的主要种类及国家对瘦肉精的相关规定，理解胶体金免疫层析技术及酶联免疫法，采取正确的方法完成克伦特罗的快速检测，并完成工作页及评价与反馈。

知识准备

一、瘦肉精

（一）瘦肉精概述

瘦肉精是一类化学结构和药理性质与肾上腺素相似的苯乙醇胺类化合物，又称为β-受体激动剂。具有提高动物瘦肉率，降低脂肪沉积，改善饲料利用率等特点。

常见的瘦肉精有40余种，主要包括克伦特罗、沙丁胺醇、莱克多巴胺、特布他林、妥洛特罗、班布特罗、沙美特罗、氯丙那林等。目前，在我国主要是克伦特罗、沙丁胺醇和莱克多巴胺被非法用于畜牧生产。

（二）瘦肉精的危害

人类食用含有瘦肉精残留的动物源性食品，如果残留量达到一定程度，就会出现毒副作用，甚至出现急性中毒，中毒表现为肌肉震颤、心慌、战栗、头疼、恶心、呕吐等，特别是对高血压、心脏病、甲亢和前列腺肥大等疾病患者危害更大，严重的可导致死亡。

盐酸克伦特罗是一种平喘药，这种药物早期仅在医学上用于肺科疾病的急救，用于治疗支气管哮喘。后因其副作用太大而遭禁用。盐酸克伦特罗属于非蛋白质激素，化学性质稳定，需加热到172℃时才能分解，使用后会在机体组织中残留，尤其在动物肝脏等内脏器官中的残留较高。残留的β-受体激动剂通过人类进食进入人体，刺激心脏产生兴奋，对支气管平滑肌有较强而持久的扩张作用，可在人体内渐渐积蓄导致中毒。若一次摄入较大量残留有“瘦肉精”的食物，就会产生异常生理反应的中毒现象，直接危害人体健康。长期摄入“瘦肉精”可能导致染色体畸变，诱发恶性肿瘤。其不良反应常见的有面红口渴、皮肤过敏性红色丘疹、肌肉震颤、恶心、头晕、四肢无力、手颤等代谢紊乱和障碍性中毒症状。

二、胶体金免疫层析技术概述

（一）免疫层析原理

以膜为固相载体的免疫层析法是20世纪80年代在单克隆抗体技术、胶体金免疫技术和新材料技术基础上发展起来的一种新型筛查方法。由于其快速、便捷、不需仪器设备、结果判断直观的特点，近年来越来越受到人们的重视，其技术发展迅速，在农业、法医、环境、医学检验和食品安全等领域中得到了广泛应用。

动画 3-1 胶体金免疫层析试纸条构成

免疫层析以微孔膜为固相载体，将已知的特异性抗原（或抗体）固定于膜上作为检测线，将二抗固定于膜上作为质控线。标记物（目前应用最广的是胶体金）与单克隆抗体或多克隆抗体有效偶联形成免疫标记物（目前最多的是金标抗体），固化在结合垫上，其一端与膜相连，另一端与样品垫相连，膜的另一端连有吸水垫，其结构见图 3-2。

当待检物是食源性致病菌、过敏原蛋白质等大分子物质时，一般采用双抗夹心法检测。当加入液体样品（全血、血清、尿、牛奶及食品基质提取物）后，样品通过毛细管的扩散作用向前移动，通过含免疫标记物的结合垫，使免疫标记物重新水化，并与之相互反应，然后一起向前泳动至检测线（固定有特异性抗体，一般用多克隆抗体，也可以用单克隆抗体）。如果样品中的待检物质达到一定浓度，这时免疫标记物与待测物的复合物会被检测线上的抗体所截获，而出现肉眼可见的红色。无论样品中是否含待测物，部分免疫标记物会越过检测线，到达质控线并被质控线上的二抗所捕获，从而使质控线也出现肉眼可见的红色（图 3-3）。

图 3-2 免疫层析试纸条结构图

A：抗原（或抗体）；☼：标记物；≻—：抗体；≻—☼：免疫标记物

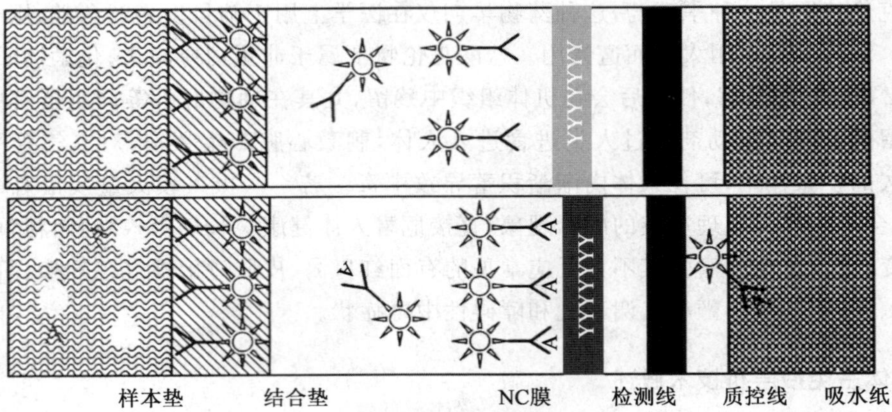

图 3-3 双抗夹心免疫层析检测原理图

A：抗原（或抗体）；☼：标记物；≻—：抗体；≻—☼：免疫标记物

对小分子物质的检测则宜采用竞争抑制法（如抗生素残留、真菌毒素、三聚氰胺、孔雀石绿等），样本中的小分子物质在流动的过程中与结合垫上的免疫标记物中的抗小分子物质的单克隆抗体或多克隆抗体结合，抑制了抗小分子物质的单克隆抗体或多克隆抗体和 NC 膜检测线上检测抗原（小分子物质-蛋白质偶联物）的结合，使检测线不显红色，结果为阳性。反之，检测线显红色，结果为阴性。检测原理见图 3-4。

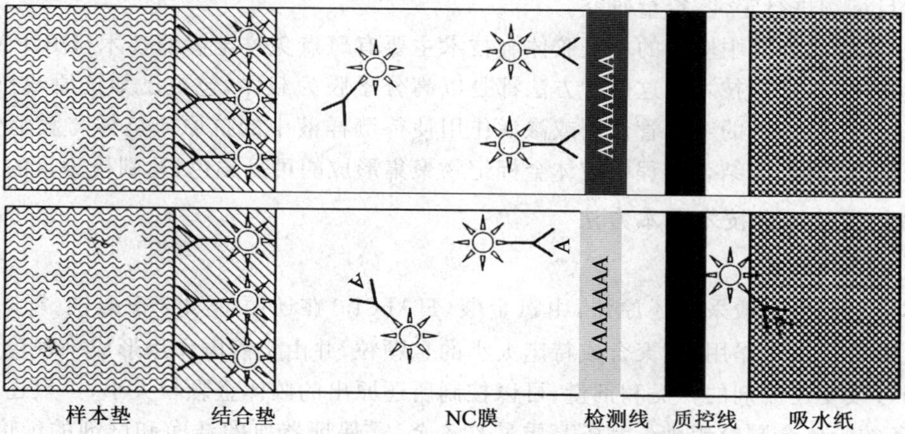

图 3-4　竞争抑制免疫层析检测原理图

A:抗原（或抗体）；☀:标记物；≻:抗体；≻☀:免疫标记物

（二）免疫胶体金技术基本概念

1857 年，法拉第用还原法从氯金酸水溶液中制备出胶体金，发现胶体金可因颗粒大小不同而呈现出肉眼可辨的颜色。由于一些大分子物质可影响胶体颗粒聚集，因此可通过聚集带来的颜色变化对这些物质加以检测。1971 年，Faulk 和 Taylor 利用胶体金这一性质，将胶体金标记引入免疫化学，并在生物、医学、食品检测等领域得到了日益广泛的应用。

1. 胶体金

胶体金（colloidal gold）也称金溶胶（gold solution），是由氯金酸溶液在还原剂作用下，聚合成的特定大小的金颗粒悬液。这些颗粒由一个基础金核（原子金）和包裹在外的双离子层构成，内层负离子 $AuCl_2^-$ 紧连在金核表面，外层离子层 H^+ 分散在溶液中。这种带负电荷的疏水性胶体，靠静电粒子之间的相互排斥作用使颗粒稳定、均匀、呈单一分散状态悬浮在液体中，成为胶体金溶液。其制备过程如二维码所示。

动画 3-2　胶体金制备

胶体金具有高电子密度和介电特性，能与免疫球蛋白 G(IgG)、糖蛋白、酶、聚羟基脂肪酸酯（PHA）等多种生物大分子非共价结合，形成金探针或免疫胶体金。在一定条件下，胶体金颗粒表面带负电荷，待结合的生物大分子表面带正电荷，两者通过静电引力结合，故标记后一般不影响生物大分子的生物活性。用于免疫标记的胶体金粒径从几纳米到几十纳米不等。直径不同的胶体金颗粒对光线的散射有差异，其溶胶颜色亦有显著不同。通常，粒径一致的胶体金在可见光范围内有单一光吸收峰，其最大吸收波长 λ_{max} 在 510～550 nm 范围内，随颗粒大小变化而波动，大粒径的 λ_{max} 偏向长波长，小粒径的 λ_{max} 则偏于短波长。因此，采用胶体金标记后，免疫反应的检测结果可直接通过胶体金在免疫反应结合过程中聚集引起的粒径大小改变而带来的颜色变化来显示，无需仪器设备，直观可靠。

2. 免疫胶体金技术

免疫胶体金技术(ICG)是一种固相标记免疫测定技术。这种技术以胶体金为标记物，标记抗原或抗体，利用特异性抗原抗体反应产生的胶体金聚集带来的颜色变化，在光电设备或者肉眼下对目标物进行定性、定量研究。

目前，在食品检验中应用的免疫胶体金技术主要有斑点免疫金渗滤技术(DIGFA)和胶体金免疫层析法(GICA)技术。这两种方法都是以高分子膜为载体，包被已知抗原或抗体，加入待检样液后，经载体膜的毛细管作用或渗滤作用使待测样液中的抗原或抗体与膜上包被的抗体或抗原结合，再利用结合过程中胶体金标记物聚集形成的可见颜色，达到检测目的。

(三)免疫胶体金技术基本方法

1. 胶体金的制备

胶体金的制备一般采用还原法，由氯金酸($HAuCl_4$)在还原剂如柠檬酸钠、鞣酸、抗坏血酸、白磷、硼氢化钠等作用下，聚合成特定大小的金颗粒，并由于静电作用形成一种稳定的胶体状态。通过改变还原剂的种类和剂量，可以控制所还原出的胶体金颗粒大小，一般还原剂用量越大，制备的胶体金颗粒越小。制备高质量胶体金，需保证器皿的洁净和试剂的纯度，尽量减少杂质的污染。良好的胶体金应该是清亮透明的，主要检查指标有：颗粒大小、粒径的均一度及有无凝集颗粒等。若制备的胶体金混浊或液体表面有漂浮物，说明此次制备的胶体金有较多的凝集颗粒。颗粒大小的测定可采用颜色-粒径估测、分光光度计扫描λ_{max}、镜显微摄影等方法。

2. 免疫胶体金的制备

(1)蛋白质的处理。蛋白质溶液应绝对澄清无细小微粒，一些盐离子如磷酸根离子、硼酸根离子等，能影响金溶胶对蛋白质的吸附，并可使溶胶聚沉，一般可采取透析、微滤、超速离心除去。

(2)免疫标记。胶体金标记就是蛋白质等生物大分子物质被吸附到胶体金颗粒表面的包被过程。一般在标记前采用系列稀释法找出能使胶体金稳定的待标记蛋白的最低浓度。在标记时，采用略高于最低浓度的蛋白浓度和接近蛋白质等电点的pH，制备形成稳定的胶体金-蛋白质复合物。最后制备好的复合物用超速离心法等技术进一步纯化，以除去未结合的蛋白质或胶体金颗粒。贮存时，一般加入终浓度为0.05%～0.10%的PEG 6000或PEG 20000作为稳定剂。

(四)免疫胶体金检测技术

1. 免疫胶体金渗滤(DIFA)技术

该技术是以微孔膜为固相载体，包被已知抗原或抗体，封闭后加入待测样液，经微孔膜的渗滤作用或毛细管虹吸作用使样液中的抗体或抗原与膜上包被的抗原或抗体结合，洗涤后再用胶体金标记物检测相应的抗原或抗体，通过胶体金在固相载体膜上结合聚集显色来显示反应结果，又称斑点免疫金渗滤法。

2. 胶体金免疫层析(GICA)技术

该技术是在免疫渗滤技术的基础上发展起来的。其以硝酸纤维素膜为载体，利用了微孔膜的毛细管作用，滴加在膜条一端的液体慢慢向另一端渗移，类似层析。如图3-5所示，通常将已知的特异性抗原或抗体以条带状包被在膜的检测线T上(双抗体夹心法一般包被与胶体金标记不同的抗体，竞争法一般包被抗原），胶体金标记的抗体或抗原吸附在结合垫上，当待测样液加到膜条一端的加样孔后，通过毛细作用向前移动带动结合垫上的胶体金标记的抗体或抗原，一起移动至包被的抗原或抗体的检测线处。

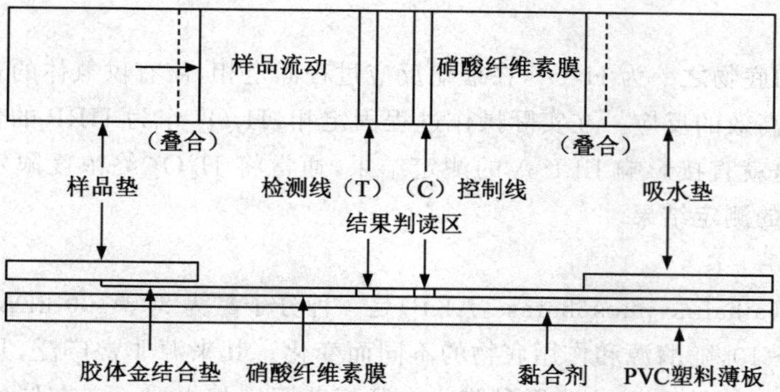

图 3-5　胶体金层析试纸条模板及组成

根据免疫检测分析的具体原理不同，胶体金标记的抗体或抗原能在检测线上聚集显色或不能聚集显色，直接显示了待测样液中有无目标检测对象（双抗体夹心法一般是阳性样品在检测线上显色，竞争法一般是阴性样品在检测线上显色）。而控制线 C 上也通常包被着特异性抗抗体或抗原（双抗体夹心法一般是包被抗原，也可包被二抗，竞争法一般是包被二抗），胶体金标记的抗体或抗原必须要在控制线上聚集显色，才能表示该胶体金层析试纸条没有失效以及此次检测的有效性。

由于小分子物质只有单一抗原决定簇和位阻的原因，因此如果目标检测物是小分子物质，一般采用竞争法检测。同时，在胶体金竞争法中又可以根据胶体金标记对象的不同分成抗体金标型和抗原金标型。

三、酶联免疫法概述

（一）酶联免疫分析技术的基本概念

酶联免疫技术是将具有高效催化活性的酶类分子通过吸附或化学偶联的方法和抗体（抗原）结合起来形成酶标记物，然后利用这种兼具有抗体（抗原）免疫反应性和酶分子催化反应性的酶标记物，使抗原与抗体的结合程度通过标记酶的催化活性的高低反映出来。该技术将抗原-抗体反应的特异性与酶的高效催化放大作用相结合，既保持了酶催化反应的敏感性，又保持了抗原-抗体反应的特异性，因而极大地提高了灵敏度、准确度。

用于标记抗原或抗体的酶叫标记酶。标记酶的选择一般需符合以下条件：活性高且与抗原、抗体结合后仍能保持较高酶活性；性质稳定，催化底物显色反应能力强；酶来源方便、价格低廉、能商品化生产等。目前，常用的标记酶有辣根过氧化物酶（HRP）、碱性磷酸酶（AKP）、葡萄糖氧化酶以及 β-D-半乳糖苷酶等。

1. 辣根过氧化物酶（HRP）

辣根过氧化物酶（horseradish peroxidase，HRP）是一种分子量为 40 kDa 的糖蛋白，对热及有机溶剂比较稳定，在植物体固定相广泛分布，尤其在辣根固定相含量最高。其酶学活性部分由无色糖蛋白和棕色铁卟啉辅基组成，前者及 HRP 所含的杂蛋白的最大吸收波长为 275 nm，而后者的为 403 nm。HRP 的纯度用二者比值 $RZ(OD_{403}/OD_{273})$ 来表示，即 RZ 越大，表示酶的纯度越高。一般高纯度 HRP 制剂的 $RZ=3$，用作标记的 HRP 活力一般要大于 250 U/mg。

HRP 催化的底物之一为 H_2O_2，在催化反应过程固定相，需有供氢体的存在，HRP 才能催化 H_2O_2 快速且高效的反应。在实际操作过程固定相，H_2O_2 作为 HRP 的催化底物，在 30% 时通常不稳定，这就直接影响 ELISA 的测定结果，通常将 H_2O_2 终浓度限定在 2～6 mol/L，以得到比较精确的测定结果。

2. 碱性磷酸酶

碱性磷酸酶(alkaline phosphatase，AKP)是一种分子量为 80～100 kDa 的含锌的糖蛋白，最适 pH 为 8.0～10，随酶源和作用底物的不同而变化。其来源非常广泛，几乎在动物体的各个组织固定相都有存在，可从小牛肠黏膜或大肠杆菌固定相提取。它在催化反应释放出磷酸盐的同时，可以产生有色或荧光产物，因此 AKP 应用在 ELISA 固定相比较容易定性或定量地进行实验结果分析。如采用对硝基磷酸苯酯作为底物，生成的产物为对硝基苯酚可在 405 nm 下测定。

(二)ELISA 方法的基本类型

酶联免疫分析法主要分以下几种：双夹心 ELISA、间接 ELISA、竞争 ELISA 等。

动画 3-3　ELISA 双抗体夹心法的原理

1. 双夹心 ELISA

双夹心 ELISA 可分为双抗体夹心 ELISA 和双抗原夹心 ELISA，分别用于测定大分子抗原和抗体。将特异性抗体(抗原)吸附到固相载体上，封板洗涤；加入待测抗原(抗体)样品与之反应，孵育洗涤；再加酶标抗体(抗原)与已结合在固相载体上的抗原(抗体)反应；洗涤，除去未结合的酶标抗体(抗原)；最后加底物显色，终止反应后，目测定性或用酶标仪测量光密度值进行定量测定，其显色深浅与待测物含量成正比。以双抗体夹心 ELISA 为例，吸附在固相上的抗体和酶标抗体与待测抗原的结合位点是不同的，示意见图 3-6。

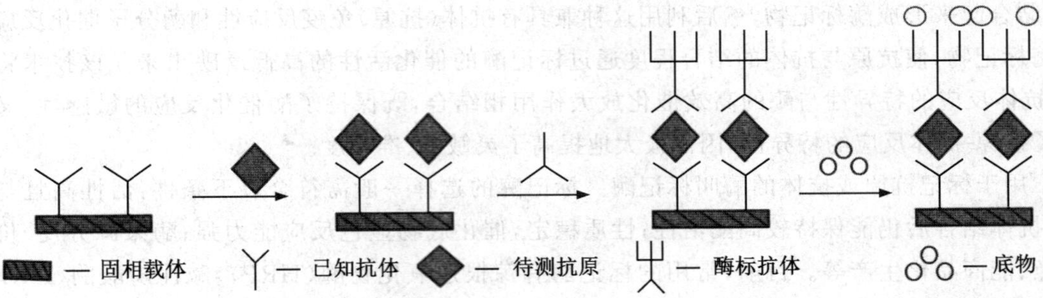

图 3-6　双抗体夹心 ELISA

2. 间接 ELISA

间接 ELISA(indirect ELISA)是检测抗体最常用的方法。将特异性抗原与固相载体连接，待测抗体样本与固定后的抗原结合后，再与酶标二抗(即抗抗体)结合，形成抗原—待测抗体—酶标抗抗体复合物，最后加底物显色，终止反应后，目测定性或用酶标仪测量光密度值进行定量测定，其显色深浅与待测物含量成正比。示意见图 3-7。

动画 3-4　ELISA 间接法的原理

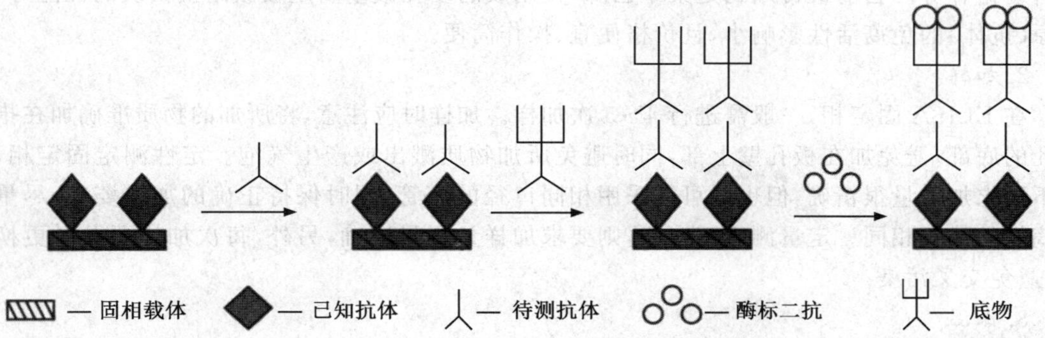

图 3-7　间接 ELISA

3. 竞争 ELISA

竞争法主要用于测定小分子抗原及半抗原，也可用于测定抗体，一般分为间接竞争和直接竞争两种。以测定抗原为例，前者是先将抗原标准品包被于固相载体上，然后加入特异性抗体与待测样本，样本固定相的待测抗原与包被在固相上的抗原一起竞争与抗体结合，之后再加入酶标记的二抗，最后加底物显色；后者将特异性抗体吸附于固相载体上，加入待测抗原和已知酶标抗原，二者竞争性的与固定抗体结合，最后加底物显色，两种方法的显色程度与待测物浓度都成反比。比较而言，后者的优点在于直接快速、特异性高，但其主要不足在于每种抗原都要进行酶标记，且抗原的结构不同，标记方法也不同。直接竞争法示意见图 3-8。

动画 3-5　ELISA 竞争法的原理

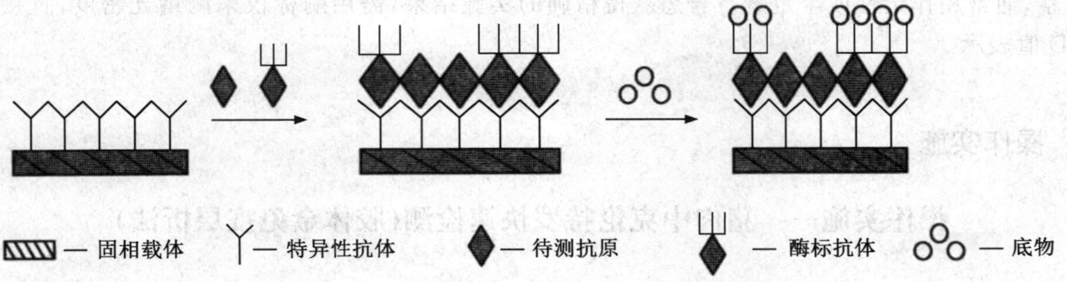

图 3-8　直接竞争 ELISA 测定抗原

(三)ELISA 法的基本操作

1. 包被

在 ELISA 固定相,将抗原或抗体固定在固相载体的表面,同时保持抗原或抗体的免疫活性,该过程称为包被。理想的包被要求固相载体表面能比较牢固地吸附尽可能多的特异性抗原(抗体),并且非特异性吸附作用要小,用于包被的抗原或抗体,要有较高的纯度。由此可知,固相载体的选择是比较重要的。能够作为固相载体的原料种类很多,如聚苯乙烯、纤维素、交联右旋糖苷等。目前最常用的是聚苯乙烯,其制成的多孔微量滴定板吸附蛋白质的性能好,对抗原(抗体)的免疫活性影响小,且价格便宜、操作简便。

2. 加样

在 ELISA 固定相,一般需进行 4～5 次加样。加样时应注意,将所加的物质准确加在指定板孔的底部,避免加在板孔壁上部,同时避免所加物质溅出或产生气泡。定性测定固定相,有时不要求加样量很精确,但也尽可能采用相同口径的滴管,同时保持正确的加样姿势,尽量使每滴样的体积相同。定量测定固定相,则要求加样量尽量准确,另外,每次加样要及时更换吸嘴,避免交叉污染。

3. 保温

在 ELISA 固定相,抗原-抗体的免疫学反应及酶与底物的化学反应都需要合适的 pH、适当离子强度的基质液,并保持合适的温度作用一定的时间,这个过程称为温浴。固定相包被时,最常用的保温方法为水浴保温,因其能够使温度迅速平衡,且操作简便。在保温过程固定相,各个板不应叠在一起,同时为避免蒸发,各个板上应加盖。也可将板平放在底部垫有湿纱布的金属湿盒固定相。

4. 洗涤

在 ELISA 整个过程中,需要很多次洗涤,目的是洗去反应液中没有与固相抗原(抗体)结合的物质,以及在反应过程中非特异性吸附于固相载体的干扰物质。

5. 显色

显色是 ELISA 过程固定相比较关键的一步,是活性酶分子催化特定底物使之发生颜色变化。酶底物反应时间一般采用 15～30 min,最长时间不超过 45 min,反应结束,加浓硫酸终止反应。

6. 比色

ELISA 结果判定分目测法和比色法。用“+”或“－”表示阳性或阴性。目测法即用肉眼观察,通常用作定性或半定量。若想获得精确的实验结果,需用酶标仪来测量光密度,直接用 OD 值表示。

操作实施

操作实施一 猪肉中克伦特罗快速检测(胶体金免疫层析法)

一、实施目的

(1)理解胶体金免疫层析法检测兽药残留的基本原理。

(2)掌握胶体金免疫层析检测的操作方法和注意事项。

二、实施原理

胶体金检测卡含有被事先固定于硝酸纤维素膜测试区(T)的抗原和控制区(C)的Ⅱ抗以及固定于结合垫上的金标抗体。若样品为阴性,加样后金标抗体与T区固定的抗原结合,使T区出现一条紫红色条带;若样品为阳性,则T区不会出现紫红色条带。无论样品中有无克伦特罗存在,C区都会出现一条紫红色条带。

视频3-1　胶体金免疫层析试纸检测饲料中的克伦特罗

三、试剂与器材准备(以维德维康克伦特罗快速检测卡为例)

(1)样本:1～3批猪肉样本,搅碎或研磨制成肉糜,冷藏备用(3 h内不用时冷冻保存)。

(2)器材:天平(0.01 g)、离心管、漩涡混合器、离心机(5 000 r/min)、滴管、计时器。

四、操作步骤(以维德维康克伦特罗快速检测卡为例)

(一)样本前处理

(1)准确称取(1.00±0.05) g均质后的组织样品置于10 mL离心管中。

注:如无阳性样本可另称一份猪肉样本置于10 mL离心管中,加入适量克伦特罗药物制成阳性样本再进行后续处理,以验证实验效果。

(2)加入1 mL样品提取液,涡动1 min。

(3)室温5 000 r/min离心5 min后小心取出离心管。

(二)检测

(1)取出检测卡,开封后平放于桌面,做好标记。

(2)用滴管小心吸取离心管中上清液,加3滴于样品孔中。

(3)加样后5 min,观察显色区,判定结果。

(三)结果判定(图3-9)

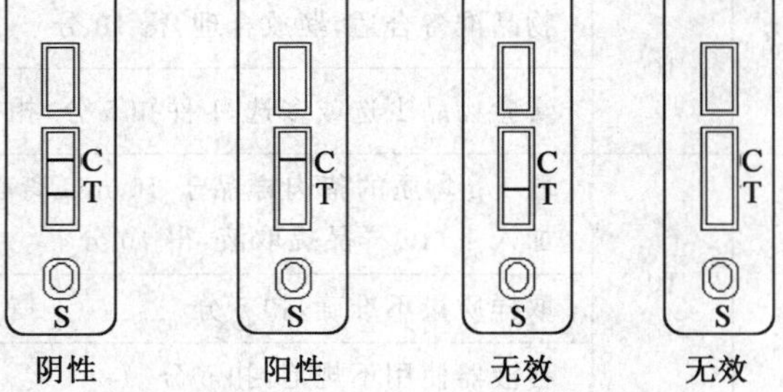

图3-9　克伦特罗胶体金检测卡结果

五、实验数据记录与分析(表 3-1)

表 3-1 克伦特罗兽药残留结果记录单(胶体金免疫层析法)

样品名称/编号	T 线(+/-)	C 线(+/-)	结果判定(+/-)

六、注意事项

(1)实验过程中注意避免样本间交叉污染。

(2)使用滴管吸取样本上清时要小心避免取到杂质。

(3)剩余检测卡应于(20±5)℃干燥避光处保存,不可冷冻。

七、操作实施

(1)学生分成 3~5 人一组,各小组在老师指导下,通过网络教学资源等多渠道查询克伦特罗兽药残留检测(胶体金免疫层析法)的相关资料。

(2)各组根据汇总的相关资料,师生共同讨论、分析,用集体智慧完成克伦特罗兽药残留检测(胶体金免疫层析法)方案初稿,制作汇报提纲并选一代表进行学习汇报交流,对克伦特罗兽药残留检测方案进行修订。

(3)学生按照修订后的克伦特罗兽药残留检测(胶体金免疫层析法)方案,按规范要求,独立完成克伦特罗兽药残留检测(胶体金免疫层析法)任务,最终填写任务考核单(表 3-2),教师在操作实施过程中巡回指导。

表 3-2 任务考核单:猪肉中克伦特罗快速检测(胶体金免疫层析法)

班级: 姓名: 学号: (时间:30 min,总分:100 分)

项目	考核内容	分值	考核记录(以"√"表示)	备注	得分
实验前的准备(10 分)	实验用品准备及摆放	10	物品准备合适,摆放合理,得 10 分		
			实验物品少选或多选,1 件扣 5 分,扣完为止		
样品前处理(20 分)	取样方法	10	取 1 g 均质的猪肉样品于 10 mL 离心管中,加入 1 mL 样品提取液,得 10 分		
			取样质量不准确,扣 5 分		
			移液器使用不规范,扣 5 分		
	涡动震荡	10	涡动仪涡动 1 min,得 10 分		
			涡动不均匀,扣 5 分		
			振荡时间不够,扣 5 分		

续表 3-2

项目	考核内容	分值	考核记录(以"√"表示)	备注	得分
操作（45 分）	检测	45	取出检测卡，开封后平放于桌面，做好标记；用滴管小心吸取离心管中上清液，加 3 滴于样品孔中；加样后 5 min，观察显色区，判定结果得 45 分		
			滴管使用不规范，扣 15 分		
			滴加数不准确，扣 10 分		
			检测卡未做标记，扣 10 分		
			温度、时间未按要求进行，扣 10 分		
结果判定（10 分）	结果判定	10	结果判定准确，得 10 分		
			结果判定错误，扣 10 分		
文明操作（5 分）	清理用物，整理台面	5	清扫实验台及收拾产生的垃圾，得 5 分		
			未清理所用实验物品，扣 2 分		
			未整理实验台面，扣 3 分		
时间（10 分）	操作时间	10	在规定时间内完成实验操作，得 10 分		
			每超过 1 min，扣 2 分，扣完 10 分为止		
合计					

(4)学生对完成工作任务的表现进行自评和互评，各小组进行总结、考核及评估，教师做出最后评价，填写教学反馈表(表 3-3)。

表 3-3　教学反馈表

猪肉中克伦特罗快速检测(胶体金免疫层析法)				
序号	调查内容	是	否	理由陈述
1	会利用收集的克伦特罗兽药残留检测的新信息归纳整理与分析吗？			
2	是否清楚克伦特罗兽药残留检测技术操作方法和注意事项？			
3	能否描述阳性样本溶液层析过程中在结合垫、T 区、C 区经历的反应？			
4	你是否可以分析讨论若结合垫中的金标抗体失活，会出现什么样的检测结果？			
5	对如何编制克伦特罗兽药残留检测方案是否心里有数？			
6	你能否独立完成制作方案汇报提纲，并能进行学习汇报交流？			
7	与其他同学口头交流内容是否流畅？			
8	能否主动参与教学场所的清洁与整理工作？能否按照安全与规范的规程操作？			

续表 3-3

猪肉中克伦特罗快速检测(胶体金免疫层析法)				
序号	调查内容	是	否	理由陈述
9	你对老师的本次操作实施任务教学满意吗?			
10	你对本小组完成本学习情境工作的配合满意吗?			

写出你对教学需要改进的建议和意见:

操作实施二　猪肉中克伦特罗快速检测(酶联免疫法)

视频 3-2　猪肉中克伦特罗 ELISA 法操作步骤

一、实施目的

(1)理解酶联免疫法检测兽药残留的基本原理。

(2)掌握酶联免疫检测的操作方法和注意事项。

二、实施原理

样品中的克伦特罗与酶标板上固定的克伦特罗抗原共同竞争酶结合的克伦特罗特异性抗体,酶标板上形成固相抗原-酶标抗体复合物,洗板处理后加入酶促反应底物进行显色,根据显色的深浅来判断样品中克伦特罗的含量。显色深,含量少,显色浅,含量多。

三、试剂与器材准备(以维德维康克伦特罗酶联免疫试剂盒为例)

(1)样本:1～3 批猪肉样本,搅碎或研磨制成肉糜,冷藏备用(3 h 内不用时冷冻保存)。

(2)器材:天平(0.01 g)、离心管、漩涡混合器、离心机(4 000 g 以上)、微量移液器及相应枪头、计时器、恒温箱(25℃可控)。

(3)试剂:去离子水、三氯乙酸、0.5 mol/L 氢氧化钠。

四、操作步骤(以维德维康克伦特罗酶联免疫试剂盒为例)

(一)试剂配制与工作液准备

(1)组织稀释液:称取 1 g 三氯乙酸,加入 100 mL 去离子水充分溶解,备用。

(2)0.5 mol/L 氢氧化钠溶液:称取 2 g 氢氧化钠加入去离子水溶解并定容至 100 mL 备用。

(3)洗涤工作液:用去离子水按 1∶19 体积比(1 份浓缩洗涤液+19 份去离子水)稀释,混匀备用。

(二)样本前处理(稀释系数4)

(1)每批称取(2±0.05) g均质后的猪肉样品于50 mL离心管中。(注:如无阳性样本可另称一份猪肉样本于50 mL离心管中,加入适量克伦特罗药物制成阳性样本再进行后续处理,以验证实验效果。)

(2)加入3 mL洗涤工作液,再加入3 mL组织稀释液,充分涡动1 min。

(3)4 000 *g* 以上,离心5 min。

(4)取1 mL中间层清液于新的2 mL离心管中。(注:避免取到上、下层固体,否则影响检测结果。)

(5)加入40 μL 0.5 mol/L氢氧化钠溶液,充分涡动10 s混匀。

(6)4 000 g以上,离心5 min。

(7)取40 μL点板检测。

(三)检测

(1)将所需的酶标板条插入酶标板架上,并记录下各标准品和样品的位置,均做平行实验(即每个标准品或样本均点双孔),未使用的酶标板条用自封袋密封后,立即保存于2～8℃环境中。

(2)将40 μL各标准品工作液/样品溶液分别加入对应的标准品/样品孔中。

(3)配制酶标记物工作液:用酶标记物稀释液按1∶10体积比(1份酶标记物浓缩液+10份酶标记物稀释液)稀释,混匀,室温(25±2)℃平衡20～30 min。(注:操作中应严格控制该步骤时间,即工作液平衡20～30 min后立即使用。计算好配液量避免浪费。)

(4)在每孔中加入60 μL酶标记物工作液。

(5)盖好盖板膜,轻轻振荡酶标板10 s,充分混匀,室温(25±2)℃,避光反应30 min。揭开盖板膜,倒掉板孔中液体,在每孔加入260 μL洗涤工作液,充分洗涤4次,每次浸泡15～30 s。

(6)倒掉板孔中液体,将酶标板倒置于吸水纸上,拍干。

(7)立即在每孔中加入100 μL底物A、B混合液。(注:底物A液、底物B液按体积1∶1混合,必须充分混匀,混合液在5 min内使用,且避免使用金属盛装、搅拌试剂。)

(8)盖好盖板膜,轻轻振荡酶标10 s,充分混匀,室温(25±2)℃,避光反应15～20 min。

(9)揭开盖板膜,在每孔中加入50 μL终止液,轻轻振荡酶标板10 s,充分混匀。

(10)终止后5 min内用酶标仪在波长450 nm、630 nm下读取酶标孔吸光度值。

(四)计算与分析

(1)各标准品(或样品)的平均吸光度值,除以零标(浓度为0 μg/L的标准品)平均吸光度值,乘以100%,得到各标准品(或样品)的吸光度百分比。

$$吸光度百分比=\frac{B}{B_0}\times 100\%$$

式中:B—标准品(或样品)的平均吸光度值;

B_0—浓度为0 μg/L标准品的平均吸光度值。

(2)以标准品的吸光度百分比为纵坐标,以各标准品浓度的对数为横坐标,绘制标准曲线。

(3)将待测样品的吸光度百分比代入标准曲线,可得出待测样品对应的残留浓度,再乘以相应样品的稀释倍数，可得待测样品中药物的实际残留量。（注：可使用维德维康试剂盒专用分析软件进行分析，结果更加准确。）

五、实验数据记录与分析

（一）原始数据记录（表 3-4、表 3-5）

表 3-4　克伦特罗兽药残留原始数据记录单（酶联免疫法）—标准曲线

标准品浓度	标准品吸光度值 1	标准品吸光度值 2	平均吸光度值	吸光度百分比 $(B/B_0\times100\%)$
0 μg/L				100%

表 3-5　克伦特罗兽药残留原始数据记录单（酶联免疫法）—样本

样品名称/编号	样本吸光度值 1	样本吸光度值 2	平均吸光度值	吸光度百分比 $(B/B_0\times100\%)$

（二）分析计算（以维德维康试剂盒专用分析软件为例）

将检测所得的原始数据输入或粘贴至数据分析区，设置标准品浓度及数量，设置样本数量及稀释系数，按照布板记录将标准品和样本填入相对应的位置，点击数据分析按钮即可自动建立标准曲线，计算样本检测结果，将结果填入表 3-6 中并分析。

注：对阳性结果的样品，可用国标仪器方法进一步确定含量并与酶联免疫方法结果对比，考察准确性。

表 3-6　克伦特罗兽药残留检测结果记录单（酶联免疫法）

样品名称/编号	已知克伦特罗残留量	检测结果	回收率/准确率	双孔变异	结果判定

六、注意事项

（1）操作过程中务必保证各步骤顺序不可打乱，严格按照说明进行操作。

(2)实验过程中注意避免样本间交叉污染。

(3)点板前务必将酶标板和所需试剂回温至(25±2)℃,保证反应温度和时间。

(4)剩余板孔和试剂应及时封口于4℃冷藏保存,不可冷冻。

七、操作实施

(1)学生分成3～5人一组,各小组在老师指导下,通过网络教学资源等多渠道查询克伦特罗兽药残留检测(酶联免疫法)的相关资料。

(2)各组根据汇总的相关资料,师生共同讨论、分析,用集体智慧完成克伦特罗兽药残留检测(酶联免疫法)方案初稿,制作汇报提纲并选一代表进行学习汇报交流,对克伦特罗兽药残留检测(酶联免疫法)方案进行修订。

(3)学生按照修订后的克伦特罗兽药残留检测方案,按规范要求,独立完成克伦特罗兽药残留检测(酶联免疫法)任务,最终填写任务考核单(表3-7),教师在操作实施过程中巡回指导。

表3-7　任务考核单:猪肉中克伦特罗快速检测(酶联免疫法)

班级:　　　　　　　姓名:　　　　　　　学号:　　　　　　　(时间:30 min,总分:100分)

项目	考核内容	分值	考核记录(以"√"表示)	备注	得分
实验前的准备(10分)	实验用品准备及摆放	10	物品准备合适,摆放合理,得10分		
			实验物品少选或多选,1件扣5分,扣完为止		
样品前处理(35分)	取样方法	10	称取(2±0.05)g均质后的水产样品于50 mL离心管中,得10分		
			取样质量不准确,扣4分		
			称样勺等工具未清洗,扣3分		
			天平使用不规范,扣3分		
	涡动震荡	10	加入3 mL洗涤工作液,再加入3 mL组织稀释液,充分涡动1 min,得10分		
			加液体积不准确,扣5分		
			涡动不均匀,扣5分		
	离心	5	4 000 g以上,离心10 min,得5分		
			离心不配平,扣3分		
			操作不规范,扣2分		
	调节pH	10	取中间层清液于新的2 mL离心管中;加入0.5 mol/L氢氧化钠溶液,充分涡动10 s混匀;4 000 g以上,离心5 min,得10分		
			移取操作不规范,扣4分		
			调节pH不准确,扣3分		
			离心机操作不规范,扣3分		

续表 3-7

项目	考核内容	分值	考核记录(以"√"表示)	备注	得分
操作 (30分)	检测	30	将各标准品工作液/样品溶液分别加入对应的标准品/样品孔中;在每孔中加入酶标记物工作液(见操作三);盖好盖板膜,轻轻振荡酶标板 10 s,充分混匀,室温(25±2)℃,避光反应;揭开盖板膜,倒掉板孔中液体,在每孔加入洗涤工作液,充分洗涤 4 次,每次浸泡 15～30 s;倒掉板孔中液体,将酶标板倒置于吸水纸上,拍干;立即在每孔中加入底物 A、B 混合液;盖好盖板膜,轻轻振荡酶标板 10 s,充分混匀,室温(25±2)℃,避光反应;揭开盖板膜,在每孔中加入 50 μL 终止液,轻轻振荡酶标板 10 s,充分混匀,得 30 分		
			加样不准确,扣 10 分		
			工作液配制不规范,扣 10 分		
			洗涤不规范,扣 10 分		
数据处理 (10分)	数据处理与上传	10	终止后 5 min 内用酶标仪在波长 450 nm、630 nm 下读取酶标板吸光度值,得 10 分		
			参数设置不正确,扣 3 分		
			结果判定不正确,扣 2 分		
			酶标仪操作不规范,扣 5 分		
文明操作 (5分)	清理用物,整理台面	5	清扫实验台及收拾产生垃圾,得 5 分		
			未清理所用实验物品,扣 2 分		
			未整理实验台面,扣 3 分		
时间 (10分)	操作时间	10	在规定时间内完成实验操作,得 10 分		
			每超过 1 min,扣 2 分,扣完 10 分为止		
合计					

(4)学生对完成工作任务的表现进行自评和互评,各小组进行总结、考核及评估,教师做出最后评价,填写教学反馈表(表 3-8)。

表 3-8　教学反馈表

猪肉中克伦特罗快速检测（酶联免疫法）				
序号	调查内容	是	否	理由陈述
1	会利用收集的克伦特罗兽药残留检测（酶联免疫法）的新信息归纳整理与分析吗？			
2	是否清楚克伦特罗兽药残留检测（酶联免疫法）技术操作方法和注意事项？			
3	能否理解酶联免疫法检测兽药残留的基本原理？			
4	是否已经掌握酶联免疫检测的操作方法和注意事项？			
5	对如何编制克伦特罗兽药残留检测（酶联免疫法）方案是否心里有数？			
6	你能否独立完成制作方案汇报提纲，并能进行学习汇报交流？			
7	与其他同学口头交流内容是否流畅？			
8	能否主动参与教学场所的清洁与整理工作？能否按照安全与规范的规程操作？			
9	你对老师的本次操作实施任务教学满意吗？			
10	你对本小组完成本学习情境工作的配合满意吗？			

写出你对教学需要改进的建议和意见：

知识链接

速测卡法检测莱克多巴胺

1. 原理

莱克多巴胺快速检测试纸基于胶体金免疫层析技术。检测时，样品中的莱克多巴胺在流动过程中与胶体金标记的特异性抗体结合，抑制了抗体与固相载体膜上的莱克多巴胺-BSA偶联物的结合，如果样品中的莱克多巴胺含量大于检测灵敏度，T线在规定时间内不显颜色，结果为阳性，反之，T线显红色色带，结果为阴性。无论检测液中莱克多巴胺浓度高低，C线均显红色色带。如图3-10所示。

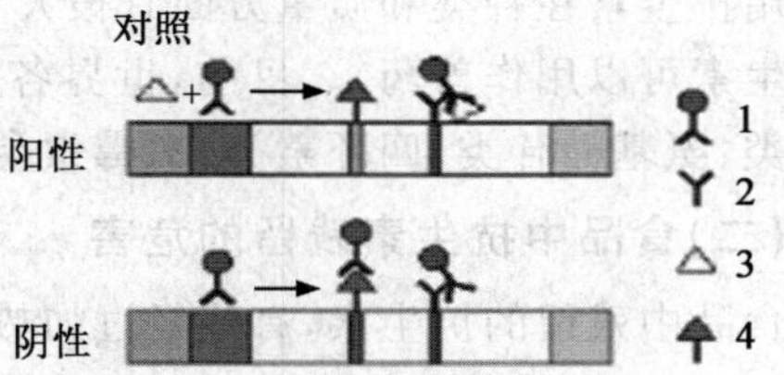

图 3-10　莱克多巴胺检测原理

2. 操作技术要点

(1)取 4 g 去脂肪的肉泥匀浆于 50 mL 离心管中,加 0.5 mL 稀释液,盖紧管盖。

(2)将装有样品的离心管置于 80℃水浴锅水浴 10 min。水浴时间不要太长,肉质变白即可。将渗出液转移至洁净离心管中,冷却至室温。样品温度控制在(20±5)℃,4 000 r/min 离心 1 min。取中层液体作为待测样品液。

(3)取出检测卡,开封后平放于桌面。滴加 3 滴上清液于样品孔中。

(4)加样后 5 min,观察显色区,判断结果。

3. 结果判定

(1)若 C 线和 T 线均显示红色,无论颜色深浅均判为阴性。

(2)若 C 线显色,T 线不显色,判为阳性。

(3)若 C 线不显色,无论 T 线是否显色,均判为无效。

任务 3 抗生素快速检测

任务内容

掌握抗生素的分类及危害,掌握抗生素检测的意义;了解国家对抗生素的相关规定,了解乳中四环素及氟喹诺酮类抗生素的快速检测,理解酶联免疫法测定四环素的原理,做好准备工作,采取正确的方法完成牛奶中四环素类抗生素残留的快速检测。

知识准备

一、抗生素快速检测的意义

(一)抗生素的分类

抗生素根据其应用对象的不同,可以分为用于农作物疾病防治的农用抗生素、用于家禽和家畜疾病预防与治疗的兽用抗生素以及用于人类疾病控制的医用抗生素等三大类。其中,农用抗生素和医用抗生素在食品中残留不常见,在食品中残留较多的是兽用抗生素(兽用抗生素和医用抗生素在种类和质量方面有很大不同,而且兽用抗生素通常不能用作医用,但是很多医用抗生素可以用作兽药)。目前,世界各国在食品中经常检测其残留的抗生素主要包括 β-内酰胺类、氨基糖苷类、四环素类、氯霉素类、大环内酯类和磺胺类等六大类抗生素。

(二)食品中抗生素残留的危害

食品中残留的抗生素,有些经过加热可以被破坏,但对于性质稳定的抗生素,如链霉素、新霉素等,经过加热等烹饪过程也不能将其破坏。人们长期食用抗生素残留超标的食品后,抗生素残留就可以转移到人体内,造成危害。目前已经知道抗生素残留对人体的危害主要包括以下几个方面。

(1)毒性作用。人长期食用含抗生素残留的动物性食品后,药物不断在体内蓄积,对人体产生毒性作用。

(2)导致人体肠道内正常菌群失调和紊乱。长期摄食抗生素残留超标食品,可以导致人体有益菌群平衡失调,造成长期腹泻或某些维生素缺乏。

(3)增加细菌的耐药性。长期食用含有抗生素残留的动物性食品,容易诱导耐药菌株的出现,使抗生素失去治疗疾病的价值,给人类疾病的治疗带来困难,甚至可能出现一些药物无法控制的细菌感染。

(4)引起人体的过敏和变态反应。经常食用一些含有低剂量抗菌药物残留的食品能使易感人体出现过敏反应。

(5)"三致"作用。人体长期低剂量地摄入某些抗生素,还可以产生致癌、致畸、致突变作用。

(三)食品中抗生素残留限量及其分析方法

鉴于食品,特别是动物性食品中抗生素残留的危害,同时在目前的生产力水平下又不可能完全杜绝抗生素残留进入人类食物链,所以,各国都相继制定了动物源性食品中抗生素的最高残留标准和检测方法。表3-9是2002年国家农业部235公告《动物性食品中兽药最高残留限量》规定的我国动物性食品中抗生素残留的限量标准。

表3-9　动物性食品中抗生素残留的限量标准

药物	动物品种	靶组织	MRL/(μg/kg)
阿莫西林	所有食品动物	肌肉	50
		肝	50
		肾	50
		奶	10
头孢氨苄		肌肉	200
		肝	200
		肾	1 000
		奶	100
双氢链霉素	牛/羊	奶	200
	牛/羊/猪/禽	肌肉	500
		脂肪	500
		肝	500
		肾	1 000
庆大霉素	牛	奶	100
新霉素	牛/羊	奶	500
	牛/羊/猪/鸡/火鸡/鸭	肌肉	500
		脂肪	500
		肝	500
		肾	5 000

续表3-9

药物	动物品种	靶组织	MRL/(μg/kg)
壮观霉素	牛	肌肉	300
	牛/猪/家禽	脂肪	500
		肝	2 000
		肾	5 000
螺旋霉素	牛	肌肉	200
		脂肪	300
		肝	300
		肾	300
		奶	200
	猪	肌肉	300
		脂肪	200
		肝	600
		肾	300
	鸡	肌肉	200
		皮+脂	300
		肝	400
链霉素	牛/羊	奶	200
	牛/羊/猪/禽	肌肉	500
		脂肪	500
		肝	500
		肾	1 000
氯霉素	所有食品动物	所有靶组织	不得检出
四环素	牛	奶	100
	禽	蛋	200
	牛/羊/猪/禽	肾	600
		肝	300
		肌肉	100
红霉素	所有食品动物	肌肉	200
		肝	200
		肾	200
		奶	40
		蛋	150

续表3-9

药物	动物品种	靶组织	MRL/(μg/kg)
吉他霉素	猪/禽	肌肉	200
		肝	200
		肾	200
替米考星	猪	肌肉	100
		肝	1 500
		肾	1 000
泰乐菌素	牛/猪/鸡/火鸡	肌肉	200
		肝	200
		肾	200
	牛	奶	50
	鸡	蛋	200
磺胺二甲基嘧啶	牛	奶	20
	所有食品动物	肌肉	100
		肝	100
		肾	100

关于抗生素残留的快速分析方法，根据分析原理不同，大体上可分为微生物检测方法、免疫学分析方法和仪器分析法三类。

二、乳中四环素快速检测概述

(一)四环素类兽药概述

1. 四环素类兽药的性质、分类及作用机理

四环素类抗生素是放线菌产生的一类广谱抗生素，具有十二氢化并四苯基本结构，即苯并蒽环结构(图 3-11)。主要包括金霉素(CTC)、土霉素(OTC)和四环素(TC)等天然产品(TCs)，以及米诺环素、盐酸多西环素和盐酸美他环素等半合成品。

四环素类抗生素属快速抑菌剂，常规浓度时有抑菌作用，高浓度时对某些细菌呈杀菌作用。其抗菌机制主要是通过与细菌核蛋白体结合，抑制肽链延长和蛋白质的合成。另外，还能引起细菌细胞膜通透性增加，使细菌细胞内核苷酸和其他重要物质外泄，从而抑制细菌 DNA 的复制。

2. 残留与危害

目前，许多饲料及饲料添加剂的产品配方中都添加有四环素类抗生素，以达到预防疾病及促进生长的作用。在饲喂过程中，如果不严格按添加剂的剂量使用，那么四环素类抗生素被动物机体吸收后分布全身，残留于乳或肉中。此外，在预防或治疗动物疾病过程中，四环素类抗生素通过口服或注射等方式进入动物机体造成残留。在养蜂业中，若经常大量地使用该类药物预防和治疗病虫害，会致使蜂蜜中药物残留超标。

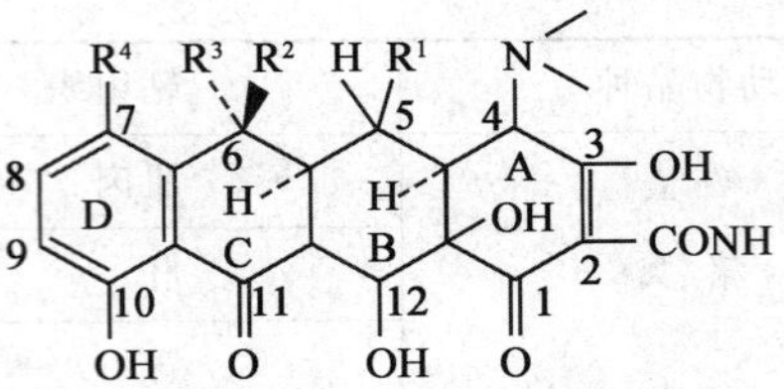

药物	R^1	R^2	R^3	R^4
金霉素	Cl	CH_3	OH	H
多西环素	H	CH_3	H	OH
四环素	H	CH_3	OH	H
土霉素	H	CH_3	OH	OH

图 3-11　四环素类抗生素的基本结构式

四环素类药物作饲料添加剂时，由于使用剂量小，所以一般不会在动物组织中残留，但是超过 20 mg/kg 的添加量时，则可能在组织中残留。一般食用组织中该类抗生素的残留水平为 1 mg/kg，不会对人引起毒性反应；若达到 5～7 mg/kg 水平，则可能引起毒性反应。四环素类抗生素的毒性反应主要包括过敏反应、胃肠道毒性反应和肝损害等。此类药物除对肠道有刺激作用外，还可引起肠道内菌群平衡失调和维生素缺乏等反应。此外，四环素可与牙齿和骨骼的钙质结合，出现黄染，并可能影响儿童发育。

基于四环素类抗生素残留的危害，世界各国都规定了食品中该类抗生素残留的最大允许剂量，我国规定四环素类药物在动物肾、肝脏、肌肉组织中的最高允许含量分别为 0.6 mg/kg、0.3 mg/kg 和 0.1 mg/kg，在禽蛋和牛乳中的最高允许含量分别为 0.2 mg/kg 和 0.1 mg/kg。

（二）四环素类抗生素的检测方法

四环素类抗生素残留的测定方法主要包括微生物抑制法、酶联免疫法、荧光分光光度法、毛细血管电泳法、薄层色谱法、高效液相色谱法、液相色谱-质谱法等。高效液相色谱法是目前最常用的实验室检测方法，液质联用法常用于确证分析。微生物法及免疫学方法常用于实验室快速筛选及现场检测。

三、生乳中氟喹诺酮类抗生素快速检测技术概述

（一）喹诺酮类抗生素概述

喹诺酮类（QNs）药物是近 20 年来迅速发展起来的一类十分重要的广谱抗生素，是继磺胺类药物之后人类合成抗生素方面最重要的突破。在化学结构上，本类药物属吡酮酸衍生物（PCAs），俗称“喹诺酮类”。

氟喹诺酮类药物作为化学合成的抗菌药，其价格低廉，广泛应用于人和动物的感染性疾病的治疗，部分已经成为畜禽专用的抗菌药物，目前国内广泛应用于各类动物养殖和水产养殖业中疾病的预防和治疗。氟喹诺酮药物（FQs）具有吸收性好，组织浓度高，半衰期长，抗菌谱广

等优点，已成为兽医临床常用药品。但由于该类药物长期和广泛的应用，造成畜产品中药物大量残留，引起了一系列的负面影响，随着 FQs 在食品动物中的广泛应用，其残留问题已引起广泛的关注。FQs 残留不但对人体有直接的危害，如引起中枢神经系统(CNS)、循环系统、消化系统、泌尿系统、呼吸系统的不良反应、跟腱炎、皮肤过敏反应及光敏反应，具有软骨毒性、生殖毒性外，更为严重的是，动物性食品中较低浓度的药物残留通过食物链向人类传播，容易诱导人类致病菌对其耐药性的增强，从而不利于该类药物对人类疾病的治疗。

(二)氟喹诺酮类抗生素的残留限量及主要的检测方法

目前，动物性食品中氟喹诺酮类药物残留检测方法有主要有微生物法、色谱法和免疫分析法等。

此外，还有以纳米材料为修饰剂制成的恩诺沙星离子选择电极、生物电化学传感器等电化学方法来检测 FQs 类药物残留的方法，由于电化学法具有响应速度快、仪器简单、可用于现场分析等优点，近年来得到了迅速的发展，得到了研究人员的密切关注，应用前景十分广阔。

操作实施

操作实施一　牛奶中四环素类抗生素残留检测(酶联免疫法)

一、实施目的

(1)理解酶联免疫法检测兽药残留的基本原理。

(2)掌握酶联免疫检测的操作方法和注意事项。

二、实施原理

样品中的四环素类药物与酶标记抗原共同竞争酶标板上固定的四环素类抗体，酶标板上形成固相抗体-酶标抗原复合物。洗板处理后加入酶促反应底物进行显色，根据显色的深浅来判断样品中四环素类药物的含量。显色深，含量低，显色浅，含量高。

三、试剂与器材准备(以维德维康四环素类酶联免疫试剂盒为例)

(1)样本：1～3 批牛奶样本。

(2)器材：离心管、漩涡混合器、微量移液器及相应枪头、计时器、恒温箱(25℃可控)。

(3)试剂：蒸馏水。

四、操作步骤(以维德维康四环素类酶联免疫试剂盒为例)

(一)试剂配制与工作液准备

(1)样品稀释液：用去离子水按 1∶19 体积比(1 份浓缩洗涤液＋19 份去离子水)稀释，混匀备用。

(2)洗涤工作液：用去离子水按 1∶19 体积比(1 份浓缩洗涤液＋19 份去离子水)稀释，混匀备用。

(二)样本前处理(稀释系数：10)

(1)取 100 μL 混匀的新鲜样品于 2 mL 离心管中，加入 900 μL 样品稀释液；涡动 1 min。(注：如无阳性样本可取 1 mL 牛奶样本于 2 mL 离心管中，加入适量四环素类药物混匀制成阳性样本再进行上述处理，以验证实验效果。)

(2)取 50 μL 点板检测。

(三)检测

(1)将所需的酶标板条插入酶标板架上，并记录下各标准品和样品的位置，均做平行实验(即每个标准品或样本均点双孔)，未使用的酶标板条用自封袋密封后，立即保存于 2～8℃环境中。

(2)将 50 μL 各标准品工作液/样品溶液分别加入对应的标准品/样品孔中。

(3)在每孔中加入 50 μL 酶标记物工作液。

(4)再在每孔中加入 50 μL 抗体工作液。

(5)盖好盖板膜，轻轻振荡酶标板 10 s，充分混匀，室温(25±2)℃，避光反应 30 min。

(6)揭开盖板膜，倒掉板孔中液体，在每孔加入 260 μL 洗涤工作液，充分洗涤 4 次，每次浸泡 15～30 s。

(7)倒掉板孔中液体，将酶标板倒置于吸水纸上，拍干。

(8)立即在每孔中加入 100 μL 底物 A、B 混合液。(注：底物 A 液、底物 B 液按体积 1∶1 混合，必须充分混匀，混合液在 5 min 内使用，且避免使用金属盛装、搅拌试剂。)

(9)盖好盖板膜，轻轻振荡酶标板 10 s，充分混匀，室温(25±2)℃，避光反应 15～20 min。

(10)揭开盖板膜，在每孔中加入 50 μL 终止液，轻轻振荡酶标板 10 s，充分混匀。

(11)终止后 5 min 内用酶标仪在波长 450 nm、630 nm 下读取酶标板吸光度值。

(四)计算与分析

(1)各标准品(或样品)的平均吸光度值，除以零标(浓度为 0 μg/L 的标准品)平均吸光度值，乘以 100%，得到各标准品(或样品)的吸光度百分比。

$$吸光度百分比=\frac{B}{B_0}\times 100\%$$

式中：B—标准品(或样品)的平均吸光度值；

B_0—浓度为 0 μg/L 的标准品的平均吸光度值。

(2)以标准品的吸光度百分比为纵坐标，以各标准品浓度的对数为横坐标，绘制标准曲线。

(3)将待测样品的吸光度百分比代入标准曲线，可得出待测样品对应的残留浓度，再乘以相应样品的稀释倍数，可得待测样品中药物的实际残留量。(注：可使用维德维康试剂盒专用分析软件进行分析，结果更加准确。)

五、数据记录与分析

（一）原始数据记录（表 3-10、表 3-11）

表 3-10　牛奶中四环素类兽药残留原始数据记录单（酶联免疫法）——标准曲线

标准品浓度	标准品吸光度值 1	标准品吸光度值 2	平均吸光度值	吸光度百分比（$B/B_0\times100\%$）
0 μg/L				100%

表 3-11　牛奶中四环素类兽药残留原始数据记录单（酶联免疫法）——样本

样品名称/编号	样本吸光度值 1	样本吸光度值 2	平均吸光度值	吸光度百分比（$B/B_0\times100\%$）

（二）分析计算（以维德维康试剂盒专用分析软件为例）

将检测所得的原始数据输入或粘贴至数据分析区，设置标准品浓度及数量，设置样本数量及稀释系数，按照布板记录将标准品和样本填入相对应的位置，点击数据分析按钮即可自动建立标准曲线，计算样本检测结果，将结果填入表 3-12 中并分析。

注：对阳性结果的样品，可用国标仪器方法进一步确定含量并与酶联免疫方法结果对比考察准确性。

表 3-12　四环素类兽药残留检测结果记录单（酶联免疫法）

样品名称/编号	已知四环素类残留量	检测结果	回收率/准确率	双孔变异	结果判定

六、注意事项

(1)操作过程中务必保证各步骤顺序不可打乱，严格按照说明进行操作。

(2)实验过程中注意避免样本间交叉污染。

(3)点板前务必将酶标板和所需试剂回温至(25±2)℃，保证反应温度和时间。

(4)剩余板孔和试剂应及时封口于4℃冷藏保存，不可冷冻。

七、操作实施

(1)学生分成3～5人一组，各小组在老师指导下，通过网络教学资源等多渠道查询牛奶中四环素类抗生素残留检测(酶联免疫法)相关的资料。

(2)各组根据汇总的相关资料，师生共同讨论、分析，用集体智慧完成牛奶中四环素类抗生素残留检测(酶联免疫法)方案初稿，制作汇报提纲并选一代表进行学习汇报交流，对牛奶中四环素类抗生素残留检测(酶联免疫法)方案进行修订。

(3)学生按照修订后的牛奶中四环素类抗生素残留检测(酶联免疫法)方案，按规范要求，独立完成牛奶中四环素类抗生素残留检测(酶联免疫法)任务，最终填写任务考核单(表3-13)，教师在操作实施过程中巡回指导。

(4)学生对完成工作任务的表现进行自评和互评，各小组进行总结、考核及评估，教师做出最后评价，填写教学反馈表(表3-14)。

表3-13 任务考核单：牛奶中四环素类快速检测(酶联免疫法)

班级： 姓名： 学号： (时间：30 min，总分：100分)

项目	考核内容	分值	考核记录(以"√"表示)	备注	得分
实验前的准备(10分)	实验用品准备及摆放	10	物品准备合适，摆放合理，得10分		
			实验物品少选或多选，1件扣5分，扣完为止		
样品前处理(20分)	取样方法	10	取100 μL混匀的新鲜样品于2 mL离心管中，加入900 μL样品稀释液，得10分		
			取样体积不准确，扣5分		
			移液器使用不规范，扣5分		
	涡动震荡	10	涡动仪涡动1 min，得10分		
			涡动不均匀，扣5分		
			振荡时间不够，扣5分		

续表3-13

项目	考核内容	分值	考核记录(以"√"表示)	备注	得分
操作（45分）	检测	45	将各标准品工作液/样品溶液分别加入对应的标准品/样品孔中；再加入酶标记物工作液、抗体工作液；盖好盖板膜，充分混匀，室温(25±2)℃，避光反应 30 min；揭开盖板膜，倒掉板孔中液体，在每孔加入洗涤工作液，充分洗涤4次，每次浸泡15～30 s；倒掉板孔中液体，将酶标板倒置于吸水纸上，拍干；立即在每孔中加入100 μL 底物 A、B 混合液；盖好盖板膜，轻轻振荡酶标板10 s，充分混匀，室温（25±2)℃，避光反应15～20 min；揭开盖板膜，在每孔中加入50 μL 终止液，轻轻振荡酶标板 10 s，充分混匀，得45分		
			移液器使用不规范，扣15分		
			加样体积不准确，扣10分		
			洗涤不规范，扣10分		
			反应温度、时间未按要求进行，扣10分		
数据处理（10分）	数据处理与上传	10	终止后5 min内用酶标仪在波长450 nm、630 nm下读取酶标板吸光度值，得10分		
			参数设置不正确，扣3分		
			结果判定不正确，扣2分		
			酶标仪操作不规范，扣5分		
文明操作（5分）	清理用物，整理台面	5	清扫实验台及收拾产生的垃圾，得5分		
			未清理所用实验物品，扣2分		
			未整理实验台面，扣3分		
时间（10分）	操作时间	10	在规定时间内完成实验操作，得10分		
			每超过1 min，扣2分，扣完10分为止		
合计					

表 3-14 教学反馈表

牛奶中四环素类抗生素残留检测				
序号	调查内容	是	否	理由陈述
1	会利用收集的牛奶中四环素类抗生素残留检测(酶联免疫法)的新信息归纳整理与分析吗?			
2	对牛奶中四环素类抗生素残留检测(酶联免疫法)技术要求是否清楚?			
3	不同四环素类药物之间出现交叉反应的原因是什么?你是否清楚?			
4	是否可以计算出试剂盒的检测范围?			
5	对如何编制牛奶中四环素类抗生素残留检测(酶联免疫法)方案是否心里有数?			
6	你能否独立完成制作方案汇报提纲,并能进行学习汇报交流?			
7	与其他同学口头交流内容是否流畅?			
8	能否主动参与教学场所的清洁与整理工作?能否按照安全与规范的规程操作?			
9	你对老师的本次操作实施任务教学满意吗?			
10	你对本小组完成本学习情境工作的配合满意吗?			

写出你对教学需要改进的建议和意见:

任务 4 氯霉素快速检测

任务内容

了解氯霉素的主要种类及国家对氯霉素的相关规定,理解胶体金免疫层析技术及酶联免疫法,做好准备工作,采取正确的方法完成氯霉素的快速检测。

知识准备

一、氯霉素概述

氯霉素是一种有效的广谱抗生素,对畜禽多种疾病尤其是革兰氏阴性菌感染有很好的控制作用,曾被人们广泛接受和使用。但氯霉素在使用过程中存在严重副作用,其在动物肉、奶、蛋中的残留严重威胁人畜健康。

(一)氯霉素的残留限量及主要检测方法

1.氯霉素的残留限量

世界上许多国家规定禁止氯霉素用于食品源性动物，并且规定畜产品中氯霉素的最高残留限量为零。欧盟、日本、美国和加拿大等都是严格禁止氯霉素应用于动物性食品中的国家，对于进口食品也有严格的检测方法。美国从20世纪80年代起就严格规定不允许在家禽饲养中使用氯霉素，出售的家禽必须做氯霉素残留检测，美国和加拿大对蜂蜜中的氯霉素残留的检测低限为1 μg/kg。欧盟规定对氯霉素的检测限由原来的10 μg/kg降至1 μg/kg，最后定为0.1 μg/kg；美国FDA规定的检测限也由原来的5 μg/kg改为1 μg/kg，即将降为0.3 μg/kg，且目前正在研究更为灵敏的方法，使检测限值达0.1 μg/kg。

我国农业农村部将氯霉素从2000年版《中华人民共和国兽药典》中删除，并且将其列为禁药，目前氯霉素残留是我国进出口动物性食品制品的必检指标。20世纪90年代至今，关于氯霉素的检测方法得到不断改进和更新。2002年12月，我国农业部第235号文规定，氯霉素禁止在所有动物性食品中使用。表3-15列出了各国对氯霉素在动物性食品中的最高残留限量(MRL)规定。

表3-15　氯霉素的最高残留限量　μg/kg

标本残留物	动物种类	动物组织	氯霉素最高残留限量					
			中国(2002年)	欧盟(2002年)	美国	CAC	日本	WHO
药物原型	各种食品动物	肾脏	0.3			0.3		
		肝脏	0.3			0.3		
		蛋	0.3			0.3		
		肌肉	0.3		0.06	0.3	0.13	0.3
		乳	0.045	0.3	0.3	0.3		

2.氯霉素类兽药的检测

目前，食品中氯霉素的检测方法分为微生物法、免疫分析方法、色谱法和其他方法等。

(二)氯霉素的快速检测方法

1.酶联免疫法原理

动物组织中残留的氯霉素经乙酸乙酯提取，正己烷脱脂后用于酶联免疫测定。本测定方法是酶联免疫法中的竞争性测定法，其主要原理是：吸附在孔内的氯霉素与标准或样品中的氯霉素竞争性地与氯霉素抗体相结合，与标准品或样品相结合的氯霉素抗体被洗涤去除后，只剩下与微孔内药物相结合的抗体，其再与加入的酶标记的第二抗体相结合，酶底物在酶作用下产生发色物，在一定浓度范围内吸光度的高低与样品中氯霉素的含量成反比。

2.样品前处理

称取(3±0.1) g匀质后样品于离心管中，加入6 mL乙酸乙酯，振荡10 min，室温4 000 g离心10 min。取4 mL上层样品，60℃水浴氮气吹干，残留物用1 mL正己烷溶解，再加入试剂盒提供的复溶液 1 mL。振荡 1 min，4 000 g 离心 5 min，去除上层有机相，取 50 μL 下层水相进行测定。

3. 测定步骤

(1)测定在室温 20～25℃条件下操作，测定之前将试剂盒以及所有试剂在室温(20～25℃)下放置 1～2 h。

(2)将足够标准和样品所用数量的孔条插入微孔架，标准和样品做两个平行实验，记录下标准和样品的位置。

(3)分别在各孔中加 50 μL 的标准品溶液或样品溶液，然后每孔加 50 μL 抗体，用盖板膜封板，20～25℃反应 1 h，倾出微孔中的液体，在所有微孔中加 250 μL 洗涤液，轻轻振荡混匀，倾出微孔中的洗涤液，在吸水纸上拍打，彻底清除微孔中的残留液和气泡，重复洗板 4 遍。

(4)每孔加 100 μL 酶标记物，用盖板膜封板，20～25℃反应 30 min。

(5)将微孔内液体倾出，加 250 μL 洗涤液，轻轻振荡混匀，倾出微孔中的洗涤液，在吸水纸上拍打，彻底清除微孔中的残留液和气泡，重复洗板 4 遍。

(6)每孔加 50 μL 底物 A，再加 50 μL 底物 B，轻轻振荡混匀，37℃避光反应 15 min。

(7)每孔加 50 μL 终止液，轻轻振荡混匀，30 min 内在 450 nm 下检测吸光度。

4. 结果判定和表述

按下式计算百分吸光度值：

$$百分吸光度值=B/B_0\times100\%$$

式中：B—标准溶液或供试样品的平均吸光度值；

B_0—零标准的标准溶液平均吸光度值。

用专业计算机软件求出供试样品中氯霉素的浓度，乘以稀释系数即得检测结果。或计算出的标准相对吸光度值绘成为一个对应浓度(ng/L)的半对数坐标系统曲线图，校正曲线在 50～4 050 ng/L 范围内应当成为线性。相对应每一个样品的浓度(ng/L)可以从校正曲线上读出。

二、蜂蜜中氯霉素快速检测概述

(一)蜂蜜中氯霉素的来源

氯霉素是一种强力抗生素，能有效控制蜂群感染，减少蜜蜂死亡情况。有的蜂场用它来处理蜂房，控制幼虫腐烂病，但由于过量使用氯霉素，导致部分氯霉素在蜂蜜中残留。另外，随着现代工业和农业的发展，在人类和其他养殖行业使用过的氯霉素会迁移至土壤和地下水中，蜜蜂通过接触被污染的土壤或地下水导致蜂箱中的巢脾被污染，从而污染蜂产品。

氯霉素对于大多数的病原菌都有较强的抑制作用，由于其效高价廉，广泛用于蜜蜂传染性疾病的治疗和预防，但是氯霉素存在较大的毒副作用，对人类健康构成较大的潜在威胁。因此，引起了许多国家和地区的密切关注。

(二)蜂蜜中氯霉素的检测方法

近年来，国内外发展起来的蜂蜜中氯霉素残留量检测方法有液相色谱法、毛细管电泳法、免疫分析法、色谱-质谱联用法等。

(三)蜂蜜中氯霉素的快速检测

1. 微生物法

微生物法是氯霉素测定的常用方法，也是目前我国药典中引用的标准方法。样品中若有氯霉素残留会对培养基中的细菌产生抑菌圈，根据抑菌圈的有无及大小可以判定结果。主要有纸片法、TTC 法及氯化三苯基四氮唑法等。但传统的微生物检测法存在较多缺点，如时间长、显色状态通过肉眼判断误差较大、操作复杂等。

2. 免疫分析法

免疫分析法包括免疫凝聚沉淀法、放射免疫法和酶联免疫法(ELISA)，但目前对蜂产品中氯霉素残留量检测的研究与应用主要为酶联免疫法。酶联免疫法包括直接竞争法和间接竞争法，其基本原理是在合适的载体(常用的载体是聚苯乙烯微孔板)上，酶标记抗体或抗原与相应的抗原或抗体形成酶标记的抗原-抗体复合物，在酶底物的参与下，复合物上的酶催化底物使其水解，氧化或还原成为另一种有色物质。氯霉素是半抗原，不能刺激机体产生抗体，因而要使其与大分子载体物质(蛋白质)结合制备成人工抗原，将其作为抗原进行免疫，动物体内即产生特异性抗体，然后建立免疫分析方法测定氯霉素含量。

酶联免疫法具有简单、快速、处理样品量大、灵敏度较高、特异性强等诸多优点，适合于现场筛选。目前已有多种市售的 ELISA 试剂盒用于氯霉素残留的检测。但 ELISA 中可发生多种非特异吸附作用，其主要的非特异反应是由于抗体反应体系选择不当所致，不合适的抗体反应体系引起的非特异反应可导致 ELISA 出现假阳性结果。结果若为阳性，还需用其他方法进一步确认。

三、水产品氯霉素快速检测概述

(一)水产品中氯霉素检测意义

氯霉素(简称 CAP)由于其优良的抗菌性、稳定的药性和低廉的价格，在水产动物疾病预防和治疗中具有明显效果，在水产养殖业中得到广泛应用。水产品中氯霉素残留成为一个严重的食品安全问题。氯霉素存在严重的毒副作用，能抑制骨髓造血功能，引起人类的再生障碍性贫血，粒状白细胞缺乏症，新生儿、早产儿灰色综合征等疾病，低浓度的药物残留还会诱发致病菌的耐药性，因此氯霉素残留问题正引起国际组织和世界上许多国家和地区的高度重视，自 2003 年以来我国出口水产品频频被进口国检出氯霉素残留，欧盟因氯霉素残留问题将中国产冻虾产品纳入其食品快速预警机制。针对这种情况，农业部门将氯霉素从《中国兽药典》中删除，此药重新进入人体安全评价体系，在《动物性食品兽药残留规定》中规定可食部分不得检出。

(二)水产品中氯霉素检测技术

1. 筛选检验方法

(1)微生物法。应用微生物法来对水产品氯霉素药物残留进行检测，工艺操作简单，得到检测结果所需时间更短，并且成本低，为快速筛选检验常用方法之一，现在已经被广泛应用于水产品药物残留检测作业中。

(2)杯碟法。按照规范对样品处理后，将其放入牛津杯内，贴合含菌液检定平板，经过一定时间培养后，根据有无抑菌圈及大小判断药物残留量。并且可以利用不同试验菌种，来对多种抗生素进行检测。就实际应用效果来看，其灵敏度高，可以在一定程度上排除外部因素干扰。

(3)棉签法。棉签法检测即利用棉签来对水产品体内组织液进行采集，然后放置在涂满枯草杆菌的培养基内保温过夜。第二天通过观察棉签周围是否出现抑菌环，判断水产品组织液内是否残留氯霉素。如果该水产品仅利用氯霉素进行过治疗，便可判断其组织内有氯霉素药物残留。此种检测方法操作简单，几分钟便可完成采样，经过 16～18 h 培养观察便可得到检测结果，可以保证结果准确性，一般用于基层现场筛选检测。但是对比其他检测方法来讲，其灵敏度较低、检出限高、特异性差，大部分抗生素药物均会产生此反应，并且无法定量检验。

(4)免疫分析法。此种检测方法主要是利用抗原与抗体特异性和可逆性结合反应，进行氯霉素残留物分析，其灵敏性高与选择性较强，在实际应用中能够很大程度上对前期处理步骤进行简化。常见方法有放射免疫测定、酶联免疫吸附测定及固相免疫传感器等，以酶联免疫法应用最为广泛。氯霉素为半抗原，无法刺激机体产生抗体，想要使其具有免疫原性，需要将其与大分子载体物质结合制备人工抗原，然后作为抗原使用，动物体内便可产生相应特异性抗氯霉素抗体。而酶联免疫法就是基于抗原与抗体反应作用，通过酶联免疫竞争法来对氯霉素含量进行测定，具有很高的灵敏度，检出下限可达到 0.05 μg/kg，并且 1 μg/kg 添加水平下回收率可达 107%～113%。

2. 定量确认方法

(1)气相色谱法。气相色谱法在水产品氯霉素药物残留检测中应用比较广泛，具有高分离效能，并且灵敏度与选择性高，可以在短时间内得到检测结果。利用此种方法进行药物残留检测，可以对分配系数差异性小的组分进行有效分离，对复杂度高的混合物处理效果良好。利用其对动物饲料内氯霉素含量进行检测，利用乙酸乙酯来提取配合饲料，选取部分提取液用氮气吹去乙酸乙酯后，用甲醇/氯化钠溶液溶解剩余残渣，并用正己烷液-液萃取将油质及脂熔物去除，利用乙酸乙酯来提取氯霉素并吹干，通过 C_{18} 小柱净化，经衍生剂衍生后用配有电子捕获监测器的气相色谱检测。其中，气相色谱载气为氮气 1.5 mL/min，补充气为氮气 25 mL/min，分流比为 1∶10，气化室温度为 280℃，检测器温度为 300℃，柱箱温度为 230℃。最后注入 1 μL 标准溶液，并对试样定容体积进行调整，保证试样溶液内氯霉素峰值与标准工作液内氯霉素峰值接近，通过保留时间和峰值比较，完成氯霉素定量计算。

(2)高效液相色谱法。利用高效液相色谱法来对水产品氯霉素药物残留进行检测，可以保证高灵敏度和可靠性，并且重复性好，假阳性少，可以利用其进行定量鉴定，但是检出限较高，一般为 5～10 μg/kg。并且，大部分水产品体内成分复杂度高，在对其体内残留氯霉素药物检测时，会受到各种杂质干扰。为保证检测结果准确性，需要加强对样品处理的重视，在最大程度上提高检测灵敏度。要求在取样后将其置于一定条件下保存，选择主要组织结构进行检测。可以利用氯霉素可溶于水及极易溶于有机溶剂的特点，将乙酸乙酯作为溶剂，对水产品中氯霉素进行提取。

操作实施

操作实施一　蜂蜜中氯霉素快速检测(卡片法)

一、实施目的

(1)理解胶体金免疫层析法检测氯霉素的基本原理。

(2)掌握胶体金免疫层析检测的操作方法和注意事项。

二、实施原理

胶体金检测卡含有被事先固定于硝酸纤维素膜测试区(T)的抗原和控制区(C)的Ⅱ抗以及固定于结合垫上的金标抗体。若样品为阴性,加样后金标抗体在与T区固定的抗原结合,使T区出现一条紫红色条带;若样品为阳性,则T区不会出现紫红色条带。无论样品中有无氯霉素存在,C区都会出现一条紫红色条带。

三、试剂与器材准备(以维德维康氯霉素快速检测卡为例)

(1)样本:准备1～3批蜂蜜样本。

(2)器材:天平(0.01 g)、离心管、漩涡混合器、离心机(5 000 r/min)、氮吹仪、滴管、计时器。

四、操作步骤(以维德维康氯霉素快速检测卡为例)

(一)样本前处理

(1)称取(2.0±0.05) g蜂蜜样本至15 mL聚苯乙烯离心管中,加入2 mL去离子水,用振荡器振荡至蜂蜜样本全部溶解。

(2)加入4 mL乙酸乙酯,上下振荡5 min,室温(20～25℃)3 000 r/min以上离心5 min。

(3)移取2 mL上层有机相至10 mL洁净干燥的玻璃试管中,于50～60℃水浴氮气流或空气流下吹干。

(4)加入0.2 mL样本复溶液,涡动1 min溶解干燥的残留物,待检。

(5)请在60 min之内进行检测。

(二)检测

(1)从原包装袋中取出试纸条回温至室温,打开后请在1 h内尽快使用。

(2)用微量移液器吸取75 mL待检样本溶液垂直滴加于加样孔中。

(3)液体流动时开始计时,反应10 min,根据示意图判定结果,其他时间判读无效。

(三)结果判定(图 3-12)

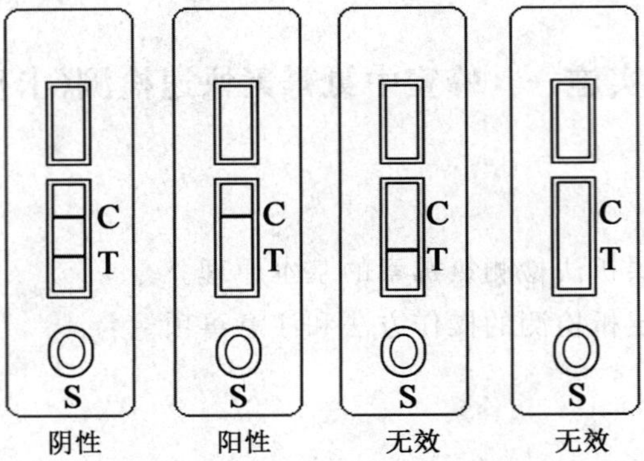

图 3-12 氯霉素胶体金检测卡结果

五、实验数据记录与分析

(一)原始数据记录(表 3-16)

表 3-16 氯霉素兽药残留结果记录单(胶体金免疫层析法)

样品名称/编号	T 线(+/-)	C 线(+/-)	结果判定(+/-)

六、注意事项

(1)请按照操作步骤进行测试,操作时请勿触摸试纸条显色区。

(2)本产品为一次性产品,请勿重复使用。

(3)本产品检测结果仅供参考若需确证请参照国家相关标准方法。

七、操作实施

(1)学生分成 3~5 人一组,各小组在老师指导下,通过网络教学资源等多渠道查询蜂蜜中氯霉素快速检测的相关资料。

(2)各组根据汇总的相关资料,师生共同讨论、分析,用集体智慧完成蜂蜜中氯霉素快速检测方案初稿,制作汇报提纲并选一代表进行学习汇报交流,对蜂蜜中氯霉素快速检测方案进行修订。

(3)学生按照修订后的蜂蜜中氯霉素快速检测方案,按规范要求,独立完成蜂蜜中氯霉素快速检测检测任务,最终填写任务考核单,教师在操作实施过程中巡回指导。具体可参考本项目任务 2 操作实施一 猪肉中克伦特罗快速检测(胶体金免疫层析技术法)的任务考核单。

(4)学生对完成工作任务的表现进行自评和互评，各小组进行总结、考核及评估，教师做出最后评价，填写教学反馈表(表3-17)。

表3-17　教学反馈表

蜂蜜中氯霉素快速检测				
序号	调查内容	是	否	理由陈述
1	会利用收集的蜂蜜中氯霉素快速检测的新信息归纳整理与分析吗？			
2	对于蜂蜜中氯霉素快速技术要求是否清楚？			
3	是否了解阳性样本溶液层析过程中在结合垫、T区、C区经历的反应？			
4	分析讨论若结合垫中的金标抗体失活，会出现什么检测结果？			
5	对如何编制蜂蜜中氯霉素快速检测方案是否心里有数？			
6	你能否独立完成制作方案汇报提纲，并能进行学习汇报交流？			
7	与其他同学口头交流内容是否流畅？			
8	能否主动参与教学场所的清洁与整理工作？能否按照安全与规范的规程操作？			
9	你对老师的本次操作实施任务教学满意吗？			
10	你对本小组完成本学习情境工作的配合满意吗？			

写出你对教学需要改进的建议和意见：

操作实施二　水产品氯霉素快速检测(酶联免疫法)

一、实施目的

(1)理解酶联免疫法检测氯霉素的基本原理。

(2)掌握酶联免疫检测的操作方法和注意事项。

二、实施原理

样品中的氯霉素与酶结合的氯霉素抗原共同竞争酶标板上固定的氯霉素特异性抗体，酶标板上形成固相抗体-酶标抗原复合物，洗板处理后加入酶促反应底物进行显色，根据显色的深浅来判断样品中氯霉素的含量。显色深，含量低，显色浅，含量高。

三、试剂与器材准备(以维德维康氯霉素酶联免疫试剂盒为例)

(1)样本:1~3 批水产样本,搅碎或研磨制成肉糜冷藏备用(3 h 内不用时冷冻保存)。

(2)器材:天平(0.01 g)、离心管、摇床、离心机(4 000 g 以上)、氮吹仪、微量移液器及相应枪头、计时器、恒温箱(25℃可控)。

(3)试剂:去离子水、乙酸乙酯、正己烷。

四、操作步骤(以维德维康氯霉素酶联免疫试剂盒为例)

(一)试剂配制与工作液准备

(1)样品稀释液:用去离子水按 1∶9 体积比(1 份浓缩洗涤液+9 份去离子水)稀释,混匀备用。

(2)洗涤工作液:用去离子水按 1∶19 体积比(1 份浓缩洗涤液+19 份去离子水)稀释,混匀备用。

(二)样本前处理(稀释系数:0.5)

(1)每批称取(3±0.05) g 均质后的水产样品于 50 mL 离心管中。(注:如无阳性样本可另称一份水产样本于 50 mL 离心管中,加入 30 μL 氯霉素 10 μg/L 高浓度标准品制成 0.1 μg/L(0.1 μg/kg)的阳性样本再进行后续处理,以验证实验效果。)

(2)加入 6 mL 乙酸乙酯,充分涡动 1 min。

(3)摇床 300 r/min 振摇 10 min。

(4)4 000 g 以上,离心 10 min。

(5)取 4 mL 上层乙酸乙酯于新的离心管中。

(6)50~60℃水浴中,氮气吹干。

(7)加入 2 mL 正己烷,充分涡动 10 s,再加入 1 mL 样品稀释液,低速涡动 1 min。

(8)4 000 g 以上,离心 5 min,完全弃去上层正己烷及中间层杂质。

(9)取 50 μL 进行检测。

(三)检测

(1)将所需的酶标板条插入酶标板架上,并记录下各标准品和样品的位置,均做平行实验(即每个标准品或样本均点双孔),未使用的酶标板条用自封袋密封后,立即保存于 2~8℃环境中。

(2)将 50 μL 各标准品工作液/样品溶液分别加入对应的标准品/样品孔中。

(3)配制酶标记物工作液:用酶标记物稀释液按 1∶4 体积比(1 份酶标记物浓缩液+4 份样品稀释液)稀释,混匀。(注:计算好酶标记物工作液的用量避免浪费。)

(4)在每孔中加入 50 μL 酶标记物工作液。

(5)盖好盖板膜,轻轻振荡酶标板 10 s,充分混匀,室温(25±2)℃,避光反应 30 min。

(6)揭开盖板膜,倒掉板孔中液体,在每孔加入 260 μL 洗涤工作液,充分洗涤 4 次,每次浸泡 15~30 s。

(7)倒掉板孔中液体,将酶标板倒置于吸水纸上,拍干。

(8)立即在每孔中加入 100 μL 底物 A、B 混合液。(注:底物 A 液、底物 B 液按体积 1∶1

混合，必须充分混匀，混合液在 5 min 内使用，且避免使用金属盛装、搅拌试剂。）

（9）盖好盖板膜，轻轻振荡酶标板 10 s，充分混匀，室温（25±2）℃，避光反应 15～20 min。

（10）揭开盖板膜，在每孔中加入 50 μL 终止液，轻轻振荡酶标板 10 s，充分混匀。

（11）终止后 5 min 内用酶标仪在波长 450 nm、630 nm 下读取酶标板吸光度值。

（四）计算与分析

（1）各标准品（或样品）的平均吸光度值，除以零标（浓度为 0 μg/L 的标准品）平均吸光度值，乘以 100%，得到各标准品（或样品）的吸光度百分比。

$$吸光度百分比=\frac{B}{B_0}\times 100\%$$

式中：B—标准品（或样品）的平均吸光度值；

B_0—浓度为 0 μg/L 的标准品的平均吸光度值。

（2）以标准品的吸光度百分比为纵坐标，以各标准品浓度的对数为横坐标，绘制标准曲线。

（3）将待测样品的吸光度百分比代入标准曲线，可得出待测样品对应的残留浓度，再乘以相应样品的稀释倍数，可得待测样品中药物的实际残留量。（注：可使用维德维康试剂盒专用分析软件进行分析，结果更加准确。）

五、实验数据记录与分析

（一）原始数据记录（表 3-18、表 3-19）

表 3-18　氯霉素兽药残留原始数据记录单（酶联免疫法）——标准曲线

标准品浓度	标准品吸光度值 1	标准品吸光度值 2	平均吸光度值	吸光度百分比（$B/B_0\times 100\%$）
0 μg/L				100%

表 3-19　氯霉素兽药残留原始数据记录单（酶联免疫法）——样本

样品名称/编号	样本吸光度值 1	样本吸光度值 2	平均吸光度值	吸光度百分比（$B/B_0\times 100\%$）

(二)分析计算(以维德维康试剂盒专用分析软件为例)

将检测所得的原始数据输入或粘贴至数据分析区,设置标准品浓度及数量,设置样本数量及稀释系数,按照布板记录将标准品和样本填入相对应的位置,点击数据分析按钮即可自动建立标准曲线,计算样本检测结果,将结果填入表 3-20 中并分析。

注:对阳性结果的样品,可用国标仪器方法进一步确定含量并与酶联免疫方法结果对比考察准确性。

表 3-20 氯霉素兽药残留检测结果记录单(酶联免疫法)

样品名称/编号	已知克伦特罗残留量	检测结果	回收率/准确率	双孔变异	结果判定

六、注意事项

(1)操作过程中务必保证各步骤顺序不可打乱,严格按照说明进行操作。

(2)实验过程中注意避免样本间交叉污染。

(3)点板前务必将酶标板和所需试剂回温至室温(25±2)℃,保证反应温度和时间。

(4)剩余板孔和试剂应及时封口于4℃冷藏保存,不可冷冻。

七、操作实施

(1)学生分成 3~5 人一组,各小组在老师指导下,通过网络教学资源等多渠道查询水产品氯霉素快速检测(酶联免疫法)相关的资料。

(2)各组根据汇总的相关资料,师生共同讨论、分析,用集体智慧完成水产品氯霉素快速检测(酶联免疫法)方案初稿,制作汇报提纲并选一代表进行学习汇报交流,对样品采样及制备方案进行修订。

(3)学生按照修订后的水产品氯霉素快速检测(酶联免疫法)方案,按规范要求,独立完成水产品氯霉素快速检测(酶联免疫法)任务,最终填写任务考核单,教师在操作实施过程中巡回指导。任务考核单参考本项目任务 2 操作实施二 猪肉中克伦特罗快速检测(酶联免疫法)的评价标准。

(4)学生对完成工作任务的表现进行自评和互评,各小组进行总结、考核及评估,教师做出最后评价,填写教学反馈表(表 3-21)。

表 3-21　教学反馈表

水产品氯霉素快速检测(酶联免疫法)				
序号	调查内容	是	否	理由陈述
1	会利用收集的水产品氯霉素快速检测(酶联免疫法)的新信息归纳整理与分析吗?			
2	对于样品采集及制备技术要求是否清楚?			
3	能否描述前处理各步骤中样本中待测药物的转移情况,并尝试计算稀释系数?			
4	能否了解前处理过程中涡动不充分会对检测结果产生什么影响?			
5	对如何编制水产品氯霉素快速检测(酶联免疫法)方案是否心里有数?			
6	你能否独立完成制作方案汇报提纲,并能进行学习汇报交流?			
7	与其他同学口头交流内容是否流畅?			
8	能否主动参与教学场所的清洁与整理工作?能否按照安全与规范的规程操作?			
9	你对老师的本次操作实施任务教学满意吗?			
10	你对本小组完成本学习情境工作的配合满意吗?			

写出你对教学需要改进的建议和意见:

知识链接

蜂蜜保健小验方

1. 眼睛干涩

验方:菊花 3 g、枸杞 10 g,蜂蜜 2 勺。

用法:先将菊花、枸杞放入杯中,浸泡 15 min 后,将蜂蜜调入其中搅匀,当茶饮服,数次频饮,每日 1 剂,连服 5 剂。可养肝补肾、明目。

2. 感冒嗓子疼

验方:金银花 5 g,蜂蜜 10 mL。

用法:将金银花放入杯中,浸泡 10 min,然后调入蜂蜜,搅拌均匀,当茶饮服,数次频饮,每日 1 剂,连服 3～5 剂。

3. 心烦气躁

验方：百合、粳米各 100 g，蜂蜜 100 mL。

用法：先将百合、粳米洗净，一同入锅，煮粥，煮至粥熟之后，调入蜂蜜搅匀，在晚餐前食用，每日 1 剂，连续 3～5 d。可养心安神、疏肝益气。

4. 慢性咽炎

验方：麦冬、桔梗各 10 g，甘草 3 g，蜂蜜 50 mL。

用法：先将前三味放入保温杯中浸泡 15 min，然后加入蜂蜜搅匀，当茶饮服，数次频饮，每日 1 剂，连服 3～5 剂。对慢性咽喉炎有辅助治疗作用。

5. 肾虚腰痛

验方：核桃仁 5 个，蜂蜜 10 mL。

用法：将核桃仁加水，煎煮 15 min，取药液，加入蜂蜜调匀，饮服，每日早晚各服用 1 次，连续服用 2 周，可缓解肾虚腰痛症状。

6. 治气管炎、哮喘

验方：蜂蜜 50 g，橘子 100 g。

用法：将橘子洗净，连皮带肉一起榨取汁液，兑入蜂蜜搅匀，分早晚 2 次空腹饮服，每日 1 剂，连服 5～10 剂。可理气、化痰、镇咳。

7. 防治动脉硬化

验方：蜂蜜 20 g，新鲜成熟番茄 1 个。

用法：将番茄切成片，加入蜂蜜腌制 1～2 h 即可，饭后当水果食用，每日中午、晚饭后各食用 1 次，可长期食用，能预防动脉硬化和心血管疾病。可清热解毒、生津开胃、和血降压。

8. 治久咳、贫血

验方：蜂蜜 40 g，白萝卜 200 g。

用法：白萝卜洗净，榨取汁液，兑入蜂蜜搅拌均匀，分早晚 2 次饭后饮服，每日 1 剂，久咳患者连服 3～5 剂；贫血患者可连服 1 个月。

9. 消化不良

验方：蜂蜜 40 g，胡萝卜 250 g。

用法：胡萝卜榨取汁液，将汁液与蜂蜜混合，搅匀，早晚 2 次，空腹时用温开水送服，每日 1 剂，连服 3 剂。能健脾消食。

10. 呃逆呕吐

验方：蜂蜜 30 mL，生姜适量。

用法：蜂蜜、姜汁混合，搅拌均匀，分 3 次服用，每次服用 20 mL，每日 1 剂，连服 1～3 剂。对呼吸道感染及伤风感冒、发热、呃逆、呕吐以及咽喉炎等症有一定作用。

学习小结

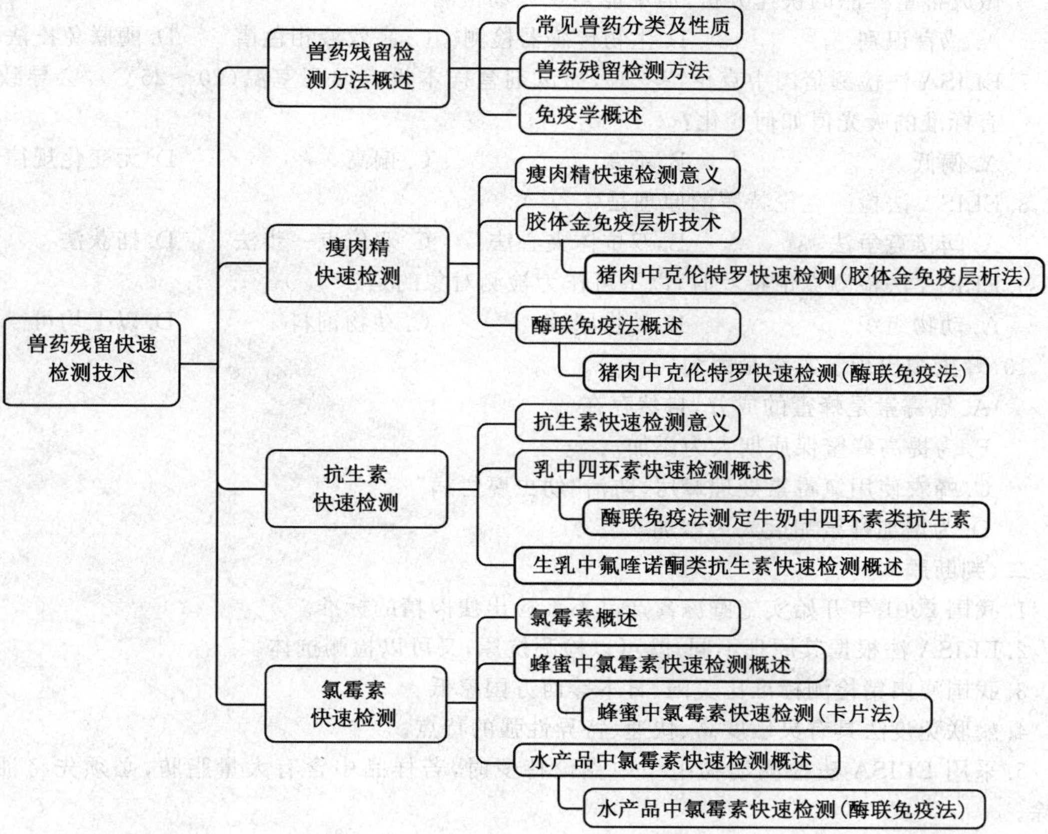

达标检测

一、单选题

1. 长期接触下列哪类兽药会破坏人体的造血功能？(　　)

A. 四环素类药物　　B. 氯霉素　　C. 雌激素　　D. 磺胺类药物

2. 最主要的兽药残留是(　　)。

A. 抗生素类和合成抗生素类　　B. 瘦肉精

C. 抗原虫类　　D. 驱肠虫类

3. 畜禽肉中氟喹诺酮类兽药残留检测用到的样品净化技术是(　　)。

A. 凝结沉淀技术　　B. 液-液萃取技术

C. 固相萃取技术　　D. 超临界流体萃取

4. (　　)年 4 月，国务院食品安全委员会办公室印发《“瘦肉精”专项整治方案》(食安办〔2011〕14 号)，要求深入开展“瘦肉精”专项整治，严厉打击生产、销售和使用“瘦肉精”违法犯罪行为。

A. 2009　　B. 2010　　C. 2011　　D. 2012

5. 以下不属于瘦肉精的是(　　)。

A. 克伦特罗　　B. 普萘洛尔　　C. 莱克多巴胺　　D. 沙丁胺醇

6. 以下哪种方法操作简便、准确、投资小、成本低、速度快、仪器设备简单，适合对活体动物做大批量样品的快速分析，但不能实现现场检测。（　　）

A. 感官识别　　B. 生物传感器检测　　C. 高效液相色谱　　D. 酶联免疫法

7. ELISA 法检测猪肉中克伦特罗时，如试剂盒样本没有回到室温（20～25℃），会导致所有标准的吸光值如何变化？（　　）

A. 偏低　　B. 不变　　C. 偏高　　D. 无变化规律

8. ELISA 法检测克伦特罗的原理是（　　）。

A. 间接竞争法　　B. 双抗体夹心法　　C. 双位点一步法　　D. 捕获法

9. ELISA 法检测克伦特罗时，以下可作为检测对象的是（　　）。

A. 动物组织　　B. 动物尿液　　C. 动物饲料　　D. 以上均可

10. 蜂蜜中出现氯霉素是因为（　　）。

A. 氯霉素是蜂蜜的成分，自然存在

B. 为提高蜂蜜保质期人为添加

C. 蜂农使用氯霉素处理蜂房，防治“幼虫腐烂病”

D. 为增加蜂蜜甜度人为添加

二、判断题

1. 我国 2001 年开始实施鲜冻禽产品不准检出瘦肉精的标准。（　　）

2. ELISA 法根据其原理不同，既可以检测抗原，又可以检测抗体。（　　）

3. 我国瘦肉精检测标准比美国、日本等西方国家低。（　　）

4. 酶联免疫法具有灵敏度高、快速、特异性强的特点。（　　）

5. 采用 ELISA 法检测动物组织中克伦特罗时，若样品中含有大量脂肪，必须先将油脂去除。（　　）

项目四

重金属快速检测

【案例聚焦】

某医院报告，最近接收了两名患者，因为服用了冬虫夏草的中药而导致了铅中毒，后查明二人服用的冬虫夏草遭受了重金属铅的污染。此类案例尚未被报告过，此病例呼吁人们要关注中药的用药安全性。以上两位病人服用了冬虫夏草后，其中一位病人出现了贫血、肝功能异常及神经衰弱、神经炎和消化系统异常等铅中毒症状，其血铅浓度达到 130 μg/dL；另一位病人表现为面色苍白、头昏、头痛、乏力、食欲不振、失眠、烦躁、肌肉关节疼痛、肌无力、口有金属味等症状，其血铅浓度为 46 μg/dL。两人服用的冬虫夏草中药粉末化验显示铅浓度分别高达 2%和 0.4%。病人立即停止服用该药，并以螯合剂治疗出现的铅中毒的症状后，二人血液中的铅浓度均降至正常范围内。经调查，铅的污染来源是经销商为了增加重量在冬虫夏草中插入铅棒，磨粉后不易察觉铅的存在。此案例呼吁相关单位应对中药重金属污染进行广泛调查，以免人们误食，遭受铅中毒的危害。

【学习目标】

知识目标：熟悉铅、汞、砷等重金属的来源；掌握重金属污染的特点。

能力目标：能够对重金属的污染来源进行判断；能够对重金属污染的特点进行分析。

素质目标：培养学生创新思维和发展能力；能恪守职业操守，依法规范自己行为，具有较强的质量安全、责任和诚信意识；具有良好的沟通展示、信息获取和团队合作互助的精神。

【思维导图】

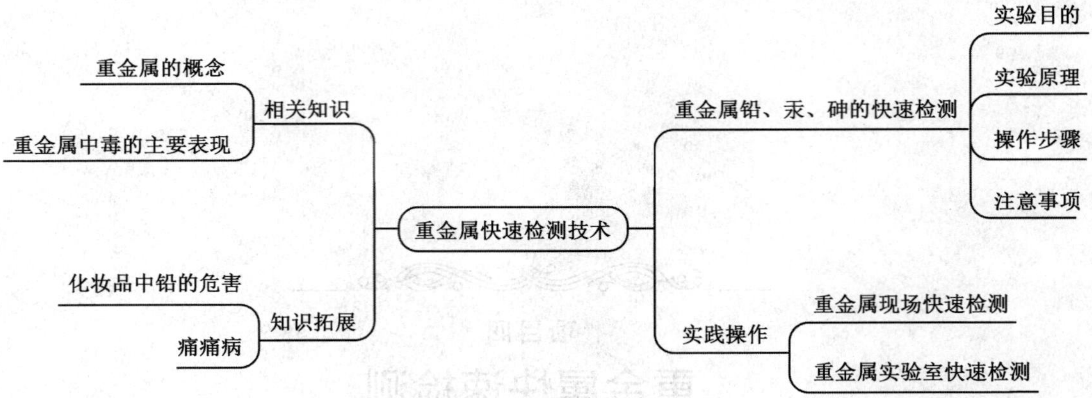

任务1　认识重金属检测方法

任务内容

通过案例了解重金属的危害，掌握重金属的概念、种类、危害特点、国家相关规定及其检测意义，掌握重金属毒性作用的特点及其控制措施。

知识准备

地壳及岩石中含有80余种金属元素，各种金属元素可以通过食物和饮水摄入、呼吸道吸入和皮肤接触等途径进入人体内。在这些金属中，有一些金属元素在少剂量进入人体后呈现毒性作用，并且这些金属大多数密度较高，常称之为重金属。重金属包括汞、镉、铅、铬、铜、锡等。另外，许多金属元素，甚至包括某些人体必需元素，如锰、锌、铜等，如摄入过量也可对人体产生不同程度的毒性作用。这些由重金属元素造成的食品污染称为食品的重金属污染。

一、食品重金属污染的来源

1. 某些地区特殊自然环境中的高本底含量

生物体内的元素含量与其生存的大气、土壤和水环境中这些元素的含量呈明显正相关关系。由于不同地区环境中元素分布的不均一性，可造成某些地区金属元素的本底值高于其他地区，使这些地区生产的食用动植物中有毒金属元素含量较高。如果是土壤和水中重金属元素含量高，这些元素会通过植株的吸收，最终在植株内积累，导致农产品中出现重金属污染。大气中重金属含量超标，也会造成食品的重金属污染。靠近公路两侧的蔬菜中的铅含量远远高于远离公路的蔬菜中的铅含量，路边的蔬菜简直就是铅的“回收站”，尤其是叶菜类 。因为土壤中的铅以凝结状态存在，根系吸收的土壤中的铅并不多，主要是叶片从大气中吸收，所以蔬菜中重金属的富集程度以叶菜类最高，其次是根茎类、茎类、果类等。工业生产的废水、废气、废渣的不合理排放、堆积和填埋都会影响土壤、大气和灌溉的水中重金属元素含量。

2. 由于人为的环境污染而造成有毒金属元素对食品的污染

随着工农业生产的发展，使用的化学物质包括含有毒金属元素的物质日益增多，对环境造成的污染也日趋严重，对食品可造成直接或间接的污染。人们种植农产品存在施肥不当的现象，而且有机肥和矿物质肥料也不一定安全。有机肥不一定安全，是对有机肥来源而言，如果有机肥是垃圾和污肥加工而成的，就会因为来源复杂造成一种或几种重金属含量太高，导致农作物重金属污染；如果是畜禽的粪便加工而成的，可能因为它们的饲料中某些重金属，如铜、锌等含量高，导致粪便中一些重金属含量超标，使用这些肥料后，均可能造成农产品的重金属污染。矿物肥料是矿石通过物理方法加工制成的，由于矿石本身的重金属含量过高，随着矿物质肥料的施用而被植物吸收，从而造成植物性食物的重金属污染。

3. 食品在储藏、加工过程中被重金属污染

食品加工、储存、运输和销售过程中使用或接触的机械、管道、容器，以及添加剂中含有的有毒金属元素导致食品的污染。如用重金属含量高的器具储藏、包装食品，会导致食品重金属污染；加工用水、容器及食品添加剂重金属含量高均可导致食品的重金属污染。

二、重金属污染的特点

摄入被有毒金属元素污染的食品对人体可产生多方面的危害，其危害通常有以下共同特点：

(1)生物富集作用。不同生物从环境中摄取的重金属元素在食物链的放大作用下，会在较高级的生物体内成千上万倍地富集起来，最后进入人体，在人体的某些器官中蓄积起来，造成人体慢性中毒。

(2)在天然水体中有微量的重金属存在即可造成毒性效应。一般的重金属产生毒性的范围在 0.001～0.01 mg/L，而且水中的重金属元素在微生物的作用下会转变成毒性更强的化合物，如汞的甲基化就是其中的例子。

(3)强蓄积性。重金属化合物不易降解，进入人体后排出缓慢，生物半衰期一般较长。

(4)有毒重金属污染食品对人体造成的危害，常以慢性中毒和远期效应为主。由于食品中有毒、有害金属的污染量通常较少，以及食品食用的经常性和食用人群的广泛性，常导致不易及时发现的大范围的人群慢性中毒和对健康的远期或潜在危害，如致畸、致突变、致癌等，但可由意外事故污染或故意投毒等引起急性中毒。

三、检测方法

经济社会快速发展，人民生活水平不断提高，对食品质量和卫生安全以及自身健康问题日益关注。据不完全统计，我国每年受到重金属污染的食品超过了千万吨，造成了巨大的经济损失和生态破坏。因此，食品重金属污染问题已经成为食品安全、百姓身体健康及社会可持续发展的重要现实威胁。目前迫切需要建立精度高、灵敏度强、检测速度快的检测方法，为保障食

品安全提供一道坚实屏障。现在比较常见的是重金属现场快速检测和重金属实验室快速检测。

(一)重金属现场快速检测

1.酶抑制率法

酶抑制率法测定重金属的基本原理是重金属能与某些酶的活性部位结合,引起酶活力下降,使底物-酶反应系统中的 pH、颜色和电导率等理化参数发生变化,这些变化可直接通过肉眼或借助于光信号、电信号等加以区分,从而建立重金属浓度与酶系统变化的定量关系。

与传统检测方法相比,酶抑制率法检测重金属具有快速、简便、能实现在线检测等特点,近年来已经成为相关领域研究的一个热点。但由于不同重金属离子对于酶活性的抑制效应相差很大,重金属离子对酶活力抑制的广谱性,使该方法对单一重金属检测存在一定的困难,需要采用特殊预处理技术,如预先分离、“掩盖”干扰物等。另外,酶的使用方式(游离或固定)和检测方法(静态或流动)的不同也影响检测的准确性。因此,酶源的筛选、检测结果可重复性、样品提取以及与之相结合的酶传感器、试纸条、量热计、比色法等方面将会是今后进一步研究的方向。

2.免疫分析法

重金属离子免疫检测的关键在于重金属特异性单克隆抗体的制备。抗体的产生需要有抗原来刺激机体;但重金属的分子质量小,并且带有电荷的重金属离子趋向于与生物分子发生强烈的不可逆的反应,自身不能作为有效的抗体识别目标。因此,设计金属离子完全抗原,是制备出单克隆抗体以及建立重金属离子免疫检测方法的基础。可见免疫法检测重金属必须进行两方面的工作:①选用合适的络合物或其他化合物与金属离子特异性结合,使其获得一定空间结构,从而产生免疫反应原性,从而能与相应的抗体发生特异性结合;②将结合了金属离子的化合物耦联到载体蛋白上,产生免疫原性,以便制备相应的抗体。

目前,用免疫法测定重金属的检测结果与传统的检测方法,如 ICP-AES、ICP-MS 等具有高度的一致性。

免疫分析法具有高度特异性和灵敏度高等优点,在环境分析领域中有着广泛的应用。但金属离子单克隆抗体的制备非常困难,而较容易制备的多克隆抗体无法满足对金属离子的特异性要求,这在很大程度上限制了重金属离子的免疫分析方法的研究与发展。不过,基因工程和蛋白质工程的发展,为免疫分析技术提供了新的技术思路和模式,弥补了其在实际应用中存在的一些缺陷和技术局限性。筛选特异性好的新型螯合剂和单克隆抗体的制备会是该领域今后的研究热点。

2.微生物法

微生物检测法的原理是微生物种群结构、生物量和生理代谢会对环境中重金属的胁迫产生各种变化。目前应用最广泛的是发光细菌。

微生物检测法具有检测时间短、灵敏度高的特点,但此法亦存在细胞发光强度本质差异较大、检测期间发光自然变化幅度较宽、操作繁琐、重现性不佳、误差较大等不足。另外,基因工程菌释放到环境后可能直接影响生态系统中其他生物,破坏生态平衡,或通过基因水平转移扩散到其他生物体内而带来食品安全问题，工程菌的基因安全问题也亟待探讨。

3. 化学显色法

化学显色法在重金属检测中的应用较为广泛，主要通过重金属离子与显色剂发生显色反应进行检测，与试纸、检测管、试剂盒等结合后，则可进行快速检测。试纸条通常为一片固定在支持物上的包含反应基质的塑料片，经显色反应后与比色条对比，或用专门设计的小型仪器即可进行定性或半定量分析。

比色法不需用贵重仪器，操作简便，使用者不需专门训练就能掌握，而且价格便宜，携带方便，一次性使用，无须检修维护，适用于现场实时快速监测。但该法存在着承载反应试剂量有限的问题，并且检测的专一性与精密度不够，检出限也相对较高，目前多为定性或半定量检测。随着与光电检测仪等仪器的联用，比色法逐渐转化为精确的定量分析，从而为化学比色法快速检测技术提供更广阔的应用。

(二)重金属实验室快速检测

传统的重金属检测方法主要有原子分光光度法、色谱法和各种联用检测方法等。这些方法虽然能以较高灵敏度对各种环境样品中的重金属离子进行有效分析，但大多需要大型仪器，分析方法成本高，样品需要经过消解，分析时间长，难以用于农产品中重金属的现场快速检测。与实验室传统的检测方法相比较，大部分快速检测方法虽然只能对环境污染物定性(或半定量检测)，灵敏度和准确性也低于传统检测方法，但其具有检测快速、操作简便、成本低廉的优点，非常适合现场快速检测和筛查。

1. 原子吸收光谱法(AAS)

原子吸收光谱法是我国食品重金属检测中使用最多的方法。原子吸收光谱法的原理是，基态的原子对特定辐射光产生共振吸收，辐射光将会减弱，通过检测这种减弱程度，就可以检测出食品中某种重金属含量。原子吸收法常用的有两种，石墨炉原子吸收光谱法和火焰原子吸收光谱法。其他的原子吸收分光光度法是在不同前处理条件下使用的，一般不常使用。石墨炉原子吸收光谱法的原理是，将试样灰化或酸消解，然后将其注入原子吸收分光光度计石墨炉中，电热原子化后吸收共振线，并根据吸收值与重金属含量在一定浓度范围成正比的规律，由标准曲线确定其含量。火焰原子吸收光谱法的原理是，仪器从光源辐射出具有待测元素特征谱线的光，通过试样蒸汽时被蒸汽中待测元素基态原子所吸收，由辐射特征谱线光被减弱的程度来测定试样中待测元素的含量。

2. 紫外可见分光光度法(UV)

紫外可见分光光度法也是重金属检测常用的方法，其原理是：重金属与有机显色剂混合会发生络合反应，生成显色的分子团，在特定的波长下，通过比色即可检测出所含重金属，而且溶液颜色的深浅与浓度一般成正比。

3. 原子荧光法(AFS)

重金属原子的蒸汽在辐射的刺激下会发出荧光，原子荧光光谱法就是利用待测元素的原子蒸气发射的荧光的强度测定重金属含量的。原子荧光光谱法之所以应用较广泛，是因为它的检测灵敏度高于原子吸收光谱法，并且发射谱线简单，干扰因子少。这种方法能同时进行多种元素的测定，比如砷、汞、铋、锑、碲、硒、锡、铅、锌、锗、镉等十几种元素。

4. 电化学法

电化学法应用时间不长，但是近些年的发展十分迅速。经典极谱法是电化学法检测重金属含量的基础，以此为依托的阳极溶出伏安法和示波极谱法是在电化学法的基础上发展起来的。这种方法的优点在于灵敏度，目前越来越受到关注，是一种痕量分析运用较广泛的方法。

5. X 射线荧光光谱法

重金属对 X 射线的吸收是随着它的成分和含量的变化而变化的，利用这种变化规律加以分析，就能检测出食品中重金属的成分和含量。X 射线荧光光谱法因为它的迅速性、准确性等特点而被广泛应用，它与其他检测方法的区别就在于不仅可以检测常量元素，还可以对微量元素进行检测，前期处理少、方便快捷是 X 射线荧光光谱法最大的优势。

6. 电感耦合等离子体质谱法(ICP-MS)

ICP-MS 的检出限大部分为 ppt 级，实际的检出限不可能优于实验室的清洁条件。必须指出，ICP-MS 的 ppt 级检出限是针对溶液中溶解物质很少的单纯溶液而言的，若涉及固体中浓度的检出限，由于 ICP-MS 的耐盐量较差，ICP-MS 检出限的优点会变差多达 50 倍，一些普通的轻元素(如 S、Ca、Fe、K、Se)在 ICP-MS 中有严重的干扰，也将恶化其检出限。此法具有很高的灵敏度，少数电离能较高的元素，如 C、O、Cl、Br 等也能检测，只是灵敏度较低。

7. 电化学法

电化学法是近年来发展较快的一种方法，它以经典极谱法为依托，在此基础上又衍生出示波极谱、阳极溶出伏安法等方法。电化学法的检测限较低，测试灵敏度较高，值得推广应用。如国标中铅的测定方法中的第五法和铬的测定方法的第二法均为示波极谱法。阳极溶出伏安法是将恒电位电解富集与伏安法测定相结合的一种电化学分析方法。这种方法一次可连续测定多种金属离子，而且灵敏度很高，能测定 $10^{-9} \sim 10^{-7}$ mol/L 的金属离子。此法所用仪器比较简单，操作方便，是一种很好的痕量分析手段。我国已经颁布了适用于化学试剂中金属杂质测定的阳极溶出伏安法国家标准。阳极溶出伏安法又称为示波极谱法，其优点是快速、灵敏。

四、食品重金属检测方法发展趋向

1. 由成分分析趋向于结构分析

在食品安全形势日益严重的今天，重金属检测的情形也越来越复杂，成分分析已经不能满足我们的需要，结构分析、物质存在形态分析也应当被重视，当今的食品重金属检测工艺发展将呈现从成分分析向结构分析的发展趋势。

2. 注重重金属价态和形态分析

生命科学和环境科学的研究表明，重金属毒性的强弱不仅与它们存在于人体中的蓄积量有关，还与重金属的价态和存在形态有关。比如有些重金属离子的稳定络合态或难溶固态颗粒的毒性不大，不能对生物造成严重伤害，但是其有机化合物状态以及自由状态对水产品的毒性就很大，所以只根据重金属的累积量来判断它的毒性大小，它对生物和环境造成的伤害程度，尤其是对人体的危害程度，就不能得到准确的答案。

3.向联机检测技术发展

目前,需要检测的食品的种类和数量越来越多,为了满足检测工作的需要,快速得出检测结果,就不能只依靠单机检测,因此联机检测就被运用到我们的检测工作中来,而且受到人们的高度重视,成为研究人员关注的重点检测手段。

4.运用化学计量学检测重金属

化学计量学是应用计算机技术来设计测量条件,或通过计算机选择最优化的分析方法,同时使用数学和统计学的方法,对有限的化学测量数据进行细致的分析,获得更加全面的化学方面的信息。化学计量学的研究中包括多种变量的分析,例如聚类分析、因子分析、主成分分析、重叠分离度图、优化策略判别分析、回归分析、混合物设计统计技术等,窗图优化法包括单纯形优化法、模式识别等内容。化学计量学分析重金属的方法已在实际应用中得到了验证,食品安全检测有了化学计量学技术分析结果就会准确得多。

知识链接

化妆品铅的危害

化妆品中,铅、汞、砷是常见成分,一旦其成分超出标准就会影响人们的皮肤健康,进而导致过敏、中毒等问题。铅及其他化合物进入人体会导致肠胃损伤、肾脏毒害,甚至会造成不孕不育。因此,做好这些重金属检测不容忽视。重视检测方法,对加强化妆品管理也有着重要作用。化妆品中重金属的检测方法包括紫外可见分光光度法、电化学法、阳极溶出伏安法、原子荧光光度法、电感耦合等离子体发射光谱法、电感耦合等离子体质谱法、石墨炉原子吸收分光光谱法。目前应用较多的是石墨炉原子吸收分光光谱法,目标检测重金属的基态原子,在共振辐射的吸收下对其进行测定。重金属元素被热解石墨加热之后,变成原子化。空心阴极灯能够发射辐射,基态原子蒸汽能够选择性地吸收这些辐射。吸收强度和试液中的重金属含量能形成正比。这种检测方法的灵敏度比较高,而且分析速度也比较适合,检测设备操作起来容易,设备的检修和维护投入不需要太高。

任务 2　铅的快速检测

任务内容

了解重金属铅的危害、国家相关规定及其检测意义,学习铅的快速检测方法,做好准备工作,采取正确的步骤进行检测,完成工作以及评价与反馈。

知识准备

一、检测意义

铅在地壳中的含量不高，为银白色重金属，略带蓝色，质地柔软。原子量 207.2，比重 11.34，熔点 327.5℃，沸点 1 620℃。其氧化态为+2 或+4 价。金属铅不溶于水，但可溶于稀硝酸和热的浓硫酸，铅与热的浓盐酸也能发生反应生成氯化铅。自然界中游离态铅量很低，铅主要以化合态广泛存在。方铅矿(PbS)是人们提取铅的主要来源。铅及其化合物用途广泛，主要用于制造铅蓄电池，用来制作食品容器和食具的马口铁、陶瓷及搪瓷等，铅合金可用于铸铅字，做焊锡，用来制造放射性辐射、X 射线的防护设备，还被用作建筑材料，枪弹、炮弹、奖杯和一些合金中也含铅。

铅的常见化合物有氧化铅（又名黄丹、密陀僧）、四氧化三铅（又名红丹）、二氧化铅、三氧化二铅（又名樟丹）、醋酸铅、铬酸铅（又名铬黄）、硝酸铅、硫酸铅、氯化铅、碱式碳酸铅等。能引起食源性中毒的主要有铅、醋酸铅、氯化铅和碱式碳酸铅等。铅及其化合物的毒性基本相似，但溶解度高的化合物包括氯化铅、醋酸铅、硝酸铅等毒性大溶解度低的化合物，如铬酸铅溶解度低毒性小。

非职业性接触人群体内的铅主要来自食物。进入消化道的铅 5%～10%被吸收，吸收率受膳食中蛋白质、钙和植酸等因素的影响。进入血液的铅与血浆蛋白结合，分布到全身组织。几周之后，约 95%以磷酸铅的形式存在于骨骼系统，其余仍存留在肝、脾、肾、脑、心、肌肉和血液中，并对人体产生毒性作用。铅主要经肾脏随尿液排出体外，小部分随粪便、唾液、乳汁排出，但半衰期较长，故可长期在体内蓄积。参考中毒量醋酸铅 2～3 g，参考致死量醋酸铅 5 g。尿铅、血铅和发铅是反映体内铅负荷的常用指标。血铅的正常值上限我国规定为 2.4 μmol/L，尿铅的正常值上限定为 0.39 μmol/L(0.08 mg/L)。

铅进入人体后，除部分通过粪便、汗液排泄外，其余在数小时后溶入血液中，阻碍血液的合成，导致人体贫血等，铅对生物体内许多器官组织都具有不同程度的损害作用，尤其是对造血系统、神经系统和肾脏的损害更为明显。一次摄入铅超过 5 mg/kg 可导致急性中毒，但食品铅污染所致的中毒主要是慢性损害作用，临床上可表现为贫血、神经衰弱、神经炎和消化系统症状，如面色苍白、头昏、头痛、乏力、食欲不振、失眠、烦躁、肌肉关节疼痛、肌无力、口有金属味、腹痛、腹泻或便秘等，严重者可致铅中毒性脑病。慢性铅中毒还可导致凝血过程延长，并可损害免疫系统。儿童铅中毒会出现发育迟缓、食欲不振、行走不便与便秘、失眠；若是小学生，还会伴有多动、听觉障碍、注意力不集中、智力低下等现象，严重者可能导致终身残疾。特别是儿童处于生长发育阶段，对铅比成年人更敏感，进入体内的铅对神经系统有很强的亲和力，故儿童对铅的吸收量比成年人高好几倍，受害尤为严重。对孕妇来说，铅进入孕妇体内则会通过胎盘屏障，影响胎儿发育，造成胎儿畸形等。

我国食品重金属残留限量国家标准规定：铅含量最高（豆类）为 0.8 mg/kg，鲜奶为 0.05 mg/kg。植物性食物的铅含量受土壤、化肥、农药及灌溉用水铅含量多少的影响，一般情况下，植物性食品的铅含量大于动物性食品，植物性食品叶菜类食品的铅含量大于根茎类、种子类、瓜果类食品。

铅的毒副作用是多方面的，主要有：①影响卟啉代谢，使血红蛋白合成受阻，导致贫血；②抑制细胞 Na^{+}/K^{+}-ATP 酶活性，影响水钠调节；③抑制红细胞嘧啶-5-核苷酸酶，使其在红细胞内大量积聚。使红细胞膜脆性增加，导致溶血；④影响神经细胞正常代谢，使大脑皮质兴奋和抑制功能紊乱，严重者可发生中毒性脑病和中毒性周围神经病；⑤损伤肾小管内皮细胞和肾小球，影响滤过和再吸收功能；⑥引起血管平滑肌痉挛；⑦使肝、肾、脑等重要脏器缺血，细胞受损，血压升高。

二、检测概述

食品中重金属现场快速检测是保证重大活动及日常饮食安全的重要手段，通常作为实验室检测的现场快速初筛，由于其检测方法、检测技术及检测设备的特殊性，一般只能做到定性或半定量。

我国各种食品中铅的限量指标(GB 2762—2005)见表 4-1。

表 4-1　食品中铅的限量指标

mg/kg

食品种类	铅的限量	食品种类	铅的限量
谷类	0.2	球茎蔬菜	0.3
豆类	0.2	叶菜	0.3
薯类	0.2	鲜乳	0.05
畜禽肉类	0.2	婴儿配方奶粉(乳为原料，以冲调后乳汁计)	0.02
可食用畜禽下水	0.5	鲜蛋	0.2
鱼类	0.5	果酒	0.2
水果	0.1	果汁	0.05
小水果、浆果、葡萄	0.2	茶叶	5
蔬菜(球茎、叶菜、食用菌类除外)	0.1		

操作实施

操作实施一　铅的现场快速检测(水质检铅试剂盒)

一、实施目的

用于水中铅(主要为游离铅)含量的定性或半定量检测。

二、实施原理

样品经处理后其中的铅与反应试剂显色，与标准色板进行比色定量。

三、试剂与器材准备

水质检铅试剂盒，5 mL 注射器，吸附管（硬质塑料管），铅试剂管，巯基棉，洗脱液（0.01 mol 烟酸），比色板。

四、操作步骤

（1）将 0.1 g 巯基棉塞入吸附管内，切勿过紧，取 5 mL 注射器，与吸附管粗头一端连接，吸取水样 5 mL 后弃去水液，重复 10 次（合计 50 mL 水样）。

（2）取试剂管 1 支（内装毛细管 3 支），用镊子将毛细管捏碎。

（3）将注射器与吸附管细头相接，取洗脱液 2 mL，倒转吸附管，将洗脱液 1.5 mL 注入试剂管，摇匀后与标准色板比色定量。

五、实验数据记录与分析（表 4-2）

表 4-2 实验数据记录表

序号	样品名称	检测步骤	现象	检测结果	结论

六、注意事项

（1）国家标准规定：生活饮用水中铅含量不得大于 0.01 mg/L。

（2）本方法为现场快速半定量检测方法（检出限为 0.05 mg/L）。

（3）对有机铅测定时需按常规实验室方法进行消解。

（4）试剂盒放在阴凉干燥处保存，有效期 24 个月。

七、操作实施

（1）学生分成 3～5 人一组，各小组在老师指导下，通过网络教学资源等多渠道查询铅的现场快速检测（水质检铅试剂盒）的相关资料。

（2）各组根据汇总的相关资料，师生共同讨论、分析，用集体智慧完成铅的现场快速检测（水质检铅试剂盒）方案初稿，制作汇报提纲并选一代表进行学习汇报交流，对铅的现场快速检测（水质检铅试剂盒）方案进行修订。

（3）学生按照修订后的铅的现场快速检测方案，按规范要求，独立完成铅的现场快速检测（水质检铅试剂盒）任务，最终填写任务考核单（表 4-3），教师在操作实施过程中巡回指导。

表 4-3　任务考核单:铅的现场快速检测(水质检铅试剂盒)

班级:　　　　姓名:　　　　学号:　　　　(时间:30 min,总分:100 分)

项目	考核内容	分值	考核记录(以"√"表示)	备注	得分
试剂与器材准备(30 分)	实验用品准备及摆放	15	物品准备合适,摆放合理,得 15 分		
			物品摆放不整齐,1 件扣 5 分,扣完为止		
	物品选择	15	物品选择正确,得 15 分		
			实验物品少选或多选,1 件扣 5 分,扣完为止		
仪器操作(45 分)	仪器组装	5	设备仪器安放位置合理,组装规范,得 5 分		
			安放位置不合理,扣 2 分		
			组装操作不规范,扣 3 分		
	加样检测	20	操作规范正确,得 20 分		
			操作不规范,扣 10 分		
			时间超时,扣 4 分		
			摇匀操作不规范,扣 6 分		
	比色定量	20	比色正确规范,得 20 分		
			操作不规范,扣 20 分		
数据处理(10 分)	数据记录与分析	10	正确填写记录并分析数据,得 10 分		
			填写不正确,扣 5 分		
			结果判定不正确,扣 5 分		
文明操作(5 分)	清理用物,整理台面	5	清扫实验台及收拾产生的垃圾,得 5 分		
			未清理所用实验物品,扣 2 分		
			未整理实验台面,扣 3 分		
时间(10 分)	操作时间	10	在规定时间内完成实验操作,得 10 分		
			每超过 1 min,扣 2 分,扣完 10 分为止		
合计					

(4)学生对完成工作任务的表现进行自评和互评,各小组进行总结、考核及评估,教师做出最后评价,填写教学反馈表(表 4-4)。

表 4-4 教学反馈表

铅的现场快速检测(水质检铅试剂盒)				
序号	调查内容	是	否	理由陈述
1	会利用收集的铅的现场快速检测(水质检铅试剂盒)的新信息归纳整理与分析吗?			
2	对于铅的现场快速检测(水质检铅试剂盒)技术要求是否清楚?			
3	果蔬中重金属铅的现场快速检测与原子吸收法比较优点和缺点分别是什么?你是否清楚?			
4	你是否可叙述实际样品中铅的总量对比重金属铅的现场快速检测结果有何不同?			
5	对如何编制铅的现场快速检测(水质检铅试剂盒)方案是否心里有数?			
6	你能否独立完成制作方案汇报提纲,并能进行学习汇报交流?			
7	与其他同学口头交流内容是否流畅?			
8	能否主动参与教学场所的清洁与整理工作?能否按照安全与规范的规程操作?			
9	你对老师的本次操作实施任务教学满意吗?			
10	你对本小组完成本学习情境工作的配合满意吗?			

写出你对教学需要改进的建议和意见:

操作实施二 果蔬中重金属铅的快速检测

视频 4-1 金属铅的快速检测(以爆米花为例)

一、实施目的

本方法用于果蔬中游离铅及水中铅含量的定性或半定量检测。

二、实施原理

样本经处理后铅与反应试剂显色,与果蔬含量快速检测色阶卡进行比较,即可读出被测样品中铅含量的参考浓度。

三、试剂与器材准备

(1)剪刀、电子秤、塑料试管、果蔬铅含量快速检测色阶卡等。

(2)试剂A　浓酸溶液

(3)试剂B　0.2 mol/L三羟甲氨基甲烷溶液。

(4)试剂C　20 mL 1%邻二氮菲与50 mL 2.8%醋酸铵混合溶液。

(5)试剂D　0.10 g铅试剂(二硫腙)置于100 mL 2%吐温-20溶液中,于70℃恒温水浴中加热30 min。

(6)蒸馏水等。

四、操作步骤

(1)将待测样本先用蒸馏水或纯净水冲洗一下(洗去表面泥土,以免干扰检测),晾干,用刀或剪刀将样品剪成1 cm^2左右的小块,称取处理好的样品1 g置于20 mL塑料取样管中,加水10 mL。

(2)加入4滴试剂A,用搅拌针将样品压在液面下,盖上取样管盖,上下摇动10次,放置1 min,再上下摇动10次,取出果蔬样品,溶液作为待测液备用。

(3)移取样品液1 mL于一支空白样品管中。加入3滴试剂B,盖上取样管盖,上下摇动5次,再分别加入2滴试剂C和2滴试剂D,上下摇动5次,室温显色5 min。

(4)结果判定:将样管与果蔬铅含量快速检测色阶卡进行比较,即可读出被测样品中铅含量的参考浓度。

五、实验数据记录与分析(表4-5)

表4-5　实验数据记录表

序号	样品名称	检测步骤	现象	检测结果	结论

六、注意事项

(1)当样品中含有铁离子、钙离子、镁离子等金属离子时,可能会对溶液显色造成假阳性。

(2)此方法适用于游离铅测定,对有机铅测定时需按常规实验室方法进行消解。

七、操作实施

(1)学生分成3～5人一组,各小组在老师指导下,通过网络教学资源等多渠道查询果蔬中重金属铅的快速检测的相关资料。

(2)各组根据汇总的相关资料，师生共同讨论、分析，用集体智慧完成果蔬中重金属铅的快速检测方案初稿，制作汇报提纲并选一代表进行学习汇报交流，对果蔬中重金属铅的快速检测方案进行修订。

(3)学生按照修订后的果蔬中重金属铅的快速检测方案，按规范要求，独立完成果蔬中重金属铅的快速检测任务，最终填写任务考核单(表 4-6)，教师在操作实施过程中巡回指导。

表 4-6　任务考核单:果蔬中重金属铅的快速检测

班级:　　　　　姓名:　　　　　学号:　　　　　(时间:30 min,总分:100 分)

项目	考核内容	分值	考核记录(以"√"表示)	备注	得分
试剂与器材(30 分)	实验用品准备及摆放	15	物品准备合适,摆放合理,得 15 分		
			物品摆放不整齐,1 件扣 5 分,扣完为止		
	物品选择	15	物品选择正确,得 15 分		
			实验物品少选或多选,1 件扣 5 分,扣完为止		
仪器操作(45 分)	仪器组装	5	设备仪器安放位置合理,组装规范,得 5 分		
			安放位置不合理,扣 2 分		
			组装操作不规范,扣 3 分		
	加样检测	20	操作规范正确,得 20 分		
			操作不规范,扣 10 分		
			时间超时,扣 4 分		
			摇匀操作不规范,扣 6 分		
	比色定量	20	比色正确规范,得 20 分		
			操作不规范,扣 20 分		
数据处理(10 分)	数据记录与分析	10	正确填写记录并分析数据,得 10 分		
			填写不正确,扣 5 分		
			结果判定不正确,扣 5 分		
文明操作(5 分)	清理用物,整理台面	5	清扫实验台及收拾产生的垃圾,得 5 分		
			未清理所用实验物品,扣 2 分		
			未整理实验台面,扣 3 分		
时间(10 分)	操作时间	10	在规定时间内完成实验操作,得 10 分		
			每超过 1 min,扣 2 分,扣完 10 分为止		
合计					

(4)学生对完成工作任务的表现进行自评和互评，各小组进行总结、考核及评估，教师做出最后评价，填写教学反馈表(表 4-7)。

表 4-7　教学反馈表

操作实施二：果蔬中重金属铅的快速检测				
序号	调查内容	是	否	理由陈述
1	利用收集的果蔬中重金属铅的快速检测检测的新信息归纳整理与分析吗？			
2	对于果蔬中重金属铅的快速检测技术要求是否清楚？			
3	待测样品在检测前需要什么步骤，你是否清楚？			
4	当样品中含有铁离子、钙离子、镁离子等金属离子时，会出现什么现象？			
5	对如何编制果蔬中重金属铅的快速检测方案是否心里有数？			
6	你能否独立完成制作方案汇报提纲，并能进行学习汇报交流？			
7	与其他同学口头交流内容是否流畅？			
8	能否主动参与教学场所的清洁与整理工作？能否按照安全与规范的规程操作？			
9	你对老师的本次操作实施任务教学满意吗？			
10	你对本小组完成本学习情境工作的配合满意吗？			

写出你对教学需要改进的建议和意见：

任务 3　汞的快速检测

任务内容

了解汞的危害和检测意义，学习汞的快速检测方法，做好准备工作，采取正确的步骤进行检测，完成工作以及评价与反馈。

知识准备

一、检测意义

汞又称水银，为银白色液体金属，相对原子量 200.59，比重 13.59，熔点-38.87℃，沸点 356.58℃。汞具有易蒸发特性，常温下可以形成汞蒸汽。汞与稀盐酸和稀硫酸不起作用，但能与热的浓硫酸和硝酸反应。汞在环境中被微生物作用可转化成甲基汞等有机汞。

食品中的金属汞几乎不被吸收，无机汞吸收率也很低，90%以上随粪便排出，而有机汞的消化道吸收率很高，如苯基汞的吸收率为 50%～80%，而甲基汞可达 90%以上。吸收的汞迅速分布到全身组织和器官，但以肝、肾、脑等器官含量最多。甲基汞的亲脂性和与巯基的亲和力很强，可通过血脑屏障、胎盘屏障和血睾屏障，在脑内蓄积，导致脑和神经系统损伤，并可导致胎儿和新生儿的汞中毒。

汞是强蓄积性毒物，在人体内的生物半衰期平均为 70 d 左右，在脑内的储留时间更长，其半衰期为 180～250 d。体内的汞可通过尿、粪便和毛发排出，故毛发中的汞含量可反映体内汞储留的情况。

长期摄入被甲基汞污染的食品可致甲基汞中毒。20 世纪 50 年代日本发生的典型公害病——水俣病，就是由于含汞工业废水严重污染了水俣湾，当地居民长期大量食用该水域捕获的鱼类而引起的急性、亚急性和慢性甲基汞中毒。我国松花江流域 20 世纪 50 年代末至 70 年代也曾发生因江水被含汞工业废水污染而导致鱼体甲基汞含量明显增加，沿岸渔民长期食用被甲基汞污染的鱼类引起慢性甲基汞中毒的事件。

甲基汞中毒的主要表现是神经系统损害的症状。如运动失调、语言障碍、视野缩小、听力障碍、感觉障碍及精神症状等，严重者可导致瘫痪、肢体变形、吞咽困难甚至死亡。血汞在 200 μg/L 以上，发汞在 50 μg/g，尿汞在 2 μg/L 以上，即表明有汞中毒的可能。血汞＞1 mg/L，发汞＞100 μg/g 可出现明显的中毒症状。甲基汞还有致畸作用和胚胎毒性。

汞及其化合物广泛应用于工农业生产和医药卫生行业，可通过废水、废气、废渣等污染环境，进而污染食物，其中又以鱼贝类食品的甲基汞污染最为重要。

含汞的废水排入江河湖海后，其中所含的金属汞或无机汞可以在水体（尤其是底层污泥）中某些微生物的作用下转变为毒性更大的有机汞（主要是甲基汞），并可由于食物链的生物富集作用而在鱼体内达到很高的含量，如日本水俣湾的鱼、贝含汞量高达 20～40 mg/kg，为其生活水域汞浓度的数万倍。我国某地的测定结果表明，当江水含汞为 0.2～0.4 μg/L 时，江中鱼体含汞量为 0.89～1.65 mg/kg，其浓缩倍数亦高达数千倍。

除水产品外，汞亦可通过含汞农药的使用和废水灌溉农田等途径污染农作物和饲料，造成谷类、蔬菜水果和动物性食品的汞污染。

二、检测概述

汞的化合物在工农业和医药方面的应用极为广泛，很容易在环境中造成污染，通过生物富集作用残留在生物体内，从而导致食品污染。汞的化合物大多数都能溶于水，且有很强的毒性，对人体危害较大。汞的无机化合物在环境中微生物作用下，可转化为有机汞，也可以通过生物体富集作用而在生物体内转化成有机汞，如甲基汞、二甲基汞等，有机汞的毒性较无机汞化合物更强，对人体危害更大。人若是食用了含汞较高的食品，可直接导致汞中毒，严重的可有生命危险。

食品中汞的残留量常规测定方法有很多，国标方法主要有二硫腙分光光度法、原子荧光光谱法、冷原子吸收光谱法等；食品中有机汞（甲基汞）的测定方法主要有气相色谱法（GC-ECD）和冷原子吸收光谱法。这里介绍汞的快速检测方法。

操作实施

操作实施一　重金属汞的快速检测(速测盒)

一、实施目的

适用于食物、水及中毒残留物中汞的快速检测。

二、实施原理

汞与载有碘化亚铜的试纸产生反应,使试纸变为橘红色。

三、试剂与器材准备

测汞试纸 30 条(60 次测定量)、反应瓶 1 个、检汞管 5 支、试剂棉 2 瓶、酒石酸 1 袋(7 g)、消泡剂 1 瓶(3 mL)、产气片 1 瓶(60 片)。

四、操作步骤

取粉碎后的固体样品 5 g 于反应瓶中,加入 20 mL 蒸馏水或纯净水(如果样品为饮用水,直接取 20 mL 于反应瓶中),固体样品需浸泡 5 min 以上(富含蛋白质的样品需加入 5～10 滴消泡剂),摇匀后加入 2 平勺(约 0.2 g)酒石酸(如果固体样品取样量为 10 g 以上,加入 3 平勺的酒石酸),摇匀,取检汞管 1 支,在下端(细端)松松塞入试剂棉少许,插入 1/2 条测汞试纸,在检汞管上端再塞入少许试剂棉,将检汞管的下端插入带孔的胶塞中。向反应瓶中加入 1 片产气片(如果固体样品的取样量为 10 g 以上,加入 2 片产气片),立即将带有检汞管的胶塞插入反应瓶口中,待产气停止,观察测汞试纸的变化情况。

结果判定:试纸不变色为阴性,变为橘红色为阳性,检出限 0.2 μg,按取样量 5 g 计算,最低检出量为 0.04 mg/kg。汞的中毒量为 100～200 mg,如果中毒是由汞引起的,其试纸整体都会变为橘红色。汞在饮用水中的限量标准为≤0.001 mg/L,如果试纸上出现橘红色时,即已超出国家标准规定值的 10 倍以上。国家标准对不同的食品有着不同的汞限量标准,可按表 4-8 取样量称取样品进行检测,不得出现阳性反应,由此加以监控。

表 4-8　根据汞含量限量指标称取取样量

限量指标/(mg/kg)	样品取样量/g	限量指标/(mg/kg)	样品取样量/g
≤0.01	20	≤0.1	2
≤0.02	10	≤0.2	1
≤0.05	4	≤0.3	0.7

部分食品中总汞的限量标准见表4-9。

表4-9 部分食品中总汞的限量标准指标(以Hg计) mg/kg

品种	指标	品种	指标
鲜奶、酸奶、蔬菜、水果、薯类	0.01	鲜食用菌,蘑菇罐头	2
粮食(成品粮)	0.02	干食用菌	1
肉、蛋(去壳)	0.05	保健食品(藻类、茶类)	0.7

五、实验数据记录与分析(表4-10)

表4-10 实验数据记录表

序号	样品名称	检测步骤	现象	检测结果	结论

六、注意事项

(1)操作应在20℃以下进行,必要时可用手握住反应瓶助温。

(2)加入产气片后应立即将带有检汞管的胶塞插入反应瓶口中。

(3)当检出阳性结果样品时,应将样品送实验室进一步检测。

(4)经常检测限量指标≤0.01 mg/kg的样品,取样量大于20 g时,可改用较大一些的玻璃瓶。

(5)试剂有效期为2年,阳性对照试验无反应时不可再用。生产日期见包装处。

七、操作实施

(1)学生分成3～5人一组,各小组在老师指导下,通过网络教学资源等多渠道查询重金属汞的快速检测(速测盒)的相关资料。

(2)各组根据汇总的相关资料,师生共同讨论、分析,用集体智慧完成采样重金属汞的快速检测(速测盒)方案初稿,制作汇报提纲并选一代表进行学习汇报交流,对重金属汞的快速检测(速测盒)方案进行修订。

(3)学生按照修订后的重金属汞的快速检测(速测盒)方案,按规范要求,独立完成重金属汞的快速检测(速测盒)任务,最终填写任务考核单(表4-11),教师在操作实施过程中巡回指导。

表 4-11 任务考核单：重金属汞的快速检测（速测盒）

班级：　　　　姓名：　　　　学号：　　　　（时间：30 min，总分：100 分）

项目	考核内容	分值	考核记录（以"√"表示）	备注	得分
试剂与器材（30 分）	实验用品准备及摆放	15	物品准备合适，摆放合理，得 15 分		
			物品摆放不整齐，1 件扣 5 分，扣完为止		
	物品选择	15	物品选择正确，得 15 分		
			实验物品少选或多选，1 件扣 5 分，扣完为止		
仪器操作（45 分）	仪器组装	5	设备仪器安放位置合理，组装规范，得 5 分		
			安放位置不合理，扣 2 分		
			组装操作不规范，扣 3 分		
	加样检测	20	操作规范正确，得 20 分		
			操作不规范，扣 10 分		
			时间超时，扣 4 分		
			摇匀操作不规范，扣 6 分		
	试纸观测	20	试纸观测正确规范，得 20 分		
			操作不规范，扣 20 分		
数据处理（10 分）	数据记录与分析	10	正确填写记录并分析数据，得 10 分		
			填写不正确，扣 5 分		
			结果判定不正确，扣 5 分		
文明操作（5 分）	清理用物，整理台面	5	清扫实验台及收拾产生的垃圾，得 5 分		
			未清理所用实验物品，扣 2 分		
			未整理实验台面，扣 3 分		
时间（10 分）	操作时间	10	在规定时间内完成实验操作，得 10 分		
			每超过 1 min，扣 2 分，扣完 10 分为止		
			合计		

（4）学生对完成工作任务的表现进行自评和互评，各小组进行总结、考核及评估，教师做出最后评价，填写教学反馈表（表 4-12）。

表 4-12 教学反馈表

重金属汞的快速检测(速测盒)				
序号	调查内容	是	否	理由陈述
1	会利用收集的重金属汞的快速检测(速测盒)的新信息归纳整理与分析吗?			
2	对于重金属汞的快速检测(速测盒)技术要求是否清楚?			
3	汞在饮用水中的限量标准为≤0.001 mg/kg,当试纸上出现橘红色时,你是否可对此现象进行说明?			
4	你是否能说明食物中汞含量检测的意义?			
5	对如何编制重金属汞的快速检测(速测盒)方案是否心里有数?			
6	你能否独立完成制作方案汇报提纲,并进行学习汇报交流?			
7	与其他同学口头交流内容是否流畅?			
8	能否主动参与教学场所的清洁与整理工作?能否按照安全与规范的规程操作?			
9	你对老师的本次操作实施任务教学满意吗?			
10	你对本小组完成本学习情境工作的配合满意吗?			

写出你对教学需要改进的建议和意见:

任务4 砷的快速检测

任务内容

了解砷的危害,掌握砷的检测意义,学习砷的快速检测方法;查阅国家标准等资料,了解国家对砷的相关规定及其检测方法;做好准备工作,采取正确的步骤进行检测,完成工作以及评价与反馈。

知识准备

一、检测意义

砷是一种非金属元素,但由于其许多理化性质类似于金属,故常将其归为“类金属”之列。砷的原子量为74.92,比重5.73,熔点81.4℃,615℃开始升华。无机砷多为As^{3+}和As^{5+}的化合物,而有机砷则主要为As^{5+}的化合物。砷在潮湿的空气中氧化或在燃烧时可形成三氧化二砷，俗称砒霜。无机砷化物在酸性环境中经金属催化可生成砷化氢气体，有强毒。

食品中砷的毒性与其存在形式和价态有关。元素砷几乎无毒，砷的硫化物毒性也很低，而砷的氧化物和盐类毒性较大。As^{3+}的毒性大于As^{5+}，无机砷的毒性大于有机砷。食物和饮水中的砷经过消化道吸收后进入血液，主要与血红蛋白中的球蛋白结合，24 h内即可分布于全身组织，尤其以肝、肾、脾、肺、皮肤、毛发、指甲和骨骼等器官和组织中蓄积量较多。砷的生物半衰期80～90 d，主要经过粪便和尿排出体外。砷与头发和指甲中角蛋白的巯基有很强的结合力，这也是其排泄途径之一。所以测定发砷和指甲砷可反映体内砷的水平。正常人血砷含量为60～70 μg/L，尿砷＜0.5 mg/L，发砷＜5 μg/g。

As^{3+}与巯基有较强的亲和力，尤其是对含有双巯基结构的酶，如胃蛋白酶、胰蛋白酶、丙酮酸氧化酶、α-酮戊二酸氧化酶、ATP酶等有很强的抑制能力，可导致体内物质代谢的异常。同时砷也是一种毛细血管毒物，可致毛细血管通透性增高，引起多器官的广泛病变。

急性砷中毒主要是胃肠炎症状，严重者可导致中枢神经系统麻痹而死亡，并可出现七窍出血等现象。慢性中毒主要表现为神经衰弱症，皮肤色素异常（白斑或黑皮症），皮肤过度角化和末梢神经炎症状。临床表现如下：

(1)潜伏期。1～2 h，亦可更短至15～30 min，长至4～5 h。

(2)症状体征。①急性胃肠炎。最早出现，表现为恶心、呕吐、腹绞痛、腹泻（水样或米汤样，有时混有血）；严重者导致脱水、电解质紊乱、酸中毒、休克等。②休克，常在中毒24 h之内发生，表现为烦躁不安、四肢厥冷、出汗、脉细数、血压下降等。③神经系统损伤，表现为头痛、头昏，严重者发生急性中毒性脑病，表现为兴奋、躁动、谵妄、抽搐、昏迷等。中毒后1～3周，可发生周围神经系统疾病，表现为四肢麻木、刺痛、无力、痛觉过敏或痛觉减退或消失、肌无力、肌肉萎缩、跟腱反射减退或消失。④中毒性肝病，表现为肝大、黄疸、肝区疼痛等。⑤中毒性肾病，表现为少尿、无尿等。⑥中毒性心肌损伤，表现为心悸、气短、心动过速、心律失常等。⑦其他，中毒后2～3周，出现贫血、粒细胞减少、血小板减少，数周后可出现脱发、指甲变形、手足掌面过度角化、指（趾）甲出现白色横纹等。

二、检测概述

三氧化二砷为原浆毒，与含巯基酶结合，干扰体内的氧化还原反应以及能量的生成过程。可直接与巯基发生反应，干扰DNA的合成与修复。直接损伤毛细血管，使血管舒缩中枢麻痹，导致毛细血管扩展，通透性增加，引起肝、肾、心、脑和周围神经系统等的损伤。常见的砷化物中毒的原因主要有：①误将三氧化二砷当作食盐、面碱、小苏打来食用。②食用三氧化二砷拌过的种子。③食用盛放过三氧化二砷的容器装过的粮食或其他食品。④食用喷洒过含砷农药不久的蔬菜。⑤误食含砷化物的毒饵。⑥饮用砷化物污染过的水源。

天然水中含有微量的砷，水中含砷量高的原因除地质因素外，主要是工业废水和农药的污染。对人体的损伤以慢性中毒为主，表现为皮肤出现白斑，随后逐步变黑，角化肥厚呈橡皮状，发生皲裂性溃疡等。长期饮用含砷量高的水，还可使皮肤癌发病率增高。在世界上许多国家与地区，地下水中砷含量超过人类安全饮用标准的情况广泛存在。在一些偏远的农村，砷污染更为严重。由砷引起的急性中毒亦有发生，在急性中毒事件中也是筛查的一项内容。

食品中砷的残留量常规测定方法有很多，按照GB/T 5009.11—2003规定，食品中总砷的测定可采用氢化物原子荧光光度法、银盐法、砷斑法和硼氢化物还原比色法等，这里介绍砷的快速检测方法。

操作实施

操作实施一 水中重金属砷的快速检测

一、实施目的

掌握水中重金属砷的快速检测技能。

二、实施原理

利用检砷管的变色长度，由定量尺求得砷的含量，见图 4-1。

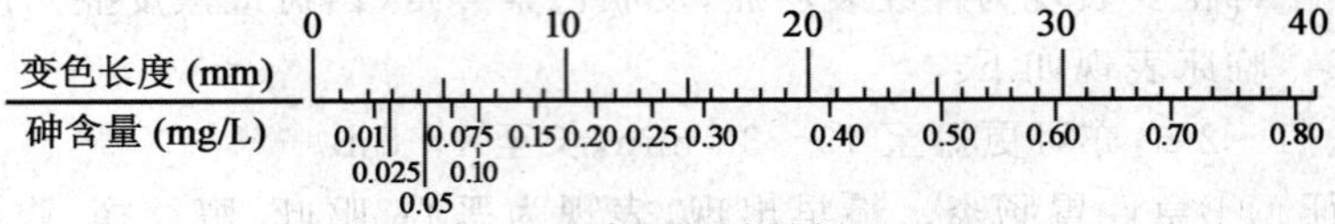

（砷定量尺）比例尺 2∶1

图 4-1 砷定量尺

三、试剂与器材准备

检砷管 30 支、反应瓶和塞 1 个、酒石酸 1 包、产气片 1 瓶、量尺 1 把。

四、操作步骤

(1)取检砷管 1 支，剪掉两端密封头，将有棉花的一端插入橡皮塞中心孔中。

(2)取水样 20 mL 于反应瓶中，加入 2 平勺(约 0.2 g)酒石酸，向反应瓶中加入 1 片产气片，立即将带有检砷管的胶塞插入反应瓶口中并塞紧防止漏气(此反应最好在 25～30℃下进行，天冷可用手温热或用温水加热)，待产气停止(大约 10 min)，取下检测管，用尺子量出检砷管中变成紫红或灰紫色的长度(mm)，由砷定量求得砷含量。

国家标准：生活饮用水中砷含量不得大于 0.01 mg/L。小型集中式供水和分散式供水中砷含量不得大于 0.05 mg/L。

五、实验数据记录与分析(表 4-13)

表 4-13 实验数据记录表

序号	样品名称	检测步骤	现象	检测结果	结论

六、注意事项

(1)本方法为现场快速检测方法,精确定量应以国家标准为准,国家标准规定:生活饮用水中砷含量不得大于 0.01 mg/L。

(2)本速测盒应在阴凉干燥处保存,有效期 24 个月。

七、操作实施

(1)学生分成 3~5 人一组,各小组在老师指导下,通过网络教学资源等多渠道查询水中重金属砷的快速检测的相关资料。

(2)各组根据汇总的相关资料,师生共同讨论、分析,用集体智慧完成水中重金属砷的快速检测方案初稿,制作汇报提纲并选一代表进行学习汇报交流,对水中重金属砷的快速检测方案进行修订。

(3)学生按照修订后的水中重金属砷的快速检测方案,按规范要求,独立完成水中重金属砷的快速检测任务,最终填写任务考核单(表 4-14),教师在操作实施过程中巡回指导。

表 4-14 任务考核单:水中重金属砷的快速检测

班级: 姓名: 学号: (时间:30 min,总分:100 分)

项目	考核内容	分值	考核记录(以"√"表示)	备注	得分
试剂与器材(30 分)	实验用品准备及摆放	15	物品准备合适,摆放合理,得 15 分		
			物品摆放不整齐,1 件扣 5 分,扣完为止		
	物品选择	15	物品选择正确,得 15 分		
			实验物品少选或多选,1 件扣 5 分,扣完为止		
仪器操作(45 分)	仪器组装	5	设备仪器安放位置合理,组装规范,得 5 分		
			安放位置不合理,扣 2 分		
			组装操作不规范,扣 3 分		
	加样检测	20	操作规范正确,得 20 分		
			操作不规范,扣 10 分		
			时间超时,扣 4 分		
			防漏气操作不规范,扣 6 分		
	长度测量	20	长度测量正确规范,得 20 分		
			操作不规范,扣 20 分		
数据处理(10 分)	数据记录与分析	10	正确填写记录并分析数据,得 10 分		
			填写不正确,扣 5 分		
			结果判定不正确,扣 5 分		

续表4-14

项目	考核内容	分值	考核记录(以"√"表示)	备注	得分
文明操作(5分)	清理用物，整理台面	5	清扫实验台及收拾产生的垃圾，得5分		
			未清理所用实验物品，扣2分		
			未整理实验台面，扣3分		
时间(10分)	操作时间	10	在规定时间内完成实验操作，得10分		
			每超过1 min，扣2分，扣完10分为止		
合计					

(4)学生对完成工作任务的表现进行自评和互评，各小组进行总结、考核及评估，教师做出最后评价，填写教学反馈表(表4-15)。

表4-15 教学反馈表

水中重金属砷的快速检测

序号	调查内容	是	否	理由陈述
1	会利用收集的水中重金属砷的快速检测的新信息归纳整理与分析吗？			
2	对于水中重金属砷的快速检测技术要求是否清楚？			
3	能否按照安全与规范的规程操作？			
4	是否可叙述食物中砷含量检测的意义？			
5	对如何编制水中重金属砷的快速检测方案是否心里有数？			
6	你能否独立完成制作方案汇报提纲，并进行学习汇报交流？			
7	与其他同学口头交流内容是否流畅？			
8	能否主动参与教学场所的清洁与整理工作？			
9	你对老师的本次操作实施任务教学满意吗？			
10	你对本小组完成本学习情境工作的配合满意吗？			

写出你对教学需要改进的建议和意见：

操作实施二　食品中重金属砷的快速检测

一、实施目的

适用于食物、水及中毒残留物中砷的快速检测。

二、实施原理

氯化金与砷相遇产生反应，可使氯化金硅胶柱变成紫红色或灰紫色，在装有氯化金硅胶的柱子中砷含量与变色的长度成正比，以此可达到半定量的目的。

三、试剂与器材准备

检砷管、反应瓶、酒石酸、二甲基硅油消泡剂、产气片。

四、操作步骤

取粉碎后的固体样品 1 g(油样取 2 g，水样取 10 mL)于反应瓶中，加入蒸馏水或纯净水到 20 mL，固体样品需要振摇后浸泡 10 min，加入 3 平勺(约 0.2 g)酒石酸，摇匀，富含蛋白质的样品如油样或奶样需加入 5 滴消泡剂，摇匀。取检砷管 1 支，将空端较长的一端头朝下，在台面上轻敲几下后，剪去两端封头，将空端较长的一头插入带孔的胶塞中使其刚刚露头即可。向反应瓶中加入 1 片产气片，2 s 内将带有检砷管的胶塞紧紧插入反应瓶口中，待产气停止后，观察并用尺子测量检砷管中氯化金硅胶柱变成紫红色或灰紫色的长度。

结果判定：根据变色的长度，查表可以求出样品中砷的含量，对照表(表 4-16)是以取样量为 1 g 时的结果值，若为油样，查表得出的结果需要再除以 2，水样需要除以 10。对于限砷量较低的食物，可适当加大取样量和酒石酸的使用量，在计算结果时除以加大取样量的倍数，比如对于卫生标准要求含砷量在 0.05 mg/kg 以下的食品，像鲜奶、蔬菜、水果、畜禽肉类等样品，取样量可为 2 g，变色范围的长度在 1.4 mm 以下时可视为合格产品。为了便于观察颜色长度情况，可做阳性对照实验，即在样品中滴加一定量的砷标准液，对比操作。常见食品中砷的限量标准见表 4-17。

表 4-16　检砷管变色范围长度与样品砷含量的对照

变色长度/mm	≤0.6	0.7～1.4	1.5～2.4	2.5～3.4	3.5～4.4	4.5～5.9
砷含量/(mg/kg)	0.0	0.1	0.2	0.5	1.0	2.0
变色长度/mm	6～7	8～9	10～11	12～13	14～15	16～18
砷含量/(mg/kg)	3.0	4.0	5.0	6.0	8.0	10.0

表 4-17　常见食品中砷的限量标准(≤mg/kg)

品种	指标	品种	指标	品种	指标
大米	0.15	鲜奶	0.05	藻类(干重计)	1.5
面粉	0.1	奶粉	0.25	贝类及虾蟹类(鲜重计)	0.5
杂粮	0.2	蛋类	0.05	贝类及虾蟹类(干重计)	1.0
蔬菜、水果	0.05	豆类	0.1	其他水产品(鲜重计)	0.5
畜禽肉类	0.05	酒类	0.05	可可脂及巧克力	0.5*
食用油脂	0.1*	食糖	0.5*	其他可可制品	1.0*
果汁及果浆	0.2*	鱼	0.1	饮用水	0.05

注:带*为总砷限量,其他为无机砷限量。

五、实验数据记录与分析(表 4-18)

表 4-18　实验数据记录表

序号	样品名称	检测步骤	现象	检测结果	结论

六、注意事项

(1)操作应在 20～30℃下进行,天冷时可用手温热或用温水加热。

(2)取 1.0 mg/L 的砷标准溶液 1 mL 加入反应瓶中,按方法操作,变色长度应在 5～4.4 mm 范围内。

七、操作实施

(1)学生分成 3～5 人一组,各小组在老师指导下,通过网络教学资源等多渠道查询农产品中重金属砷的快速检测的相关资料。

(2)各组根据汇总的相关资料,师生共同讨论、分析,用集体智慧完成农产品中重金属砷的快速检测方案初稿,制作汇报提纲并选一代表进行学习汇报交流,对农产品中重金属砷的快速检测方案进行修订。

(3)学生按照修订后的农产品中重金属砷的快速检测方案,按规范要求,独立完成农产品中重金属砷的快速检测任务,最终填写任务考核单(参照表 4-14),教师在操作实施过程中巡回指导。

(4)学生对完成工作任务的表现进行自评和互评,各小组进行总结、考核及评估,教师做出最后评价,填写教学反馈表(表 4-19)。

表 4-19　教学反馈表

农产品中重金属砷的快速检测				
序号	调查内容	是	否	理由陈述
1	会利用收集的农产品中重金属砷的快速检测的新信息归纳整理与分析吗?			
2	对于农产品中重金属砷的快速检测技术要求是否清楚?			
3	操作实施中为了便于观察颜色长度情况,可做阳性对照实验,你是否会操作?			
4	是否可叙述操作实施最好在多少摄氏度下进行?			
5	对如何编制农产品中重金属砷的快速检测方案是否心里有数?			
6	你能否独立完成制作方案汇报提纲,并进行学习汇报交流?			
7	与其他同学口头交流内容是否流畅?			
8	能否主动参与教学场所的清洁与整理工作?能否按照安全与规范的规程操作?			
9	你对老师的本次操作实施任务教学满意吗?			
10	你对本小组完成本学习情境工作的配合满意吗?			

写出你对教学需要改进的建议和意见:

知识链接

带你了解痛痛病

痛痛病是首先发生在日本富山县神通川流域的一种奇病,因为病人患病后全身非常疼痛,终日喊痛不止,因而取名"痛痛病"(亦称骨痛病)。在日本富山县,当地居民同饮一条叫作神通川河的水,并用河水灌溉两岸的庄稼。后来日本三井金属矿业公司在该河上游修建了一座炼锌厂。炼锌厂排放的废水中含有大量的镉,整条河都被炼锌厂的含镉污水污染了,河水、稻米、鱼虾中富集大量的镉,然后这些镉又通过食物链进入人体富集下来,使当地的人们得了一种奇怪的骨痛病,又称痛痛病。

学习小结

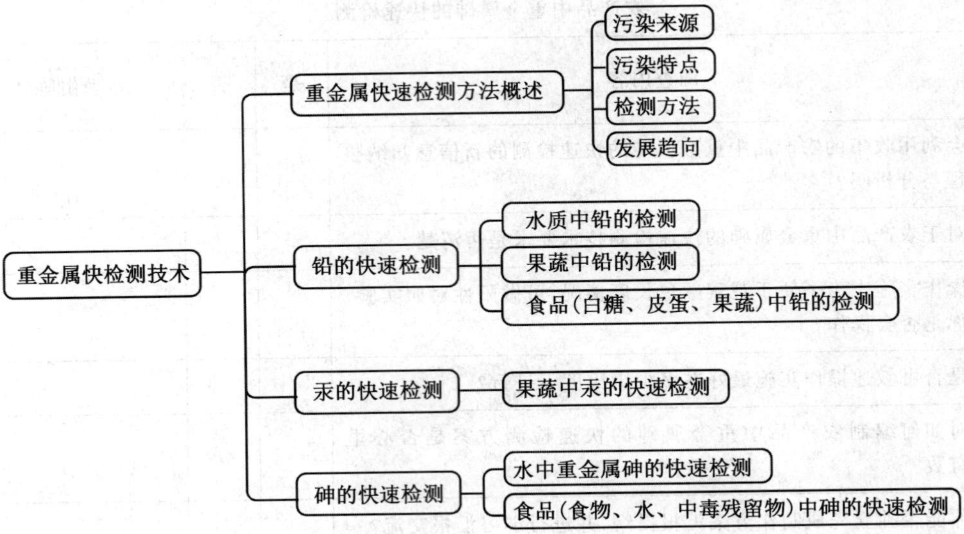

达标检测

一、单选题

1. Pb^{2+} 与二乙基二硫代氨基甲酸钠生成(　　)色配合物。
   A. 黄色　　B. 蓝色　　C. 紫色　　D. 红色
2. 下列说法不正确的是(　　)。
   A. 砷能在潮湿的环境中氧化成毒性更强的 As_2O_3
   B. 镉既是一种重金属又是一种致癌物质
   C. 重金属主要通过采矿、冶炼、污灌、污泥、施肥、大气沉降等进入环境中
   D. 有些重金属是人体生命活动所必需的微量元素,因此不会对人体造成损害
3. 导致日本"水俣病"事件的主要物质是(　　)。
   A. 甲苯　　B. 甲醛　　C. 甲基汞　　D. 硫化汞
4. 铬及其化合物都有毒性,其中毒性最大的是(　　)。
   A. 六价铬　　B. 二价铬　　C. 三价铬　　D. 单质铬
5. 人们常说的"痛痛病"是由于下列哪种重金属中毒导致而成?(　　)
   A. Pb　　B. Zn　　C. Hg　　D. Cd
6. 重金属不包括(　　)。
   A. Pb　　B. P　　C. Hg　　D. Cd
7. 重金属的特点不包括(　　)。
   A. 富集作用　　B. 蓄积性
   C. 以急性中毒为主　　D 以慢性中毒和远期潜在危害为主

8. 下列选项正确的是(　　)。

A. 铅的快速检测中,实际样品中铅的总量会比检测结果高

B. 铅可造成不孕不育症

C. 在速测盒法快速检测汞的过程中,如果试纸上出现蓝色时,则说明汞含量超标

D. 氯化金与砷相遇产生反应,可使氯化金硅胶柱变成橘红色

9. 生活饮用水中砷含量不得大于(　　)mg/L。

A. 0.001　　B. 0.01　　C. 0.1　　D. 0.5

10. 水果蔬菜中铅的含量应≤(　　)mg/kg。

A. 0.001　　B. 0.01　　C. 0.05　　D. 0.1

二、填空题

1. 食品中重要有害金属有________、________、________、________、________等五种。对于要求灵敏度较高的一些重金属含量测定,________是理想的选择。重金属检测常用的光谱分析方法包括:______________、______________、______________。

2. 乙酸铅棉花,塞进导气管中,是为了吸收可能产生的________,使其生成硫化铅而滞留在棉花上,以免吸收液吸收产生干扰。

三、简答题

1. 铅的毒副作用有哪些?

2. 试述汞的快速检测步骤及注意事项。

项目五

食品添加剂及非法添加物快速检测

【案例聚焦】

2017 年 4 月，叶县食品药品监督管理局在杨某的早餐店现场查获“香甜泡打粉”，经检测后发现，该添加剂主体成分为硫酸铝铵、碳酸氢铵、碳酸钙，蒸包中铝残留量为 1 578 mg/kg，检验结论为不合格；水煎包中铝残留量为 1 643 mg/kg，检验结论为不合格。

案发后，被告人杨某向公安机关投案自首，叶县法院以生产、销售有毒、有害食品罪判处被告人杨某有期徒刑 1 年 6 个月，缓刑 2 年，并处罚金 7 000 元。

【学习目标】

知识目标：熟悉食品中常见添加剂的种类；熟悉国标中关于常见食品添加剂的限量标准。

能力目标：掌握常见食品添加剂的快速检测方法；熟悉并掌握常用仪器的使用方法。

素质目标：能恪守职业道德，具有较强的质量安全、规范操作、责任和诚信意识；能在实践过程中融入团队协作精神，具有专心、细致、好学、敬业的精神；培养学生创新思维、信息获取、策划与沟通展示能力。

【思维导图】

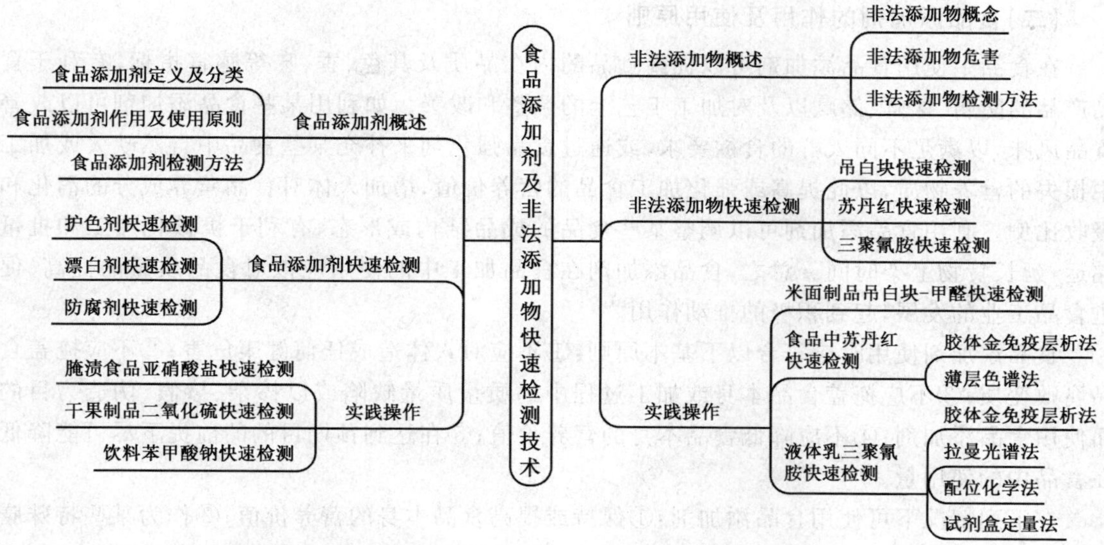

任务 1 认识食品添加剂及非法添加物

任务内容

本任务主要介绍食品添加剂的概念、分类、作用及使用原则，以及非法添加物的概念及危害，分别阐述食品添加剂、非法添加物的快速检测方法，指导帮助农产品检测人员对食品添加剂及非法添加物的辨别，并对相关检测方法进行梳理。

知识准备

一、食品添加剂概述

(一)食品添加剂的定义及分类

我国《食品添加剂使用卫生标准》(GB 2760—2014)将食品添加剂定义为改善食品品质和色、香、味以及为防腐、保鲜和加工工艺的需要而加入食品中的化学合成或者天然的物质。营养强化剂、食品用香料、胶基糖果中基础剂物质、食品工业用加工助剂也包括在内。

食品添加剂从制备来源方面考虑，可分为天然型食品添加剂与合成型食品添加剂。《食品添加剂使用卫生标准》(GB 2760—2014)规定了我国食品添加剂的定义、范畴，允许使用的食品添加剂品种、使用范围、使用量和使用原则等，要求食品添加剂的使用不应掩盖食品本身或者加工过程中的质量缺陷，或以掺杂、掺假、伪造为目的使用食品添加剂。在我国，食品添加剂按功能分为 22 个类别。GB 2760 包括 2 400 个食品添加剂品种，其中加工助剂 158 种，食品用香料 1 853 种，胶基糖果中基础剂物质 55 种，其他类别的食品添加剂 334 种。此外，我国还制定了《食品营养强化剂使用标准》(GB 14880—2012)，对食品营养强化剂的定义、使用范围、用量等内容进行了规定。目前,允许使用的食品营养强化剂约200种。

(二)食品添加剂的作用及使用原则

在食品中使用食品添加剂可以提高食品的内在品质及其色、香、味等感官指标,有利于食品产品的防腐、保鲜、储藏以及对加工工艺上的调整和改善。如利用某些食品添加剂可以改善食品风味,以满足不同人群的食欲要求,或通过食品强化剂来补充某些食品中自然缺欠或加工中损失的营养物质,以此提高或强化加工食品的营养价值,增加人体对食品营养成分的消化和吸收比例。利用食品添加剂可以调整某些食品的成品结构或形态,有利于机械化加工和批量储运,延长货物上架时间。总之,食品添加剂在食品加工中的使用应该对食品质量的提高、促进食品工业的发展,起到积极的推动作用。

食品添加剂使用时应符合以下基本原则:①不应对人体造成任何健康危害;②不应掩盖食品腐败变质;③不应掩盖食品本身或加工过程中的质量质量缺陷或以掺杂、掺假、伪造为目的而使用食品添加剂;④不应降低食品本身的营养价值;⑤在达到预期目的的前提下尽可能降低在食品中的使用量。

在下列情况下可使用食品添加剂:①保持或提高食品本身的营养价值;②作为某些特殊膳食用食品的必要配料或成分;③提高食品的质量和稳定性,改进其感官特性;④便于食品的生产、加工、包装、运输或者储藏。

(三)食品添加剂的检测方法

食品添加剂检测直接关系食品安全和人们的生命健康,因此必须高度重视。必须加强对食品添加剂检测技术的研究,提高检测水平,对食品中的添加剂残留情况实施准确、快速的定性和定量检测,全面保证食品安全,保证人们的身体健康和生命安全,让人们能放心地食用食品。这对推动我国社会经济的和谐及稳定发展,也具有积极的影响和促进作用。

1. 色谱检测技术

随着我国科学技术的不断发展,目前在我国的食品添加剂检测中,色谱检测技术的应用已较为广泛,是食品添加剂的重要检测手段之一。色谱检测技术可分为多种不同的种类,如高效液相色谱法、反相高效液相色谱法、毛细管气相色谱内标法、固相萃取-高效液相色谱法等。其中,高效液相色谱法的应用最为普遍,能较好地实现对多种食品添加剂的同时测定。在我国,反相高效液相色谱法的应用取得了良好的效果,能对油脂中的各类酚类抗氧化剂进行较为准确的测定,30 min就可以定性和定量测定9种物质。

除此之外,毛细管气相色谱内标法也能同时快速测定多种物质,可以同时测定8种食品防腐剂。固相萃取-高效液相色谱法主要是对糕点类食品进行检测,能够对其中的脱氢乙酸、苯甲酸和山梨酸等食品添加剂实施有效的测定。这种方法的优点是操作简单、快速,而且具有很高的灵敏度和良好的精密度及准确度。

2. 毛细管电泳检测方法

高效毛细管电泳法与毛细管电泳分离法在实际应用中较为相似,都是以毛细管作为分离通道,驱动力为高压直流电场,都属于新型的液相分离技术,同时具有容积小、侧截面比大的特色,支持介质能够使用自由溶液或凝胶,产生平面状电流场,从而实现对食品添加剂的有效测定。高效毛细管电泳法不仅具有预处理较为简单、快捷、精度高的优势,而且无有机溶剂的毒害问题,对环境污染少,检测经费更低廉。使用毛细管场区电泳联合间接紫外检测法,仅需

8 min,就可以准确测定 9 种酸化剂和 4 种防腐剂,而且还具有良好的重复性,其应用前景和空间非常广阔。

3.快速检测法

无论是仪器分析法,还是国家标准检测法,其具体操作过程都非常复杂,而且需要极高的成本和较长的时间。随着食品工业的快速发展,这种费时费力、效率较低的食品添加剂检测方法已无法满足食品工业的发展要求。针对这一问题,为了更好地应对市场需求,研发出快捷、准确且方便的食品添加剂检测技术,能够在现场实施检测,已成为当前食品工业发展中的热点,解决其制约因素,是促进食品工业发展进步的重要措施。目前,满足这一要求的食品添加剂检测方法主要有碱性副品红-甲醛溶液法、二苯乙醇酸法等。检测食品中的亚硫酸盐含量,仅需 5 min 就可完成检测工作,而且对操作人员的专业技术要求不高,即使是非专业人员也能进行检测操作,有效满足了食品工业的发展需求,对提高食品添加剂的检测水平,具有非常重要的意义。

二、非法添加物概述

(一)非法添加物的概念

食品添加剂与现代食品业的发展紧密相关,一个国家的食品安全技术和经济发展水平在一定程度上可通过食品添加剂研究应用水平来衡量,合理合法地使用食品添加剂不会对人体产生任何伤害。但是,三鹿奶粉添加三聚氰胺事件、老酸奶添加工业明胶事件和瘦肉精事件等,却将人们带入对食品添加剂认识的误区,使人们对食品添加剂谈虎色变。其实,大部分食品安全问题并不是由食品添加剂导致的,只是人们将“食品添加剂”和“食品非法添加物”两者的概念混为一谈了。

非法添加物,是指那些不属于传统上被认为是食品原料的、不属于批准使用的新资源食品的、不属于卫健委公布的食药两用或作为普通食品管理物质的、也未列入我国《食品添加剂使用卫生标准》(GB 2760)及卫健委食品添加剂公告、营养强化剂品种[《食品营养强化剂使用卫生标准》(GB 14880)及卫生部食品添加剂公告]的及其他我国法律法规允许使用物质之外的物质。自《食品安全法》实施以后,卫生部现为中华人民共和国国家卫生健康委员会统一制定发布国家食品安全标准,国家食品安全标准包括添加剂产品标准,常用的添加剂 80%以上都已经有了产品标准。我国一方面鼓励各个单位加紧研制,另一方面也采取其他的措施,比如借鉴国际标准,来完善我们的添加剂产品标准。

合法使用的是食品添加剂,食品中非法添加非食用物质是违法犯罪行为,要依法严厉打击。国务院食品安全委员会为严厉打击食品生产经营中违法添加非食用物质、滥用食品添加剂以及饲料、水产养殖中使用违禁药物,卫健委、农业农村部等部门根据风险监测和监督检查中发现的问题,不断更新非法使用物质名单,已公布 151 种食品和饲料中非法添加名单,包括 47 种可能在食品中“违法添加的非食用物质”、22 种“易滥用食品添加剂”和 82 种“禁止在饲料、动物饮用水和畜禽水产养殖过程中使用的药物和物质”的名单。

(二)非法添加物的危害

随着我国经济持续、快速、稳定的发展,食品工业已成为我国国民经济的支柱产业,也是保障民生的基础性产业。食品工业的快速发展使居民的饮食和健康状况都得到了很大改善。但是近几年来，频频曝光的食品安全事件严重威胁着居民的健康，影响了公众对食品安全的信任。以“三鹿奶粉”重大食品安全事件爆发为起点，诸如吊白块、瘦肉精、苏丹红、毒米、毒油、孔雀石绿等众多食品安全事件频频发生，使得我国乃至全球的食品安全问题形势十分严峻。这些食品安全事件很多是由于在食品中添加了非法添加物引起的，下面对食品中几种常见的非法添加物、易被非法添加物污染的食品，以及非法添加物带来的危害进行简单介绍。

1. 吊白块及其危害

吊白块，化学名称为次硫酸氢钠甲醛或甲醛合次硫酸氢钠，呈白色块状或结晶性粉末状，易溶于水。常温下较为稳定，遇酸、碱和高温极易分解，因在高温下有极强的还原性，使其具有漂白作用，是一种工业用漂白剂。吊白块主要用于印染工业中作拔染剂和还原剂，如用于棉布、人造丝、天然纤维、织布等处，也可用于橡胶工业作为丁苯橡胶聚合活化剂，以及感光照相材料相助剂等。吊白块水溶液在60℃以上就开始分解为有害物质，120℃下分解产生甲醛、二氧化硫和硫化氢等有毒气体。食用含“吊白块”食品后可引起过敏、肠道刺激等不良反应，严重者可发生中毒，肾脏、肝脏受损。急性毒性实验结果表明，吊白块对 NIH 小鼠经口灌胃 LD_{50} 为 8 711 mg/kg。吊白块的毒性与其分解时产生的甲醛有关。人长期接触低浓度甲醛蒸汽可出现头晕、头痛、乏力、嗜睡、食欲减退、视力下降等症状。研究表明，甲醛易与细胞内亲核物质反应形成加合物，并引起 DNA-蛋白质交联，造成 DNA 复制过程中某些重要基因丢失，导致 DNA 损伤。长期接触甲醛者中鼻腔或鼻咽部发生肿瘤增多，国际癌症研究组织 1995 年将甲醛列为对人体(鼻咽部)可能的致癌物。

2. 苏丹红及其危害

苏丹红是一类偶氮苯基萘酚化合物，其品种主要包括苏丹红Ⅰ、Ⅱ、Ⅲ、Ⅳ(又名苏丹红 1 号、2 号、3 号、4 号)等多种。苏丹红是一种人工合成的红色染料，常作为工业染料被广泛用于如溶剂、油、蜡、汽油的增色以及鞋、地板等的增光等方面。苏丹红本身不会对人体产生有害的影响，但其初级代谢产物苯胺对人体具有强烈的致癌作用。体外和动物试验的研究结果表明，苏丹红为三级致癌物，即动物致癌物。肝脏是苏丹红产生致癌性的主要靶器官，研究发现苏丹红染料可以造成人类肝脏细胞的 DNA 突变，显现出可能致癌的特性。另外苏丹红还可引起小鼠、大鼠、家兔其他器官如膀胱和脾脏的肿瘤。苏丹红诱发动物肿瘤的剂量较人体最大摄入量多 2～4 个数量级，故其对人体致癌的可能性较小，但并不意味着其无危险性，偶然摄入含有少量苏丹红的食品，引起的致癌危险性不大，但如果经常摄入含较高水平苏丹红的食品就会增加致癌的危险性。1995 年欧盟已禁止其作为色素在食品中添加，对此我国也明文禁止，2005 年卫生部发布公告《关于禁止将苏丹红作为食品添加剂使用的公告》。但由于其染色鲜艳、价格低廉，市场上时有发现，能添加苏丹红的产品有香肠、泡面、熟肉、馅饼、辣椒粉、调味酱等。

3. 三聚氰胺及其危害

三聚氰胺，俗称密胺、蛋白精，是一种三嗪类含氮杂环有机化合物，化学名称为 2,4,6-三氨基-1,3,5-三嗪。三聚氰胺是白色单斜晶体，几乎无味，微溶于水(3.1 g/L 常温)，可溶于甲醇、甲醛、乙酸、热乙二醇、甘油、吡啶等，不溶于丙酮、醚类。三聚氰胺是一种用途广泛的有机化工中间产品，主要用于生产三聚氰胺甲醛树脂、装饰面板、阻燃剂、食品包装材料、纸张等。大量的动物试验研究表明，低剂量的三聚氰胺单独存在时，对人和动物的影响较小，但当三聚氰胺与三聚氰酸、尿酸等同时存在时，毒性较大。这可能是因为，三聚氰胺在动物体内可与其他化合物结合为不可溶的化合物，并积聚于肾脏造成结石，严重时可引起人和动物的肾脏衰竭。因此，三聚氰胺不能用于食品加工添加到食品中。2007 年美国发生的宠物“毒粮”事件和 2008 年我国发生的婴幼儿“毒奶粉”事件都是由于非法添加了非食用物质“三聚氰胺”的缘故。

根据有关法律法规，任何单位和个人禁止在食品中使用食品添加剂以外的任何化学物质和其他可能危害人体健康的物质，禁止在农产品种植、养殖、加工、收购、运输中使用违禁药物或其他可能危害人体健康的物质。这类非法添加行为性质恶劣，对群众身体健康危害大，涉嫌生产销售有毒有害食品等犯罪，依照法律要受到刑事追究。

(三)非法添加物的检测方法

当前国内外检测食品非法添加剂的检测技术和方法，主要包括分光光度法、气相色谱法、气质联用法、液相色谱法、液质离子色谱、毛细管电泳法、生物传感器法以及拉曼光谱法等，这些新型方法可提高食品非法添加物的检测效率，有较高的经济效益和社会效益。

1. 气相色谱法

富马酸二甲酯是糕点类食品中常用的非法防腐剂，利用分光光度法等检验富马酸二甲酯时容易受到油脂以及色素等外界因素的干扰，检测结果难以作为实践依据。气相色谱技术在富马酸二甲酯的检测中，快捷方便、检测结果准确性较高。将气相色谱质谱联用技术应用于食品检测过程中，可以大幅度提高检测结果的准确性，可以稳定检测出非法添加物的含量，从而为后续制裁不法商贩提供数据支持。

2. 毛细管电泳法

毛细管电泳法拥有多种检测模式，可以满足复杂成分的分析要求，当前毛细管电泳法被广泛应用于检测食品着色剂、防腐剂。毛细管电泳法可以检测常用的 8 种食品着色剂，并且可以对饮料、果冻、蜜饯等难以进行直接检测的食品进行检测。毛细管电泳法通常可在 8 min 之内完成检测，速度快，效率高，所需试剂样品少，且对外界环境产生的影响小。因此被广泛应用于食品检验当中，是当前我国使用最广泛、发展最迅速的食品检验分析技术之一。当前我国仍存在使用非法添加剂的问题，且目前没有标准检验方法，我国相关科研部门可以深入研究毛细管电泳法，并以此为基础构建新型检测方法。

3. 分光光度法

该方法具有设备简单、准确度较高、适用范围广的特点，被广泛应用于食品检测当中。许多不良商贩会在水产品中添加甲醛从而延长水产品的保质期，依据我国相关规定，检测水产品中的甲醛含量应该选择分光光度方法。在制作味精的过程中，许多不良商贩会在其中添加硫化钠，然而依据我国食品法律规定，硫化钠属于非法添加物，当前我国检测食品中硫化钠的标准方法中包含分光光度法。

4. 免疫检测法

在实际检测中，免疫检测法具有特异性强、分析容量大的优势，因此被广泛应用于食品安全迅速检验筛查，在农药残留以及苏丹红含量检测方面发挥着独特优势。其中酶联免疫吸附检测法是最常用的免疫检测方法之一，可以有效检测氯霉素的整体含量。但是当前我国免疫检测仍存在一定不足，例如检测目标单一，抗体制备复杂等。

知识链接

辨识食品添加剂小窍门

(1)在选购食品时,请仔细阅读产品说明,应尽量少选用添加了蛋白糖、高甜素、甜味宝等高效甜味剂的食品,改为选用较为健康的天然甜味剂。

(2)作为护色剂的亚硝酸盐具有一定毒性,但直到目前为止,尚未研制成既能护色又能抑菌,还能增强肉制品风味的替代品。权衡利弊,各国都在保证安全和产品质量的前提下,严格控制使用。因此,消费者在选购含有亚硝酸盐类食品添加剂的食品时尤其应该注意。

(3)油条中大量使用了膨松剂,在提高了油条的感官质量,而且利于消化吸收的同时,膨松剂中的明矾因为含铝会对健康产生不利影响。因此,可以选用无铝油条膨松剂代替明矾,以降低食用油条带来的危害。

(4)明矾中因为含铝,所以可能影响儿童智力发育,在为儿童选购食品时应避免添加剂中含明矾的食品。

(5)在防腐剂方面,天然防腐剂如维生素C、维生素E比较健康,相反,一些人工合成的防腐剂可能对健康造成伤害,应谨慎选用。

任务2 亚硝酸盐的快速检测

任务内容

本任务主要介绍护色剂的概念、作用以及我国允许使用的护色剂,重点介绍最常使用的护色剂即亚硝酸盐。阐述亚硝酸盐的作用机理、在肉制品中的应用,以及腌渍食品中亚硝酸盐的检测意义、检测技术及方法等。

知识准备

一、检测意义

护色剂又称为发色剂或呈色剂,是指食品加工工艺中为了使果蔬制品和肉制品等呈现良好色泽或使食品的色泽得到改善或加强的一类食品添加剂。目前我国允许使用的护色剂有硝酸钠(钾)、亚硝酸钠(钾)及异抗坏血酸及其钠盐,最常使用的是硝酸钠和亚硝酸钠,用于肉制品色泽的保持。硝酸盐在亚硝基化菌的作用下还原成亚硝酸盐,并在肌肉中乳酸的作用下生成亚硝酸。亚硝酸不稳定,分解产生亚硝基(—NO),并与肌红蛋白反应生成亮红色的鲜艳的亚硝基肌红蛋白,使肉制品呈现良好的色泽。亚硝酸盐除了发色外,还是很好的防腐剂,尤其是对肉毒梭状芽孢杆菌在 $pH=6$ 时有显著的抑制作用。但是硝酸盐毒性较强,作为食品添加剂使用时,食品中掺入过多会产生毒害作用。亚硝酸钠为白色或微黄色结晶或颗粒状粉末,分子式为 $NaNO_2$,无臭,味微咸,易吸潮,易溶于水,微溶于乙醇。亚硝酸钠在空气中可吸收氧逐渐变为硝酸钠,外观及味道都与食盐相似,并在工业、建筑业中广为使用,肉类制品中也允许作为发色剂限量使用。由于亚硝酸盐对肉制品具有发色和防腐保鲜作用，高浓度的亚硝酸盐不仅可改善肉制品的感官色泽，还可大大缩短肉制品的加工时间，因此在肉制品加工中经常被大量使用。同时，蔬菜和肉类中富含的硝酸盐在腌渍、加工或储存不当的情况下，也会在还原酶的作用下转变成有毒的亚硝酸盐。

二、检测概述

亚硝酸盐为食品添加剂中急性毒性较强的物质之一，由其引起的食物中毒的概率较高。大量亚硝酸盐进入血液后，可使正常蛋白（二价铁）变为高铁血红蛋白（三价铁），失去携氧能力，导致组织缺氧，潜伏期仅为0.5～1 h，症状为头晕、恶心、呕吐、全身无力、心悸、全身皮肤发紫，严重者会因呼吸衰竭而死，我国食品安全国家标准（GB 2760—2014）规定：亚硝酸盐可用于肉罐头类和肉制品类，最大使用量为0.15 g/kg。残留量以亚硝酸钠计，肉罐头类不得超过0.05 g/kg，肉制品类不得超过0.03 g/kg。而联合国FAO/WHO食品添加剂和污染物法规委员会（CCFAC）建议用于午餐肉、碎猪肉、猪脊肉和火腿时，最大用量为0.125 g/kg，咸牛肉罐头为0.05 g/kg，单独或与亚硝酸钾并用。食入0.3～0.5 g的亚硝酸盐即可引起中毒甚至死亡。

操作实施

操作实施一　腌渍食品中亚硝酸盐的快速检测

视频5-1　腌菜中亚硝酸盐的快速检测（分光光度法）

一、实施目的

（1）理解快速检测亚硝酸盐的基本原理。

（2）掌握亚硝酸盐的快速检测的基本技能。

二、实施原理

食品中的亚硝酸盐与对氨基苯磺酸重氮化后，亚硝酸盐再与盐酸萘乙二胺偶合形成紫红色染料，通过与标准色卡对比，可对样品中亚硝酸盐进行定量。

三、试剂与器材准备

待测样品、蒸馏水、检测管、标准色板等。

四、操作步骤

（一）食盐中亚硝酸盐的快速检测及食盐与亚硝酸盐的快速鉴别

用袋内附带的小勺取食盐1平勺，加入到检测管中，加入蒸馏水或纯净水至1 mL刻度处，盖上盖，将固体部分摇溶，10 min后与标准色板对比，该色板上的数值乘10即为食盐中亚硝酸盐的含量mg/kg（国标规定食盐或精盐中亚硝酸盐的限量卫生标准应≤2 mg/kg）。当样品出现血红色且有沉淀产生或很快褪色变成黄色时，可判定亚硝酸盐含量相当高，或样品本身就是亚硝酸盐。

(二)液体样品检测

直接取澄清液体样品 1 mL 加入检测管中,盖上盖,将试剂摇溶,10 min 后与标准色板对比,找出与检测管中溶液颜色相同的色阶,该色阶上的数值即为样品中亚硝酸盐(以 $NaNO_2$ 计)的含量(mg/L)。如果亚硝酸盐的含量是以氮(N)为计算单位(如饮用水或水源水等),读取色阶上的数值后除以 5 即可。如果亚硝酸盐的含量是以亚硝酸根(NO_2^-)为计算单位(如矿泉水、瓶装饮用纯净水等),读取色阶上的数值后除以 3.28 即可。

(三)固体或半固体样品检测

取粉碎均匀的样品 1.0 g 或 1.0 mL 置 10 mL 比色管中,加蒸馏水或去离子水(纯净水)至刻度,充分振摇后放置,取上清液(或过滤或离心得到的上清液)1.0 mL 加入检测管中,盖上盖,将试剂摇溶,10 min 后与标准色板对比,该色板上的数值乘 10 即为样品中亚硝酸盐的含量(mg/kg 或 mg/L)(以 $NaNO_2$ 计)。如果测试结果超出色板上的最高值,可定量稀释后测定,并将计算结果乘稀释倍数[如从 10 mL 比色管中取出 1.0 mL 转入另一支 10 mL 比色管中,加水至刻度,从中取 1.0 mL 加入检测管中测定,测试结果乘 100(稀释倍数)即为样品中亚硝酸盐的含量]。

五、实验数据记录与分析

将检测管中溶液摇溶 10 min 后与标准色板对比,该色板上的数值乘 10 即为样品中亚硝酸盐的含量,单位为 mg/kg 或 mg/L(以 $NaNO_2$ 计)。将实验结果在表 5-1 中进行记录。

表 5-1 亚硝酸盐快速检测记录单

编号: 年 月 日

送检单位			样品名称		
生产单位			检验依据		
生产日期及批号		送检日期		检验日期	
检验项目					
检测现象					
检验结果					

结论:

技术负责人:	复核人:	核验人:

六、注意事项

(1)亚硝酸盐含量较高时,试剂显红色后不久会变为黄色,将黄色溶液再稀释放入另一新的速测管中又会显出红色,由此可区分是亚硝酸盐还是食用盐。

(2)当样品反应后的颜色大于标准色板 2.00 mg/L 色阶时，应将样品稀释后再测，计算结果乘稀释倍数。

(3)说明：①生活饮用水中常存有微量的亚硝酸盐，不能作为测定用稀释液。②若显色后颜色很深且有沉淀产生或很快褪色变成浅黄色，说明样品中亚硝酸盐含量很高，须加大稀释倍数重新测定。③对超标样品应进行重复实验，有条件时送实验室准确定量。

表 5-2 中为部分食品中亚硝酸盐的限量标准参考值。

表 5-2　部分食品中亚硝酸盐的限量标准参考值(以 $NaNO_2$ 计)　mg/kg

品名	限量标准	品名	限量标准
食盐(精盐)、奶粉	≤2	香肠(腊肠)、酱腌菜、广式腊肉、火腿	≤20
鲜肉类、鲜鱼类、粮食	≤3	肉制品、火腿肠、灌肠类	≤30
蔬菜	≤4	其他肉类罐头、其他腌制罐头	≤50
婴儿配方奶粉、鲜蛋类	≤5	西式蒸煮、烟熏火腿及罐头、西式火腿罐头	≤70

以 N 计：生活饮用水≤1 mg/L；
以 NO_2 计：矿泉水≤0.005 mg/L，瓶装饮用纯净水≤0.002 mg/L。

七、操作实施

(1)学生分成 3～5 人一组，各小组在老师指导下，通过网络教学资源等多渠道查询腌渍食品中亚硝酸盐的快速检测的相关资料。

(2)各组根据汇总的相关资料，师生共同讨论、分析，用集体智慧完成腌渍食品中亚硝酸盐的快速检测方案初稿，制作汇报提纲并选一代表进行学习汇报交流，对腌渍食品中亚硝酸盐的快速检测方案进行修订。

(3)学生按照修订后的腌渍食品中亚硝酸盐的快速检测方案，按规范要求，独立完成腌渍食品中亚硝酸盐的快速检测任务，最终填写任务考核单(表 5-3)，教师在操作实施过程中巡回指导。

表 5-3　任务考核单：亚硝酸盐快速检测考核标准

班级：　　　　姓名：　　　　学号：　　　　(时间：20 min，总分：100 分)

项目	考核内容	分值	考核记录(以"√"表示)	备注	得分
实验前的准备(10 分)	实验用品准备及摆放	10	物品准备合适，摆放合理，得 10 分		
			实验物品少选或多选，1 件扣 5 分，扣完为止		
样品取样(10 分)	根据样品状态进行取样	10	判断样品状态(液体/固体)并正确取样，操作正确规范，得 10 分		
			取样方式不正确，扣 5 分		
			仪器操作不规范，扣 5 分		

续表5-3

项目	考核内容	分值	考核记录(以"√"表示)	备注	得分
样品检测(55分)	试剂添加	15	正确选择试剂及仪器,试剂用量精确,操作正确规范,得15分		
			试剂选择不正确,扣5分		
			试剂用量不精确,扣5分		
			仪器操作不规范,扣5分		
	反应时间	10	牢记反应时间并正确计时,得10分		
			反应时间不足,扣10分		
			超时2 min以上,扣5分		
	比色	15	正确选择标准色板,并使检测液与之比对,选择相同色阶,读取数值,得15分		
			标准色板选择不正确,扣5分		
			色阶选取有误差,扣5分,误差较大扣10分,扣完为止		
			读取数值不正确,扣5分		
	数据分析	15	将色板上读取的数值乘以/除以系数,正确计算亚硝酸盐的含量,得15分		
			系数错误,扣5分		
			计算错误,扣5分		
			单位错误,扣5分		
检测结果(10分)	检测结果分析	10	检测结果正确无误,得出结论,得10分		
文明操作(5分)	清理用物,整理台面	5	清扫实验台及收拾产生的垃圾,得5分		
			未清理所用实验物品,扣2分		
			未整理实验台面,扣3分		
时间(10分)	操作时间	10	在规定时间内完成实验操作,得10分		
			每超过1 min,扣2分,扣完10分为止		
合计					

(4)学生对完成工作任务的表现进行自评和互评,各小组进行总结、考核及评估,教师做出最后评价,填写教学反馈表(表5-4)。

表 5-4　教学反馈表

腌渍食品中亚硝酸盐的快速检测				
序号	调查内容	是	否	理由陈述
1	会利用收集的腌渍食品中亚硝酸盐快速检测的新信息归纳整理与分析吗？			
2	对于腌渍食品中亚硝酸盐的快速检测技术要求是否清楚？			
3	亚硝酸盐除了发色作用外，在食品中还有哪些作用？你是否清楚？			
4	你是否可叙述为何在肉制品中添加亚硝酸盐可以保持肉的鲜艳色泽？			
5	对如何编制腌渍食品中亚硝酸盐的快速检测方案是否心里有数？			
6	你能否独立完成制作方案汇报提纲，并进行学习汇报交流？			
7	与其他同学口头交流内容是否流畅？			
8	能否主动参与教学场所的清洁与整理工作？能否按照安全与规范的规程操作？			
9	你对老师的本次操作实施任务教学满意吗？			
10	你对本小组完成本学习情境工作的配合满意吗？			

写出你对教学需要改进的建议和意见：

任务 3　二氧化硫的快速检测

任务内容

本任务主要介绍漂白剂的概念、作用以及我国允许使用的漂白剂，重点介绍最常使用的漂白剂二氧化硫/亚硫酸盐。阐述二氧化硫/亚硫酸盐的作用机理、在食品加工中的应用，以及干果制品中二氧化硫/亚硫酸盐的检测意义、检测技术及方法等。

知识准备

一、检测意义

漂白剂是指可使食品中有色物质经化学作用分解转变成为无色物质或使其褪色的食品添加剂，有还原性漂白剂和氧化性漂白剂两类。目前，已列入我国食品安全国家标准《食品添加剂使用标准》(GB 2760—2014)的漂白剂主要包括二氧化硫、焦亚硫酸钾、焦亚硫酸钠、亚硫酸

钠、亚硫酸氢钠、低亚硫酸钠、硫黄等。在我国食品行业中，使用较多的是二氧化硫和亚硫酸盐，两者本身没有什么营养价值，也非食品中不可缺少的成分，而且还有一定的腐蚀性，对人体健康也有一定影响，因此，在食品中的添加应加以限制。二氧化硫分子式为SO_2，是一种无色、有刺激性气味的气体，是一种很强的还原剂，因其对食品有漂白作用和防腐作用，常用作漂白剂和防腐剂。二氧化硫进入人体后产生亚硫酸盐，并由组织细胞中的亚硫酸氧化酶将其氧化为硫酸盐，通过正常解毒后最终由尿排出体外。过量的二氧化硫会对人体造成危害，如可使嗓子变哑、流泪、流涕甚至失去知觉，同时对胃肠和肝脏造成损害。

目前在干果尤其是果脯加工过程中使用较多的是含二氧化硫的食品添加剂，以使干果、果脯褪色或免于发生褐变，达到漂白、令其色泽均匀的目的。此外，含二氧化硫的食品添加剂还具有防腐的功能，可以延长食品的保质期。

二、检测概述

二氧化硫残留量是亚硫酸盐在食品中存在的计量形式，亚硫酸盐主要包括亚硫酸钠、亚硫酸氢钠、连二亚硫酸钠、焦亚硫酸钠、焦亚硫酸钾和硫黄燃烧生成的二氧化硫等。这些物质于食品中解离成具有强还原性的亚硫酸，起到漂白、脱色、防腐和抗氧化作用。但用量过大会导致胃肠道反应，影响钙、磷吸收，降低免疫力，尤其是加入到不允许加入的食品中时，其潜在的危害性就更大。根据我国食品安全国家标准(GB 2760—2014)规定：亚硫酸盐可用于经表面处理的鲜水果、蔬菜罐头(竹笋、酸菜)、干制食用菌和藻类、食用菌和藻类罐头(蘑菇)、坚果与籽类罐头、生湿面制品、冷冻米面制品等，最大使用量为0.05 g/kg，残留量以二氧化硫计；在水果干类、腌渍的蔬菜、可可制品、巧克力和巧克力制品以及糖果、饼干等食品中最大使用量为0.1 g/kg；在干制蔬菜、腐竹类(腐竹、油皮等)中最大使用量为0.2 g/kg，在蜜饯凉果中最大使用量为0.35 g/kg，等等。

操作实施

操作实施一　干果制品中二氧化硫的快速检测

一、实施目的

(1)理解快速检测二氧化硫的基本原理。

(2)掌握二氧化硫的快速检测的基本技能。

二、实施原理

样品中的二氧化硫以游离和结合型存在，加入氢氧化钾破坏其结合状态，并使之固定。加入硫酸又使二氧化硫游离，然后用碘标准溶液滴定。到达终点时，过量的碘即与指示剂作用生成蓝色复合物。根据碘标准溶液的消耗量可计算出二氧化硫的含量。

三、试剂与器材准备

待测样品、蒸馏水、1号碱性试液、2号酸性试液、3号指示液、4号试液、滴定管等。

四、操作步骤

(一)样品处理

(1)水溶性固体样品(如白砂糖、冰糖、果糖等):准确称取 2.0 g 样品,置入具塞三角瓶中,加入 10～20 mL 蒸馏水或纯净水,加入 5 滴 1 号碱性试液,塞盖振摇溶解后待测。

(2)水不溶性固体样品(如粉丝、竹笋、果干、菜干、蘑菇罐头等):取适量样品研磨或捣碎,准确称取 2.0 g 样品,置入具塞三角瓶中,加入 50.0 mL 蒸馏水或纯净水,加入 10 滴 1 号碱性试液,塞盖振摇 2 min 或用超声波提取器提取 30 s,如果样品黏性较大(葡萄干等),应溶解成絮状形式,必要时采用玻璃棒助溶,将溶液用滤纸过滤,或静置后用移液管直接吸取得到 10.0 mL 澄清溶液,放入另一个三角瓶中待测(此时的样品取样量 $M=2\times10/50=0.4$ g)。

(二)样品测定

在待测液的三角瓶中加入 3 滴 2 号试液(酸液),如果样品在处理时未从中分取一部分溶液测定,在待测液的三角瓶中加入 5 滴 2 号试液(保证测定是在酸性溶液中进行);盖塞轻轻摇动 50 次,加入 3～5 滴 3 号试液(指示液),将棕色瓶中的 4 号试液倒入到备用空滴瓶中,用此滴瓶对三角瓶中的溶液进行直立式滴定,每滴 1 滴试液后都要摇动几下,滴至出现蓝紫色并 30 s 不褪色为止,记录 4 号试液消耗的滴数。取与样品相同体积的蒸馏水或纯净水,按相同的方法进行空白溶液测定并记录 4 号试液消耗的滴数,按以下公式计算出样品中二氧化硫的含量。

五、数据记录与分析

$$e=\frac{(G_1-G_2)\times0.016}{m}$$

式中:e—样品中二氧化硫的含量(g/kg 或 g/L);

G_1—滴定样品溶液消耗 4 号试液的滴数;

G_2—滴定空白溶液消耗 4 号试液的滴数;

0.016 为换算系数;

m 为取样量(g)。

检测完成后填写表 5-5。

表 5-5　二氧化硫快速检测记录单

编号:　　　　　　　　　　　　　　　　　　　　　　　　年　　月　　日

送检单位			样品名称		
生产单位			检验依据		
生产日期及批号		送检日期		检验日期	
检验项目					
检测现象					
检验结果					

结论:

技术负责人:	复核人:	核验人:

六、注意事项

(1)在取样量 2.0 g 的情况下,每 1 滴 4 号试液相当于 0.008 g/kg 的二氧化硫,由此可推算出用 4 号试液滴定某些食品时不应超出的滴数(减去空白溶液消耗的滴数),如残留限量≤0.05 g/kg 的食品不应多于 7 滴,残留限量≤0.03 g/kg 的食品不应多于 4 滴,残留限量≤0.1 g/kg 的食品不应多于 12 滴。当取样量改变时(如水不溶性固体样品),应按公式计算。

(2)萝卜、蒜、辣椒中含有硫化物成分,对测定有干扰,选择样品时应加以注意。

(3)本方法不适于检测有色泽的样品。

(4)1 号和 2 号试液分别为强碱和强酸溶液,一旦误入眼中请用大量清水冲洗。剩余的碘标准溶液必须倒回棕色瓶中保存,以待下次使用。

(5)本方法为国家标准分析方法改进后的现场快速检测方法(省去了蒸馏步骤),与国标法相比其测定结果的精密度差一些,多次测定结果的平均值可以起到校准作用,对于超出国家标准规定值的样品,必要时可以送实验室进一步测定。

(6)国家对部分食品中二氧化硫的残留限量标准参考表 5-6。

表 5-6 国家对食品中二氧化硫限量标准

品种	二氧化硫残留限量 /[mg/kg(L)]	品种	二氧化硫残留限量 /[mg/kg(L)]
食用淀粉	≤30	干制蔬菜、腐竹类	≤200
坚果、籽类罐头	≤50	蜜饯凉果	≤350
果干、食糖、粉丝、饼干等	≤100		

(7)速测盒包装。塑料称量杯、具塞三角瓶、漏斗各 2 个,滤纸 1 盒,塑料吸管 10 支,含补充试液一套(1、2、3、4 号试液各 1 瓶),空滴瓶 1 个。试液有效期:常温保存 12 个月,生产日期见包装上的标示。

如实验室自行配制试剂,则参照如下方案:

1 号试剂 饱和氢氧化钾溶液

2 号试剂 (1+ 1)硫酸溶液

3 号试剂 1%淀粉溶液

4 号试剂 0.005 mol/L I_2 标准溶液

七、操作实施

(1)学生分成 3~5 人一组,各小组在老师指导下,通过网络教学资源等多渠道查询干果制品中二氧化硫的快速检测的相关资料。

(2)各组根据汇总的相关资料,师生共同讨论、分析,用集体智慧完成干果制品中二氧化硫的快速检测方案初稿,制作汇报提纲并选一代表进行学习汇报交流,对干果制品中二氧化硫的快速检测方案进行修订。

(3)学生按照修订后的干果制品中二氧化硫的快速检测方案,按规范要求,独立完成干果制品中二氧化硫的快速检测任务,最终填写任务考核单(表 5-7),教师在操作实施过程中巡回指导。

表 5-7　任务考核单:二氧化硫快速检测

班级：　　姓名：　　学号：　　(时间:20 min,总分:100 分)

项目	考核内容	分值	考核记录(以"√"表示)	备注	得分
实验前的准备(10 分)	实验用品准备及摆放	10	物品准备合适,摆放合理,得 10 分		
			实验物品少选或多选,1 件扣 5 分,扣完为止		
样品处理(15 分)	样品取样	5	判断样品状态(液体/固体)并正确取样,操作正确规范,得 5 分		
			取样方式不正确,扣 2 分		
			仪器操作不规范,扣 3 分		
	样品预处理	10	正确选择试剂及仪器,试剂用量精确,操作正确规范,得 10 分		
			试剂选择不正确,扣 4 分		
			试剂用量不精确,扣 3 分		
			仪器操作不规范,扣 3 分		
样品检测(50 分)	试剂添加	15	正确选择试剂及仪器,试剂用量精确,操作正确规范,得 15 分		
			试剂选择不正确,扣 5 分		
			试剂用量不精确,扣 5 分		
			仪器操作不规范,扣 5 分		
	滴定	15	直立式滴定,操作准确无误,准确判定滴定终点,得 15 分		
			仪器操作不规范,扣 5 分		
			滴定终点判定不准确,扣 5 分		
			数据记录不准确,扣 5 分		
	空白滴定	20	按相同的方法进行空白溶液测定,得 20 分		
			每操作失误一项,扣 5 分,扣完为止		
检测结果(10 分)	检测结果分析	10	正确使用公式计算,得 10 分		
文明操作(5 分)	清理用物,整理台面	5	清扫实验台及收拾产生的垃圾,得 5 分		
			未清理所用实验物品,扣 2 分		
			未整理实验台面,扣 3 分		
时间(10 分)	操作时间	10	在规定时间内完成实验操作,得 10 分		
			每超过 1 min,扣 2 分,扣完 10 分为止		
合计					

(4)学生对完成工作任务的表现进行自评和互评，各小组进行总结、考核及评估，教师做出最后评价，填写教学反馈表(表 5-8)。

表 5-8 教学反馈表

干果制品中二氧化硫的快速检测				
序号	调查内容	是	否	理由陈述
1	会利用收集的干果制品中二氧化硫快速检测的新信息归纳整理与分析吗？			
2	对于干果制品中二氧化硫的快速检测技术要求是否清楚？			
3	你是否可叙述常用的漂白剂有哪些？在食品加工当中有什么样的作用？			
4	二氧化硫的快速检测原理是什么？你是否明白？			
5	对如何编制干果制品中二氧化硫的快速检测方案是否心里有数？			
6	你能否独立完成制作方案汇报提纲，并进行学习汇报交流？			
7	与其他同学口头交流内容是否流畅？			
8	能否主动参与教学场所的清洁与整理工作？能否按照安全与规范的规程操作？			
9	你对老师的本次操作实施任务教学满意吗？			
10	你对本小组完成本学习情境工作的配合满意吗？			

写出你对教学需要改进的建议和意见：

任务 4 防腐剂的快速检测

任务内容

本任务主要介绍防腐剂的检测意义及检测技术、检测方法等。

知识准备

一、检测意义

防腐剂是指能防止由微生物引起的食物腐败变质，延长食品保存期的食品添加剂。它兼有防止微生物繁殖而引起食物中毒的作用，故又称抗微生物剂。我国允许使用的食品防腐剂有 31 种，包括苯甲酸及其钠盐、山梨酸及其钾盐、二氧化硫、焦亚硫酸钠(钾)、丙酸钙(钠)等，其中前两种使用最广泛。苯甲酸又称安息香酸，分子式为 $C_7H_6O_2$，为白色具有苯或甲醛气味的鳞片状或针状结晶，熔点 122.13℃，沸点 249℃，相对密度 1.265 9(15/4℃)。在 100℃时迅速升华，在酸性条件下可随水蒸气蒸馏、微溶于水，易溶于氯仿、丙酮、乙醇、乙醚等有机溶剂，化学性质较稳定。苯甲酸钠分子式为 $C_7H_6O_2Na$，易溶于水和乙醇，难溶于有机溶剂，与酸作用生成苯甲酸。苯甲酸及其钠盐是最常用的防腐剂之一，天然存在于蔓越莓、洋李、梅脯、肉桂、熟丁香和大多数浆果中。苯甲酸和苯甲酸钠属广谱抗菌剂，其浓度为 0.05%～0.1%时(未离解酸的形式)可以抑制大多数的酵母和霉菌，浓度为 0～0.02%时能抑制一些病原菌，而抑制腐败菌则需要更高的浓度。苯甲酸盐抑菌作用的最适 pH 是 2.5～4.0，pH＞4.5 时失效。对一般微生物的最小抑菌浓度(MIC)为 0.05%～0.1%。

二、检测概述

苯甲酸钠是一种广谱抗微生物试剂，具有防腐效果好、在人体中代谢快、低毒等优点，广泛用于食品添加剂。苯甲酸类防腐剂是以其未解离的分子发生作用，未解离的苯甲酸在酸性溶液中的防腐效果是其在中性溶液中的 100 倍。苯甲酸对动物和人的毒性较低，我国食品安全标准规定，苯甲酸及其钠盐可在风味冰、冰棍类、果酱(罐头除外)、蜜饯凉果、腌渍蔬菜、胶基糖果、醋、酱油、复合调味料、浓缩果蔬汁(仅限食品工业用)、碳酸饮料、调味料、茶、咖啡饮料、蛋白饮料、果酒、配制酒等食品中使用。但由于大量食用苯甲酸钠会增加肝的代谢压力，且苯甲酸钠与维生素 C 反应会生成致癌物苯，所以国家限定了苯甲酸钠在食品中的最大使用量。

操作实施

操作实施一　饮料中苯甲酸钠的快速检测

一、实施目的

(1)理解快速检测苯甲酸钠的基本原理。

(2)掌握苯甲酸钠的快速检测的基本技能。

二、实施原理

结合滴定法与目测比色法原理，在显色剂环境下将滴定试剂与苯甲酸钠反应，通过观察颜色变化时所加滴定试剂的量来计算苯甲酸钠的含量。本产品的检出限为 0.024 4 g/L，食品安全国家标准食品添加剂使用标准规定碳酸饮料中苯甲酸不得超过 0.2 g/L(≤8 滴)，果蔬汁饮料中苯甲酸不得超过 1.0 g/L(≤40 滴)。

三、试剂与器材准备

待测样品、试剂 1、试剂 2、试剂 3、试剂 4、试剂 5、氯仿、比色管等。

四、操作步骤

(1)量取 25 mL 饮料于 50 mL 三角瓶中，加入 2.5 g 试剂 1，再加入 0.5 mL 试剂 2，摇匀，使固体溶解。

(2)加入 5 mL 氯仿(自备),振摇 3 min,静置分层。

(3)用吸管吸取下层液体至 10 mL 比色管中,加入 5 平勺试剂 3,充分振摇比色管,然后静置 1 min。

(4)取 2.5 mL 澄清液至另一比色管中,加 1 mL 蒸馏水,2 滴试剂 4,用试剂 5 垂直滴定,滴 1 滴摇 1 次,直到溶液颜色变成粉红色,且半分钟不褪色为终点,记录滴加试剂 5 的滴数。

五、实验数据记录与分析

样品中苯甲酸钠含量计算公式如下:

$$\text{苯甲酸钠含量}(g/L)=0.024\,4\times\text{滴数}$$

将实验数据填入表 5-9。

表 5-9 苯甲酸钠快速检测记录单

编号: 年 月 日

送检单位			样品名称		
生产单位			检验依据		
生产日期及批号		送检日期		检验日期	
检验项目					
检测现象					
检验结果					

结论:

技术负责人:	复核人:	核验人:

六、注意事项

(1)检测过程中使用氯仿需在通风橱中进行。

(2)吸取下层液体时可边将吸管中气体鼓出边伸入下层液体。

(3)将白方瓶中的试剂 5 移至贴"试剂 5"标签的滴瓶中,用于滴定。

(4)试剂 5 必须垂直滴加,且每滴加 1 滴后都必须充分摇匀才能再次滴加。

七、操作实施

(1)学生分成 3~5 人一组,各小组在老师指导下,通过网络教学资源等多渠道查询饮料中苯甲酸钠的快速检测的相关资料。

(2)各组根据汇总的相关资料，师生共同讨论、分析，用集体智慧完成采饮料中苯甲酸钠的快速检测方案初稿，制作汇报提纲并选一代表进行学习汇报交流，对饮料中苯甲酸钠的快速检测方案进行修订。

(3)学生按照修订后的饮料中苯甲酸钠的快速检测方案，按规范要求，独立完成饮料中苯甲酸钠的快速检测任务，最终填写任务考核单(表 5-10)，教师在操作实施过程中巡回指导。

表 5-10 任务考核单：苯甲酸钠快速检测

班级：　　　　姓名：　　　　学号：　　　　(时间：20 min，总分：100 分)

项目	考核内容	分值	考核记录(以"√"表示)	备注	得分
实验前的准备(10 分)	实验用品准备及摆放	10	物品准备合适，摆放合理，得 10 分		
			实验物品少选或多选，1 件扣 5 分，扣完为止		
样品取样(10 分)	样品取样	10	正确取样，操作正确规范，得 10 分		
			取样方式不正确，扣 5 分		
			仪器操作不规范，扣 5 分		
样品检测(55 分)	试剂添加 1	15	正确选择试剂及仪器，试剂用量精确，操作正确规范，得 15 分		
			试剂选择不正确，扣 5 分		
			试剂用量不精确，扣 5 分		
			仪器操作不规范，扣 5 分		
	试剂添加 2	15	正确选择试剂及仪器，试剂用量精确，操作正确规范，得 15 分		
			试剂选择不正确，扣 5 分		
			试剂用量不精确，扣 5 分		
			仪器操作不规范，扣 5 分		
	试剂添加 3	15	正确选择标准色板，并使检测液与之比对，选择相同色阶，读取数值，得 15 分		
			标准色板选择不正确，扣 5 分		
			色阶选取有误差，扣 5 分，误差较大扣 10 分，扣完为止		
			读取数值不正确，扣 5 分		
	滴定	10	垂直滴定，操作准确无误，准确判定滴定终点，得 10 分		
			仪器操作不规范，扣 4 分		
			滴定终点判定不准确，扣 3 分		
			数据记录不准确，扣 3 分		

续表5-10

项目	考核内容	分值	考核记录(以"√"表示)	备注	得分
检测结果(10分)	检测结果分析	10	正确使用公式计算,得10分		
文明操作(5分)	清理用物,整理台面	5	清扫实验台及收拾产生的垃圾,得5分		
			未清理所用实验物品,扣2分		
			未整理实验台面,扣3分		
时间(10分)	操作时间	10	在规定时间内完成实验操作,得10分		
			每超过1 min,扣2分,扣完10分为止		
合计					

(4)学生对完成工作任务的表现进行自评和互评,各小组进行总结、考核及评估,教师做出最后评价,填写教学反馈表(表5-11)。

表5-11 教学反馈表

饮料中苯甲酸钠的快速检测

序号	调查内容	是	否	理由陈述
1	会利用收集的果蔬中重金属汞的快速检测(速测盒)的新信息归纳整理与分析吗?			
2	对于重金属汞的快速检测(速测盒)技术要求是否清楚?			
3	常用的食品防腐剂有哪些?你是否可以叙述出来?			
4	防腐剂苯甲酸钠的适用范围?你是否明白?			
5	对如何编制采样及制备方案是否心里有数?			
6	你能否独立完成制作方案汇报提纲,并进行学习汇报交流?			
7	与其他同学口头交流内容是否流畅?			
8	能否主动参与教学场所的清洁与整理工作?能否按照安全与规范的规程操作?			
9	你对老师的本次操作实施任务教学满意吗?			
10	你对本小组完成本学习情境工作的配合满意吗?			

写出你对教学需要改进的建议和意见:

任务5　吊白块的快速检测

任务内容

本任务主要介绍吊白块的化学性质、危害，阐述吊白块检测技术，学习米面制品中吊白块的快速测定方法，做好准备工作，采取正确的步骤进行验测，完成工作页及评价与反馈。

知识准备

一、检测意义

吊白块又称雕白块（粉），分子式为 $CH_2(OH)SO_2Na \cdot 2H_2O$，化学名为甲醛次硫酸氢钠。呈半透明白色结晶或小块，易溶于水，在60℃以上开始分解出有害物质，120℃高温下可分解为甲醛、二氧化硫和硫化氢等有毒气体，有强还原性。吊白块具有恶臭，在食物中分解成甲醛、次硫酸氢钠和二氧化硫后恶臭消失，毒性仍在。甲醛可与有机化合物发生烷基化反应，导致细胞中的蛋白质及核酸等物质变性。二氧化硫则可通过氧化作用破坏细菌蛋白质，夺取细胞内的氧气，并改变蛋白质构象，从而抑制微生物的生长，具有广谱杀菌能力。吊白块是一种工业用的漂白剂，一般在印染工业中作拔染剂和还原剂，也可用作洗涤剂和除垢剂的原料，或是用作丁苯橡胶和合成树脂活化剂。吊白块对人体的肺、肝脏和肾脏损害极大。分解产生的有毒气体可使人头痛、乏力、食欲差甚至导致鼻咽癌等疾病。

吊白块对食品具有漂白、防腐等作用，添加后的加工食品卖相好，迎合了消费者的心理。同时吊白块成本低廉，能掩盖食品本身的质量缺陷，可以达到以次充好、欺骗消费者的目的。将吊白块添加到腐竹的生产中，可起到防腐、增白、改善色泽的作用。2005年甲醛被国际癌症研究所（IARC）确定为第Ⅰ类，即确切的人类致癌物。原国家卫生部将吊白块列入食品中可能违法添加非食用物质名单之中，其可能添加的品种包括腐竹、粉丝、面粉、竹笋。我国严禁在食品生产加工过程中使用吊白块，或以掩盖食品腐败变质和增加色度、韧性、保质期等为由向食品中添加吊白块。

二、检测概述

吊白块含量的测定一般是通过对食品中甲醛含量的测定来判定的。虽然粉丝、腐竹、面条等食品本底中也含有甲醛，但不经过蒸馏很难将甲醛分离出来，卫生部建议的检测甲醛方法为蒸馏-乙酰丙酮法。此法灵敏度虽高，但需蒸馏，不适应现场快速检测，并且在酸性条件下蒸馏有时会产生“分析本底”，形成假阳性，而吊白块分解产生的 SO_2 在微酸性条件下与甲醛结合会使测定值偏低。

（一）AHMT法

AHMT即4-氨基-3-联氨-5-巯基-1，2，4-三氮杂茂，在碱性条件下与甲醛缩合，其缩合产物经高碘酸钾氧化成6-巯基-5-三氮杂茂[4，3-b]-S-四氮杂苯紫色化合物，其颜色深浅与甲醛含量成正比。该法灵敏度较高，步骤简单，特异性和选择性均较好，但AHMT法在操作过程中显色随时间逐渐加深，标准溶液的显色反应和样品溶液的显色反应时间必须严格统一，重现性较差，不易操作，多用于居室中对甲醛的检测。

(二)间苯三酚法

在碱性条件下，甲醛与间苯三酚反应生成橙红色化合物，颜色深浅与甲醛含量的多少呈线性关系。该法操作简便，干扰物影响小。但甲醛与间苯三酚生成物的颜色不稳定，测定结果偏差较大，灵敏度较 AHMT 法差，只适用于甲醛的定性分析。此法多用于水发食品中甲醛的测定。

(三)品红-亚硫酸法

品红与亚硫酸作用生成无色的希夫试剂，再与醛作用生成紫红色化合物，为总醛反应，加硫酸生成兰色化合物是甲醛的特有反应，其他醛与酚不干扰测定。此法操作简便，测定范围宽，但其比色液不稳定。

操作实施

操作实施一　吊白块(甲醛次硫酸氢钠)分解产物甲醛的快速检测

视频 5-2　吊白块快速检测

一、实施目的

(1)理解快速检测吊白块的基本原理。

(2)掌握吊白块的快速检测的基本技能。

本方法适用于米粉、面粉及由此制作的食品如粉丝等食品中吊白块的分解产物甲醛的快速检测。

二、实施原理

吊白块游离出的甲醛与显色剂反应生成紫色化合物，与比色板比对得出甲醛含量。当甲醛含量较高时再测定二氧化硫含量，当二氧化硫含量超出国家规定限量值时，可推断吊白块的存在。

三、试剂与器材准备

1、2、3 号试液各 1 瓶，比色卡 1 张，试管(离心管)20 支(洗净后可反复多次使用)。

四、操作步骤

取 1 g 剪碎的样品于试管中，加纯净水到 10 mL，振摇 20 次，放置 5 min，取 1 mL 上清液至试管(离心管)中，加入 4 滴 1 号试剂，再加入 4 滴 2 号试剂，盖盖后混匀，1 min 后，加 2 滴 3 号试剂，摇匀。

五、检测结果与分析

5～10 min 内与标准色板比对，读数乘 10 即为样品中甲醛含量(mg/kg)。若颜色超出色板标示含量范围，应将样品用纯净水稀释后重新测定，比色结果再乘稀释倍数即可。

六、注意事项

米粉、面粉、粉丝等食品本底会含有少量的甲醛，大约在 20 mg/kg，当检测结果显示甲醛含量大于这一数值时，应检测样品中二氧化硫的含量是否大于国家标准规定值（详见二氧化硫快速检测说明书）来确定样品中是否掺入了吊白块。

本方法为现场快速检测方法，精确定量应以国标法为准。

七、操作实施

(1)学生分成 3～5 人一组，各小组在老师指导下，通过网络教学资源等多渠道查询吊白块（甲醛次硫酸氢钠）分解产物甲醛的快速检测的相关资料。

(2)各组根据汇总的相关资料，师生共同讨论、分析，用集体智慧完成吊白块（甲醛次硫酸氢钠）分解产物甲醛的快速检测方案初稿，制作汇报提纲并选一代表进行学习汇报交流，对吊白块（甲醛次硫酸氢钠）分解产物甲醛的快速检测方案进行修订。

(3)学生按照修订后的吊白块（甲醛次硫酸氢钠）分解产物甲醛的快速检测方案，按规范要求，独立完成吊白块（甲醛次硫酸氢钠）分解产物甲醛的快速检测任务，最终填写任务考核单（表 5-12），教师在操作实施过程中巡回指导。

表 5-12　任务考核单：吊白块的快速检测

班级：　　　　　　　　姓名：　　　　　　　　学号：　　　　　　　　（时间：25 min，总分：100 分）

项目	考核内容	分值	考核记录（以“√”表示）	备注	得分
实验前的准备（10 分）	实验用品准备及摆放	10	物品准备合适，摆放合理，得 10 分		
			实验物品少选或多选，1 件扣 5 分，扣完为止		
分析步骤（60 分）	试样中甲醛的检测	60	操作正确规范，与标准比色板比对，读数正确，判断是否需要测定二氧化硫含量，得 60 分		
			操作不规范，扣 10 分		
			读数不正确，扣 10 分		
			未判断是否需要检测二氧化硫含量，扣 10 分		
文明操作（15 分）	清理用物，整理台面	15	清扫实验台及收拾产生的垃圾，得 15 分		
			未清理所用实验物品，扣 10 分		
			未整理实验台面，扣 5 分		
时间（15 分）	操作时间	15	在规定时间内完成实验操作，得 15 分		
			每超过 1 min，扣 2 分，扣完 15 分为止		
合计					

(4)学生对完成工作任务的表现进行自评和互评，各小组进行总结、考核及评估，教师做出最后评价，填写教学反馈表（表 5-13）。

表 5-13 教学反馈表

吊白块的快速检测				
序号	调查内容	是	否	理由陈述
1	会利用收集的吊白块的快速检测的新信息归纳整理与分析吗？			
2	对于吊白块的快速检测技术要求是否清楚？			
3	食用了含吊白块的食品应如何处理？你会采取哪些办法？			
4	你是否可总结安全与规范的规程操作？			
5	对如何编制吊白块的快速检测方案是否心里有数？			
6	你能否独立完成制作方案汇报提纲，并进行学习汇报交流？			
7	与其他同学口头交流内容是否流畅？			
8	能否主动参与教学场所的清洁与整理工作？			
9	你对老师的本次操作实施任务教学满意吗？			
10	你对本小组完成本学习情境工作的配合满意吗？			

写出你对教学需要改进的建议和意见：

知识链接

食用了含吊白块的食品应如何处理？

对因进食含甲醛类的食品而引起不适的，应立即饮 300 mL 清水或牛奶，马上到附近医院治疗。甲醛中毒目前尚无特效解毒药，口服后应尽快洗胃，洗胃后灌入 30～60 g 活性炭及 3%碳酸铵或 15%乙酸铵（醋酸铵）100 mL，使甲醛变为毒性较小的六亚甲基四胺。可应用缓泻剂以加速毒物排泄。密切观察，防止上消化道出血。

任务 6 苏丹红的快速检测

任务内容

本任务主要通过苏丹红有关的食品安全事件，了解苏丹红的危害，掌握苏丹红的性质和检测意义。学习苏丹红的快速检测方法，做好准备工作，采取正确的步骤进行检测，完成工作页及评价与反馈。

知识准备

一、检测意义

苏丹红学名苏丹(Sudan red),是以苯基偶氮萘酚为主要基团的亲脂性偶氮化合物,是一类化学合成的染料。主要包括Ⅰ、Ⅱ、Ⅲ和Ⅳ四种类型,其中,苏丹红Ⅱ、Ⅲ、Ⅳ都是苏丹红Ⅰ的衍生物。苏丹红一般不溶于水,易溶于各类有机溶剂,在工业产品的染色方面应用广泛。例如,作为汽车蜡或者鞋油等产品增色剂的组成成分之一,或者应用在地板表面的涂层中起到增光的效果。苏丹红位于卫健委公布的食品中可能违法添加的非食用物质名单之列,可能添加的食品品种包括辣椒粉、含辣椒类的食品(辣椒酱、辣味调味品)。

一般来说,经食物从口中摄入是苏丹红进入机体的主要途径。在代谢途径方面,苏丹红染料因其强亲脂性而很难随尿液一同排出体外,在进入人体后随着不断消化和循环的过程,溶解在各类肌体组织(如脂肪)中,进而苏丹红在机体内不断蓄积。实验表明,长期食用苏丹红引发体内蓄积性毒性,致使机体器官损伤或基因突变,继而诱发癌症。国际癌症研究机构(IARC)已将苏丹红Ⅰ归类为三级致癌物和遗传毒性物质,苏丹红Ⅱ和其代谢产物2,4-二甲基苯胺均被列为三类致癌物,尚没有对人致癌作用的证据,苏丹红Ⅳ被列为三类致癌物,其初级代谢产物邻-甲苯胺和邻-氨基偶氮甲苯均被列为二类致癌物,即对人可能致癌物。欧盟也发布了辣椒制品里禁止非法添加苏丹红染料的禁令。由于苏丹红具有染红食品的功能且价格低廉,一些食品生产者经营者把苏丹红添加到辣椒酱、辣椒油、辣椒粉和红心鸭蛋等食品中,以达到长期保持食品鲜红、不易褪色的目的,消费者要警惕这些食品中的“伪装者”。

二、检测概述

目前,国内外关于苏丹红的快速检测技术主要包括薄层层析比色法、酶联免疫技术、表面增强拉曼技术和胶体金免疫层析技术等。此4种方法各有其优缺点:其中,薄层层析比色法不需要使用复杂仪器,可实现快速、简单测定,但灵敏度低;酶联免疫技术具有检测速度快、成本低和目标选择性强等优点,但其操作过程较为繁琐,结果重复性较差,且需要使用酶标仪进行检测,该仪器价格昂贵且不便于携带,难以满足现场检测的要求;表面增强拉曼光谱技术虽可实现快速、简单测定,但易受基体影响;胶体金免疫层析技术具有快速、灵敏、简单、低成本和无需大型仪器等优点,被广泛应用于食品中残留物的分析。

操作实施

操作实施一　辣椒制品中苏丹红Ⅰ的快速检测胶体金免疫层析法

一、实施目的

(1)理解苏丹红Ⅰ的快速检测胶体金免疫层析法的基本原理。

(2)掌握胶体金免疫层析法的基本技能。

视频5-3　辣椒面中苏丹红的快速检测

二、实施原理

本方法采用竞争抑制免疫层析原理。样品中的苏丹红Ⅰ与胶体金标记的特异性抗体结合，抑制了抗体和检测线（T 线）上抗原的结合，从而导致检测线颜色深浅的变化。通过检测线与控制线（C 线）颜色深浅比较，对样品中苏丹红Ⅰ进行定性判定。

三、试剂与器材准备

（一）试剂

（1）乙腈，无水硫酸镁，正己烷，二氯甲烷，氢氧化钠，无水乙醇。

（2）氢氧化钠溶液（2 mol/L）：称取氢氧化钠 8 g，用水溶解并稀释至 100 mL。

（3）复溶液：将无水乙醇与水按照体积比 25∶75 混匀。

（二）参考物质

苏丹红Ⅰ参考物质纯度≥95%，其他信息见表 5-14。

表 5-14　苏丹红Ⅰ参考物质的相关信息

中文名称	英文名称	CAS 登录号	分子式	相对分子量
苏丹红Ⅰ	Sudan Ⅰ	842-07-9	$C_{16}H_{12}N_2O$	248.28

注：或等同可溯源物质。

（三）标准溶液的配制

（1）苏丹红Ⅰ标准储备液（1 mg/mL）：精密称取苏丹红Ⅰ标准品适量，置于 10 mL 容量瓶中，加入适量乙腈超声溶解后，用乙腈稀释至刻度，摇匀，制成浓度为 1 mg/mL 的苏丹红Ⅰ标准储备液。－20 ℃避光保存，有效期 6 个月。

（2）苏丹红Ⅰ标准中间液（1 μg/mL）：精密量取苏丹红Ⅰ标准储备液（1 mg/mL）100 μL，置于 100 mL 容量瓶中，用乙腈稀释至刻度，摇匀，制成浓度为 1 μg/mL 的苏丹红Ⅰ标准中间液。

（四）材料

固相萃取柱：CNW Poly-sery MIP-SDR 固相萃取柱（200 mg/3 mL），或相当者。苏丹红Ⅰ胶体金免疫层析试剂盒，适用基质为辣椒酱、辣椒油、辣椒粉。金标微孔。试纸条或检测卡。

（五）仪器和设备

移液器（200 μL、1 mL 和 5 mL），涡旋混合器，离心机（转速≥4 000 r/min），感量为 0.01 g 电子天平，氮吹仪，水浴锅。环境条件：温度 15～35℃，湿度≤80%。

四、操作步骤

（一）试样制备

取适量样品。液体样品或半固体样品充分混匀，固体样品充分粉碎混匀。

(二)试样的提取

1. 辣椒酱

称取辣椒酱 2 g(精确至 0.01 g)于 15 mL 离心管中,加入 0.5 g 无水硫酸镁和 5 mL 正己烷提取液,涡旋振荡 1 min 后,4 000 r/min 离心 5 min。将上清液全部加入到固相萃取柱中,流出液弃去。再加入 6 mL 正己烷淋洗固相萃取柱,流出液弃去。用 2 mL 二氯甲烷洗脱固相萃取柱,收集洗脱液吹干。精密加入 400 μL 复溶液,涡旋混合 1 min,作为待测液,立即测定。

2. 辣椒油

称取辣椒油 5 g(精确至 0.01 g)于 15 mL 离心管中,加入 8 mL 正己烷进行提取,涡旋振荡 1 min 后,将上清液全部加入到固相萃取柱中,流出液弃去。再加入 6 mL 正己烷淋洗固相萃取柱,流出液弃去。用 2 mL 二氯甲烷洗脱固相萃取柱,收集洗脱液吹干。精密加入 400 μL 复溶液,涡旋混合 1 min,作为待测液,立即测定。

3. 辣椒粉

称取辣椒粉 3 g(精确至 0.01 g)于 50 mL 离心管中,加入 8 mL 乙腈提取,涡旋振荡 1 min 后,6 000 r/min 离心 5 min。转移上清液于 10 mL 离心管中,吹干后加入 2 mL 氢氧化钠溶液,涡旋混匀 30 s 后置于 80℃水浴皂化 5 min。再加入 2 mL 正己烷,涡旋萃取 30 s 后,6 000 r/min 离心 5 min,转移上清液于新的 10 mL 离心管中,加入无水硫酸镁 0.5 g,涡旋振荡 30 s 后,4 000 r/min 离心 5 min,转移上清液于 10 mL 离心管中吹干。精密加入 400 μL 复溶液,涡旋混合 1 min,作为待测液,立即测定。

(三)测定步骤

1. 试纸条与金标微孔测定步骤

吸取 200 μL 待测液于金标微孔中,抽吸 5～10 次使混合均匀,室温温浴 3～5 min,将试纸条吸水海绵端垂直向下插入金标微孔中,温浴 5～8 min,从微孔中取出试纸条,进行结果判定。

2. 检测卡与金标微孔测定步骤

吸取 200 μL 待测液于金标微孔中,抽吸 5～10 次使混合均匀,室温温浴 3～5 min,将金标微孔中全部溶液滴加到检测卡上的加样孔中,温浴 5～8 min,进行结果判定。

3. 质控试验

每批样品应同时进行空白试验和加标质控试验。

4. 空白试验

称取空白试样,按照操作步骤(一)和(二)与样品同法操作。

5. 加标质控试验

准确称取空白试样(精确至 0.01 g)置于具塞离心管中,加入一定体积的苏丹红Ⅰ标准中间液,使苏丹红Ⅰ添加浓度为 10 μg/kg,按照操作步骤(一)和(二)与样品同法操作。

五、实验数据记录与分析

通过对比控制线(C 线)和检测线(T 线)的颜色深浅进行结果判定。空白试验测定结果应为阴性,加标质控试验测定结果应为阳性。目视判定示意图见图 5-1 和图 5-2。

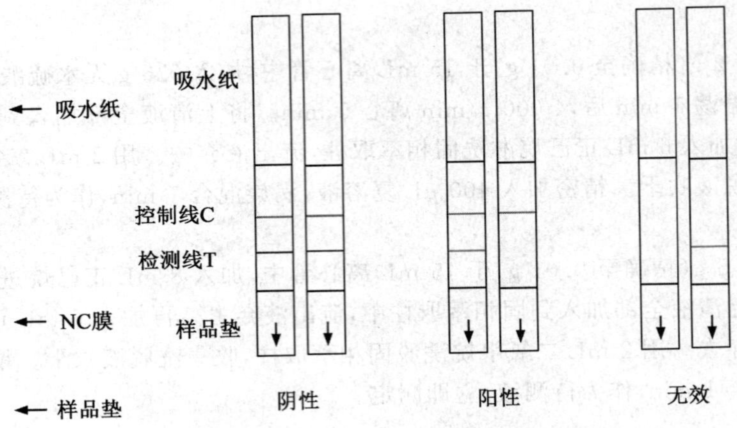

图 5-1 试纸条判定示意图

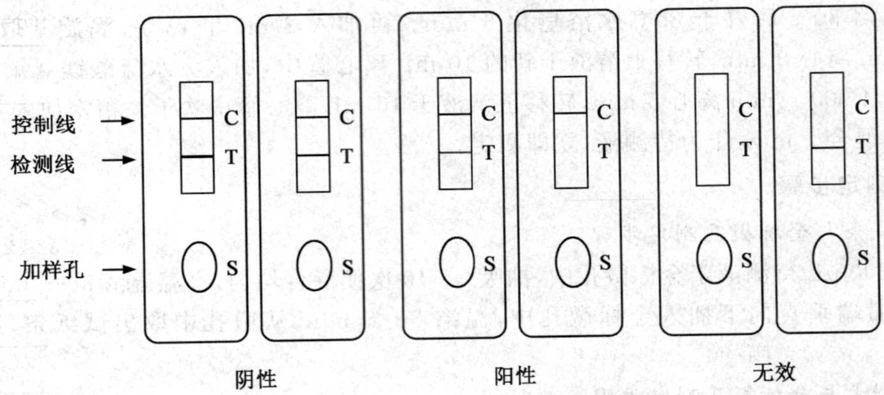

图 5-2 检测卡判定示意图

(一)无效

控制线(C线)不显色,表明不正确操作或试纸条/检测卡无效。

(二)阴性结果

检测线(T线)颜色比控制线(C线)颜色深或者检测线(T线)颜色与控制线(C线)颜色相当,表明样品中苏丹红Ⅰ低于方法检测限,判定为阴性。

(三)阳性结果

检测线(T线)不显色或检测线(T线)颜色比控制线(C线)颜色浅,表明样品中苏丹红Ⅰ的含量高于方法检测限,判定为阳性。

六、注意事项

(1)本方法所述试剂、试剂盒信息及操作步骤是为给使用者提供方便,在使用本方法时不做限定。方法使用者在使用替代试剂、试剂盒或操作步骤前,须对其进行考察,应满足本方法规定的各项性能指标。

(2)本方法参比标准为 GB/T 19681—2005《食品中苏丹红染料的检测方法高效液相色谱法》。

七、操作实施

(1)学生分成 3～5 人一组，各小组在老师指导下，通过网络教学资源等多渠道查询辣椒制品中苏丹红Ⅰ的快速检测胶体金免疫层析法的相关资料。

(2)各组根据汇总的相关资料，师生共同讨论、分析，用集体智慧完成辣椒制品中苏丹红Ⅰ的快速检测胶体金免疫层析法方案初稿，制作汇报提纲并选一代表进行学习汇报交流，对辣椒制品中苏丹红Ⅰ的快速检测胶体金免疫层析法方案进行修订。

(3)学生按照修订后的辣椒制品中苏丹红Ⅰ的快速检测胶体金免疫层析法方案，按规范要求，独立完成辣椒制品中苏丹红Ⅰ的快速检测胶体金免疫层析法任务，最终填写任务考核单(表 5-15)，教师在操作实施过程中巡回指导。

表 5-15　任务考核单：辣椒制品中苏丹红Ⅰ的快速检测

班级：　　　　姓名：　　　　学号：　　　　(时间：35 min，总分：100 分)

项目	考核内容	分值	考核记录(以“√”表示)	备注	得分
实验前的准备(10 分)	实验用品准备及摆放	10	物品准备合适，摆放合理，得 10 分		
			实验物品少选或多选，1 件扣 5 分，扣完为止		
试液的配置(20 分)	试剂和参考溶液的配置	20	操作正确规范，浓度正确，得 20 分		
			操作不规范，扣 10 分		
			浓度不正确，扣 10 分		
分析步骤(50 分)	试样的制备和提取	20	样品混合均匀，提取操作规范，得 20 分		
			样品混合不均匀，扣 5 分		
			操作不规范，扣 15 分		
	样品的测定	30	做空白和质控试验，操作规范，结果判定准确，得 30 分		
			做空白和质控试验，操作规范，扣 20 分		
			结果判定不准确，扣 10 分		
文明操作(10 分)	清理用物，整理台面	10	清扫实验台及收拾产生的垃圾，得 10 分		
			未清理所用实验物品，扣 5 分		
			未整理实验台面，扣 5 分		
时间(10 分)	操作时间	10	在规定时间内完成实验操作，得 10 分		
			每超过 1 min，扣 2 分，扣完 10 分为止		
合计					

(4)学生对完成工作任务的表现进行自评和互评,各小组进行总结、考核及评估,教师做出最后评价,填写教学反馈表(表 5-16)。

表 5-16 教学反馈表

辣椒制品中苏丹红Ⅰ的快速检测胶体金免疫层析法				
序号	调查内容	是	否	理由陈述
1	会利用收集的辣椒制品中苏丹红Ⅰ的快速检测胶体金免疫层析法的新信息归纳整理与分析吗?			
2	对于辣椒制品中苏丹红Ⅰ的快速检测胶体金免疫层析法技术要求是否清楚?			
3	检测结果表明样品中苏丹红Ⅰ的含量高于方法检测限,判定为阳性你是否可说明?			
4	你是否可总结出安全与规范的规程操作?			
5	对如何编制辣椒制品中苏丹红Ⅰ的快速检测胶体金免疫层析法方案是否心里有数?			
6	你能否独立完成制作方案汇报提纲,并进行学习汇报交流?			
7	与其他同学口头交流内容是否流畅?			
8	能否主动参与教学场所的清洁与整理工作?			
9	你对老师的本次操作实施任务教学满意吗?			
10	你对本小组完成本学习情境工作的配合满意吗?			
写出你对教学需要改进的建议和意见:				

任务 7 三聚氰胺的快速检测

任务内容

本任务主要介绍三聚氰胺的性质、危害,学习液体乳中三聚氰胺的快速检测方法,做好准备工作,选择几种方法按照操作步骤进行检测,判断三聚氰胺是否超标,完成工作页及评价与反馈。

知识准备

一、检测意义

三聚氰胺(melamine),化学式 $C_3N_3(NH_2)_3$,俗称密胺、蛋白精,国际纯粹与应用化学联合会(IUPAC)命名为1,3,5-三嗪-2,4,6-三胺,是一种三嗪类含氮杂环有机化合物,是一种重要的化工原料,目前广泛应用于木材、塑料、涂料、造纸、纺织、皮革、电器、医等行业。三聚氰胺为白色单斜晶体,几乎无味,不溶于冷水,溶于热水,微溶于乙二醇、甘油、乙醇,不溶于乙醚、苯、四氯化碳,可溶于甲醇、甲醛、乙酸、热乙二醇、甘油、吡啶等,不溶于丙酮、醚类。三聚氰胺不可燃,在常温下性质稳定。水溶液呈弱碱性(pH=8),与盐酸、硫酸、硝酸、乙酸、草酸等都能形成三聚氰胺盐。在中性或微碱性情况下,与甲醛缩合而成各种羟甲基三聚氰胺,但在微酸性中(pH 5.5～6.5)与羟甲基的衍生物进行缩聚反应而生成树脂产物。遇强酸或强碱水溶液水解,胺基逐步被羟基取代,先生成三聚氰酸二酰胺,进一步水解生成三聚氰酸一酰胺,最后生成三聚氰酸。三聚氰胺受热分解可以释放出剧毒的氰化物气体。

三聚氰胺本身毒性较低,成年人体内的三聚氰胺,大部分可以排出体外,但如果与三聚氰酸同时存在,会反应生成人体无法溶解的氰尿酸三聚氰胺,三聚氰胺是一种化工原料,可以提高蛋白质检测值。三聚氰胺的长期摄入将对人体造成危害,引起膀胱结石、肾结石甚至膀胱癌等疾病。在我国三聚氰胺既不是食品原料,也不是食品添加剂,禁止人为添加到食品中。有资料表明,三聚氰胺可能从环境、食品包装材料等途径进入到食品中,其含量很低。原国家卫生部等5部门关于三聚氰胺在食品中的限量值的公告中规定:婴儿配方食品中三聚氰胺的限量值为1 mg/kg,其他食品中三聚氰胺的限量值为2.5 mg/kg,高于上述限量的食品一律不得销售。2019年国家市场监督管理总局抽检情况显示,婴幼儿配方乳粉中“三聚氰胺”连续11年零检出。

二、检测概述

(一)色谱相关技术

色谱检测技术中高效液相色谱法测定范围广、样品组分分离效率高、分析速度快、可实现自动化,是目前测定三聚氰胺最常用的方法之一。气相色谱-质谱法用于三聚氰胺的检测具有高灵敏度、重现性好等优点,适用于进行微量三聚氰胺的定量分析。但衍生化步骤繁琐,易造成样品损失。液相色谱-串联质谱法(LC-MS/MS)将液相色谱的分离能力同质谱的高灵敏、特异性相结合,不需要进行衍生化就能实现对食品中三聚氰胺的快速筛查和定量分析。同GC-MS和HPLC法相比,简化了样品的处理步骤,并且具有检测速度快、定位准确、重复性好、检出限低等优点,已得到广泛应用。这三种检测方法更适合实验室环境对三聚氰胺的检测。

(二)常压质谱法

表面解吸常压化学电离质谱法(DAPCI-MS)以电晕放电产生初级能荷载体,可直接对复杂样品中的待测物分子进行选择性解吸和电离,结合质谱灵敏、特异性的优点,可实现在无需样品预处理条件下对复杂基质中的目标物分子的直接检测,具有分析速度快、高灵敏、回收率较好等特点，适宜用于大量样品的快速检测。直接实时电离质谱法(DART-MS)在大气压下通过高压放电产生激发态原子来解吸和电离样品中的目标物分子，然后由质谱完成检测。通过调节 DART 的气流温度，可对样品表面的待测物分子进行差异化解吸并离子化，且大多分析无需冗繁的样品处理和制备。另外，对块状样品和形状怪异的固体样本的分析特别有效，再无须关注样本的几何形状。因此 DART-MS 可实现各种形状样品中的三聚氰胺的快速检测。电喷雾萃取电离质谱法(EESI-MS)由电喷雾通道产生带电液滴，然后在三维环境内将分布在较大空间内的样品微液滴进行解吸和离子化。由于样品的引入与带电试剂液滴的产生相互隔离，因此 EESI 可以在无需样品预处理条件下对复杂基体样品进行直接、在线的分析。而对复杂基体良好的承受能力，极大地提高了分析的稳定性和灵敏度。

(三)其他检测方法

1. 酶联免疫吸附法

酶联免疫法(enzyme linked immuno sorbent assay，ELISA)使用萃取剂将样品中的三聚氰胺提取后进行免疫测定。该方法将三聚氰胺酶标记物，样品提取液及标准样加入到已经包被有三聚氰胺抗体的微孔中，然后在 30 min 的反应过程中，三聚氰胺与三聚氰胺酶标记物竞争结合微孔中的三聚氰胺抗体。反应结束后洗掉小孔中所有溶液，然后加入清澈的底物溶液，而结合三聚氰胺的酶标记物可将无色的底物转化为蓝色的物质。在 450 nm 波长处检测吸光度值，依据标准的吸光度值得出样品中三聚氰胺的含量。ELISA 法操作复杂，检测结果易受干扰且试剂盒昂贵，因此在实际分析中不易进行推广。

2. 拉曼光谱法

拉曼光谱分析技术是以拉曼效应为基础建立起来的分子结构表征技术，可以用来鉴定分子中存在的功能基团，实现化学分子的指纹辨识。表面增强拉曼光谱技术(SERS)是建立在拉曼光谱基础上的一种高灵敏检测技术，能够有效提高检出限，适用于痕量物质的检测。当三聚氰胺与增强基质共存时，利用三聚氰胺位于 708～714 cm^{-1} 的拉曼光谱特征峰及其强度，能够对三聚氰胺进行定性及半定量的快速测定。表面增强拉曼光谱法检测牛奶中非法添加三聚氰胺具有操作简单，快速和高灵敏度的优点，在奶粉质控方面应用前景佳。

3. 胶体金免疫层析技术

胶体金免疫层析技术(colloidal gold immuno chromatographic assay，GICA)是以胶体金为标记物的免疫层析技术，以抗原抗体特异性结合为基础、大孔径微孔滤膜为载体、胶体金为固相标记物来定性检测样品中的待测物质。首先需要将三聚氰胺进行分子修饰得到两种衍生物并制备成为免疫原和包被抗原。运用杂交瘤抗体制备技术得到抗三聚氰胺的单克隆抗体(m Ab)。然后制备胶体金并将胶体金与抗三聚氰胺单克隆抗体相连，所形成的金标抗体(Au-m Ab)包被在胶体金垫上，包被抗原和羊抗鼠二抗分别包被在硝酸纤维素膜(NC)上用以制备检测线(T 线)和质控线(C 线)。将胶体金垫、NC 膜、样品垫和吸水纸组装成免疫层析快速检测试剂条。将标准溶液(或待测液)滴加到样品垫上，观察胶体金的颜色深浅判断样品中三聚氰胺的含量。三聚氰胺胶体金速测卡检测灵敏度高，操作方便、快捷携带、储存方便，成本低，适合三聚氰胺的快速筛查，可用作三聚氰胺现场快速检测的有效手段。

操作实施

操作实施一　液体乳中三聚氰胺的快速检测(胶体金免疫层析法)

一、实施目的

(1)理解胶体金免疫层析法测定液体乳中三聚氰胺的基本原理。

(2)掌握胶体金免疫层析法测定液体乳中三聚氰胺的基本技能。

二、实施原理

本方法采用竞争抑制免疫层析原理。样品中的三聚氰胺与胶体金标记的特异性抗体结合,抑制抗体和试纸条或检测卡中检测线(T 线)上抗原的结合,从而导致检测线颜色深浅的变化。通过检测线与控制线(C 线)颜色深浅比较,对样品中三聚氰胺进行定性判定。

三、试剂与器材准备

(一)试剂

(1)甲醇。

(2)三羟甲基氨基甲烷(Tris)。

(3)1 mol/L 盐酸:移取 83 mL 浓盐酸,加入 900 mL 水中,定容至 1 L。

(4)甲醇水溶液:准确量取 50 mL 甲醇和 50 mL 水,混匀后备用。

(5)稀释液:准确称取 6.05 g Tris 和 8.5 g 1 mol/L 盐酸,加水定容至 1 L,混匀后备用。

(二)参考物质

参考物质的纯度≥99%,其他信息见表 5-17。

表 5-17　三聚氰胺参考物质相关信息

中文名称	英文名称	CAS 登录号	分子式	相对分子质量
三聚氰胺	Melamine	108-78-1	$C_3H_6N_6$	126.12

注:或等同可溯源物质。

(三)标准溶液的配制

三聚氰胺标准储备液(1 000 μg/mL):精密称取适量三聚氰胺标准品,置于 10 mL 容量瓶中,用甲醇水溶液溶解并稀释至刻度,摇匀,制成浓度为 1 000 μg/mL 的三聚氰胺标准储备液;或可直接购三聚氰胺标准储备液。4℃避光保存备用,有效期 3 个月。

(四)三聚氰胺胶体金免疫层析试剂盒

金标微孔(含胶体金标记的特异性抗体)和试纸条或检测卡。

(五)仪器和设备

移液器(200 μL、1 000 μL 和 5 mL),涡旋混合器,感量为 0.01 g 电子天平,环境条件温度 15～35℃,湿度≤80%。

四、操作步骤

(一)样品制备和提取

取适量有代表性样品,充分混匀后准确称取样品 0.5 g 于离心管中,加入 5 mL 稀释液,涡旋混匀提取 5 min,即得待测液。

(二)测定步骤

1. 试纸条与金标微孔测定步骤

吸取 150～200 μL 样品待测液于金标微孔中,抽吸 5～10 次使混合均匀,不要有气泡,40℃温浴 3 min,将检测试纸条样品端垂直向下插入金标微孔中,40℃温浴 5 min,从微孔中取出试纸条,进行结果判定。

2. 检测卡测定步骤

吸取 150～200 μL 样品待测液于检测卡加样孔中,室温反应 3～5 min,进行结果判定。

3. 质控试验

每批样品应同时进行空白试验和加标质控试验。

4. 空白试验

称取空白试样,按照操作步骤(一)和(二)与样品同法操作。

5. 加标质控试验

准确称取空白试样 100 g(精确至 0.01 g)置于 100 mL 玻璃溶液瓶中,加入 250 μL 三聚氰胺标准溶液(1 000 μg/mL),使试样中三聚氰胺浓度为 2.5 mg/kg,按照操作步骤(一)和分析步骤(二)与样品同法操作。

五、实验数据记录与分析

通过对比控制线(C 线)和检测线(T 线)的颜色深浅进行结果判定。目视结果判读如图 5-3。

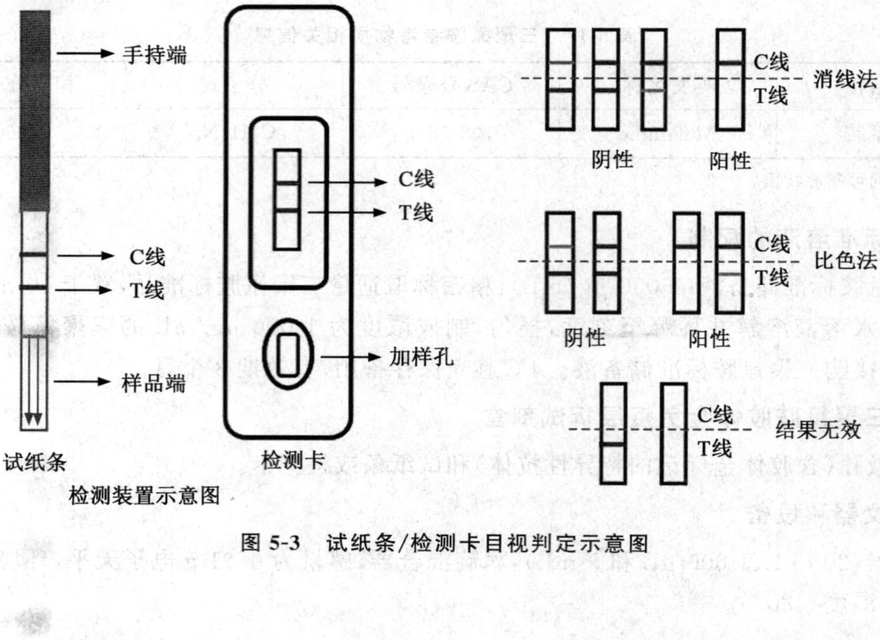

图 5-3 试纸条/检测卡目视判定示意图

(一)无效

控制线(C线)不显色,表明不正确操作或试纸条/检测卡无效。

(二)阳性结果

1.消线法

检测线(T线)不显色,控制线(C线)显色,表明样品中三聚氰胺含量高于方法检测限,判定为阳性。

2.比色法

检测线(T线)颜色比控制线(C线)颜色浅或几乎不显色,表明样品中三聚氰胺含量高于方法检测限,判定为阳性。

(三)阴性结果

1.消线法

检测线(T线)、控制线(C线)均显色,表明样品中三聚氰胺含量低于方法检测限,判定为阴性。

2.比色法

检测线(T线)颜色比控制线(C线)颜色深或者检测线(T线)颜色与控制线(C线)颜色相当,表明样品中三聚氰胺含量低于方法检测限,判定为阴性。

(四)质控试验要求

空白试验测定结果应为阴性,加标质控试验测定结果应为阳性。

(五)读数仪测定法

按读数仪说明书要求操作直接读取并进行结果判定。

六、注意事项

(1)本方法参比标准为《食品安全国家标准原料乳与乳制品中三聚氰胺检测方法》。

(2)本方法使用试剂盒可能与灭蝇胺存在交叉反应,当结果判定为阳性时,应采用实验室仪器方法对三聚氰胺结果进行确证。

七、操作实施

(1)学生分成3～5人一组,各小组在老师指导下,通过网络教学资源等多渠道查询液体乳中三聚氰胺的快速检测的相关资料。

(2)各组根据汇总的相关资料,师生共同讨论、分析,用集体智慧完成液体乳中三聚氰胺的快速检测(胶体金免疫层析法)方案初稿,制作汇报提纲并选一代表进行学习汇报交流,对液体乳中三聚氰胺的快速检测(胶体金免疫层析法)方案进行修订。

(3)学生按照修订后的液体乳中三聚氰胺的快速检测胶体金免疫层析法方案,按规范要求,独立完成液体乳中三聚氰胺(胶体金免疫层析法)的快速检测,最终填写任务考核单(表5-18),教师在操作实施过程中巡回指导。

表 5-18 任务考核单:液体乳中三聚氰胺的快速检测(胶体金免疫层析法)

班级:　　　　姓名:　　　　学号:　　　　(时间:20 min,总分:100 分)

项目	考核内容	分值	考核记录(以"√"表示)	备注	得分
实验前的准备(10 分)	实验用品准备及摆放	10	物品准备合适,摆放合理,得 10 分		
			实验物品少选或多选,1 件扣 5 分,扣完为止		
试液的配置(20 分)	试剂和参考溶液的配置	20	操作正确规范,浓度正确,得 20 分		
			操作不规范,扣 10 分		
			浓度不正确,扣 10 分		
分析步骤(50 分)	试样的制备和提取	20	样品混合均匀,提取操作规范,得 20 分		
			样品混合不均匀,扣 5 分		
			操作不规范,扣 15 分		
	样品的测定	30	做空白和质控试验,操作规范,结果判定准确,得 30 分		
			做空白和质控试验,操作规范,扣 20 分		
			结果判定不准确,扣 10 分		
文明操作(10 分)	清理用物,整理台面	10	清扫实验台及收拾产生的垃圾,得 10 分		
			未清理所用实验物品,扣 5 分		
			未整理实验台面,扣 5 分		
时间(10 分)	操作时间	10	在规定时间内完成实验操作,得 10 分		
			每超过 1 min,扣 2 分,扣完 10 分为止		
合计					

(4)学生对完成工作任务的表现进行自评和互评,各小组进行总结、考核及评估,教师做出最后评价,填写教学反馈表(表 5-19)。

表 5-19 教学反馈表

液体乳中三聚氰胺的快速检测(胶体金免疫层析法)				
序号	调查内容	是	否	理由陈述
1	会利用收集的液体乳中三聚氰胺的快速检测(胶体金免疫层析法)的新信息归纳整理与分析吗?			
2	对于液体乳中三聚氰胺的快速检测(胶体金免疫层析法)技术要求是否清楚?			
3	快速检测表明样品中三聚氰胺含量低于方法检测限,判定为阴性,你是否明白为什么?			

续表 5-19

序号	调查内容	是	否	理由陈述
4	你是否可说明液体乳中三聚氰胺的快速检测(胶体金免疫层析法)含量检测的意义?			
5	对如何编制液体乳中三聚氰胺的快速检测(胶体金免疫层析法)方案是否心里有数?			
6	你能否独立完成制作方案汇报提纲,并进行学习汇报交流?			
7	与其他同学口头交流内容是否流畅?			
8	能否主动参与教学场所的清洁与整理工作?能否按照安全与规范的规程操作?			
9	你对老师的本次操作实施任务教学满意吗?			
10	你对本小组完成本学习情境工作的配合满意吗?			

写出你对教学需要改进的建议和意见:

操作实施二　液体乳中三聚氰胺的快速检测(拉曼光谱法)

一、实施目的

(1)理解拉曼光谱法快速检测液体乳中三聚氰胺的基本原理。

(2)掌握拉曼光谱法快速检测液体乳中三聚氰胺的基本技能。

二、实施原理

样品经沉淀、溶剂提取,加表面增强拉曼试剂对信号增强,进行拉曼光谱扫描。以(704±10) cm^{-1} 处的拉曼特征峰作为三聚氰胺定量基准峰,以(925±10) cm^{-1} 或类似基质中稳定存在的拉曼峰为参比峰,根据三聚氰胺峰与参比峰的相对强度对三聚氰胺的浓度绘制标准曲线,内置仪器内进行判别。

三、试剂与器材准备

(一)试剂

1.三氯乙酸溶液(5%)

准确称取三氯乙酸 50 g 于 1 L 容量瓶中,用水溶解并定容至刻度,混匀后备用。

2.表面增强试剂

金或银纳米粒子溶胶,或相当者。表面增强试剂的参考配制方法如下:

(1)纳米金溶胶:取 100 mL 0.01%氯金酸($AuCl_3 \cdot HCl \cdot 4H_2O$)水溶液加热至沸,剧烈搅拌下准确加入 1.0 mL 1%柠檬酸三钠($Na_3C_6H_5O_7$)水溶液,金黄色的氯金酸水溶液在

2 min 内变为红色，继续煮沸 15 min，冷却后用蒸馏水补加到 100 mL。增强试剂配制用水为 GB/T 6682 规定的一级水。

(2)纳米银溶胶：取 200 mL 0.001 mol/L 硝酸银($AgNO_3$)水溶液加热沸腾，剧烈搅拌下逐滴准确滴加 5.0 mL 1%柠檬酸三钠($Na_3C_6H_5O_7$)水溶液，持续煮沸 1 h，溶液变为灰绿色，冷却后用蒸馏水补加到 200 mL。增强试剂配制用水为 GB/T 6682 规定的一级水。

3. 促凝剂

金溶胶的促凝剂：称取 5.85 g 氯化钠，溶于 100 mL 水中，摇匀，备用，或配制成其他相当的无机盐溶液。银溶胶的促凝剂：称取 5.85 g 氯化钠和 2 g 氢氧化钠，溶于 100 mL 水中，摇匀，备用，或配制成其他相当的无机盐溶液。

(二)参考物质

三聚氰胺参考物质纯度≥99%，其他信息见表 5-17。

注：或等同可溯源物质。

(三)标准溶液配制

三聚氰胺标准工作液(500 μg/mL)：精密称取三聚氰胺标准品适量，分别置于 100 mL 容量瓶中，用水溶解并稀释至刻度，摇匀，制成浓度为 500 μg/mL 的标准储备液。于 4℃避光保存，有效期 1 个月。

(四)仪器设备

便携式拉曼光谱仪[稳频激光光源：发射波长为(785±1) nm，线宽<0.1 nm，能量≥250 mW；光谱分辨率≤15 cm^{-1}；光谱响应范围 500～2 000 cm^{-1}，或大于该响应范围]，移液器(200 μL、1 mL 和 5 mL)，涡旋振荡器，离心机(转速≥6 000 r/min)，感量为 0.01 g 电子天平，2 mL 塑料具塞离心管。

四、操作步骤

(一)试样的提取

取 0.5 g 样品加到 2 mL 离心管中，再加入 1 mL 5%三氯乙酸溶液，涡旋 30 s 混匀；放入离心机，以不低于 6 000 r/min 转速离心 1 min；上清液备用。

(二)测定步骤

1. 拉曼光谱仪器参考条件

激光能量≥250 mW，数据采集时间≥2 s。

2. 测定

在仪器样品池中依次加入 100 μL 促凝剂，100 μL 表面增强试剂，50 μL 样品，快速摇晃均匀，等待 20 s 检测(检测需在样品加入后 1 min 内完成)。

3. 质控试验

每批样品应同时进行空白试验和加标质控试验。

4. 空白试验

称取空白试样，按照操作步骤(一)和(二)与样品同法操作。

5. 加标质控试验

准确称取空白试样 10 g 置于 15 mL 具塞离心管中，加入 50 μL 三聚氰胺标准工作液(500 μg/mL)，使三聚氰胺浓度为 2.5 mg/kg，按照操作步骤(一)和(二)与样品同法操作。

五、数据记录与分析

仪器软件将测试结果与标准谱图库中的三聚氰胺进行匹配计算，根据谱图（704±10）cm^{-1} 处特征拉曼光谱及内置校准曲线，对样品中的三聚氰胺进行结果判定：显示测试结果并判定阴性或阳性。阴性代表该样品不含有三聚氰胺或低于 2.5 mg/kg，阳性则代表该样品含有三聚氰胺且≥2.5 mg/kg。空白试样测定结果应为阴性，加标质控样品测定结果应为阳性。液态乳表面增强拉曼光谱图参见图 5-4。

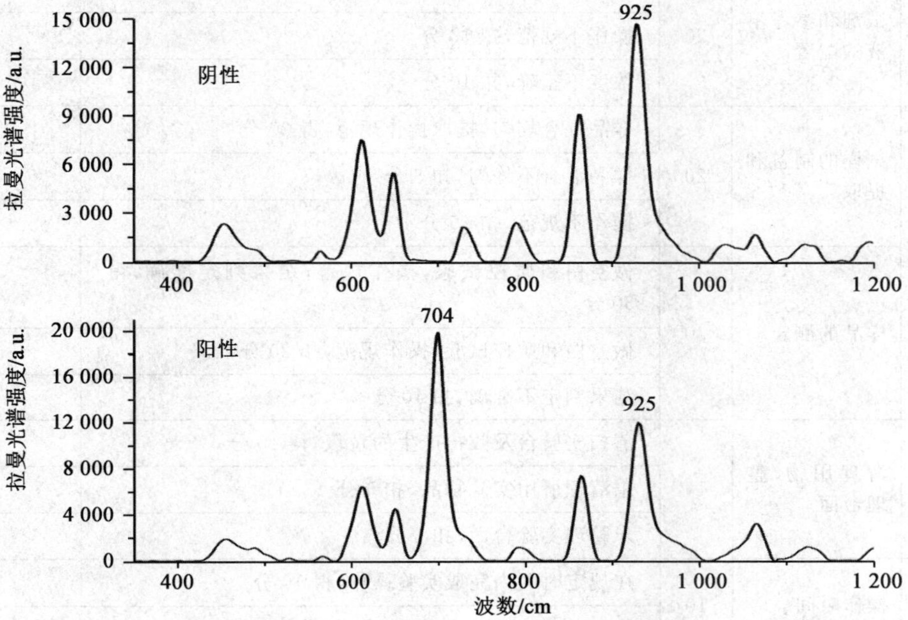

图 5-4　液态乳表面增强拉曼光谱图

六、注意事项

（1）本方法所述纳米表面增强试剂及促凝剂信息及操作步骤是为给方法使用者提供方便，在使用本方法时不做限定。方法使用者在使用替代试剂或操作步骤前，须对其进行考察，应满足本方法规定的各项性能指标。

（2）本方法参比标准为 GB/T 22388—2008《原料乳与乳制品中三聚氰胺检测方法》。

七、操作实施

（1）学生分成 3～5 人一组，各小组在老师指导下，通过网络教学资源等多渠道查询液体乳中三聚氰胺的快速检测拉曼光谱法的相关资料。

（2）各组根据汇总的相关资料，师生共同讨论、分析，用集体智慧完成液体乳中三聚氰胺的快速检测（拉曼光谱法）方案初稿，制作汇报提纲并选一代表进行学习汇报交流，对液体乳中三聚氰胺的快速检测（拉曼光谱法）方案进行修订。

（3）学生按照修订后的液体乳中三聚氰胺的快速检测（拉曼光谱法）方案，按规范要求，独立完成液体乳中三聚氰胺的快速检测（拉曼光谱法）任务，最终填写任务考核单（表 5-20），教师在操作实施过程中巡回指导。

表 5-20 任务考核单:液体乳中三聚氰胺的快速检测(拉曼光谱法)

班级: 姓名: 学号: (时间:15 min,总分:100 分)

项目	考核内容	分值	考核记录(以"√"表示)	备注	得分
实验前的准备(10 分)	实验用品准备及摆放	10	物品准备合适,摆放合理,得 10 分		
			实验物品少选或多选,1 件扣 5 分,扣完为止		
试液的配置(20 分)	试剂和参考溶液的配置	20	操作正确规范,浓度正确,得 20 分		
			操作不规范,扣 10 分		
			浓度不正确,扣 10 分		
分析步骤(50 分)	试样的制备和提取	20	样品混合均匀,提取操作规范,得 20 分		
			样品混合不均匀,扣 5 分		
			操作不规范,扣 15 分		
	样品的测定	30	做空白和质控试验,操作规范,结果判定准确,得 30 分		
			做空白和质控试验,操作规范,扣 20 分		
			结果判定不准确,扣 10 分		
文明操作(10 分)	清理用物,整理台面	10	清扫实验台及收拾产生的垃圾,得 10 分		
			未清理所用实验物品,扣 5 分		
			未整理实验台面,扣 5 分		
时间(10 分)	操作时间	10	在规定时间内完成实验操作,得 10 分		
			每超过 1 min,扣 2 分,扣完 10 分为止		
合计					

(4)学生对完成工作任务的表现进行自评和互评,各小组进行总结、考核及评估,教师做出最后评价,填写教学反馈表(表 5-21)。

表 5-21 教学反馈表

液体乳中三聚氰胺的快速检测(拉曼光谱法)				
序号	调查内容	是	否	理由陈述
1	会利用收集的液体乳中三聚氰胺的快速检测(拉曼光谱法)的新信息归纳整理与分析吗?			
2	对于液体乳中三聚氰胺的快速检测(拉曼光谱法)技术要求是否清楚?			
3	对样品中的三聚氰胺结果判定为阳性,你是否可说出原因?			
4	你是否明白液体乳中三聚氰胺的快速检测(拉曼光谱法)的意义?			

续表 5-21

序号	调查内容	是	否	理由陈述
5	对如何编制液体乳中三聚氰胺的快速检测拉曼光谱法方案是否心里有数？			
6	你能否独立完成制作方案汇报提纲，并进行学习汇报交流？			
7	与其他同学口头交流内容是否流畅？			
8	能否主动参与教学场所的清洁与整理工作？能否按照安全与规范的规程操作？			
9	你对老师的本次操作实施任务教学满意吗？			
10	你对本小组完成本学习情境工作的配合满意吗？			

写出你对教学需要改进的建议和意见：

操作实施三 液体乳中三聚氰胺的快速检测(配位法)

一、实施目的

(1)理解配位法快速检测液体乳中三聚氰胺的基本原理。

(2)掌握配位法快速检测液体乳中三聚氰胺的基本技能。

二、实施原理

样品中的三聚氰胺经特异性富集、净化后，选择性地与配位沉淀剂形成难溶配合物，在水中可以产生明显的浑浊现象，从而可以判断某一限量三聚氰胺的存在与否。

三、试剂与器材准备

试剂：吸附剂、解析剂Ⅰ、解析剂Ⅱ、沉淀剂 A、沉淀剂 B。

器材：磁子、自制 1.8 mL 漏勺、漏斗、小勺、注射器、试管、烧杯、洗液瓶、恒温水浴锅。

四、操作步骤

(1)用量筒量取待测牛奶样品 30 mL，加入 50 mL 烧杯中，用漏勺从试剂瓶中取出 1.8 mL(约 1.5 g)吸附剂 A 移至上述烧杯中，加入棒状磁子，在电磁搅拌器上常温搅拌至少 10 min。

(2)将烧杯中的物品用装有蒸馏水的洗液瓶边冲洗边倒入漏斗中并取出磁子，用洗液瓶充分清洗漏斗中的吸附剂 A 至其表面完全没有奶液，将漏斗中的吸附剂 A 倒入另一干净的烧杯内，备用。

(3)加入 1 mL 解析剂Ⅰ，同时再加入 60～80 mg 解析剂Ⅱ(约 3 小勺)，再将烧杯稍倾斜置于 60℃以上的水浴锅中加热至少 3 min，用注射器将上述烧杯中的解析液吸入注射器中，将注射器中的解析液(此时为浑浊液)移入干净的试管中。

(4)用滴管向试管中加入 0.25 mL(约 5 滴)沉淀剂 A,振荡得到更为浑浊的液体,用加有针头的另一注射器将上述试管中的沉淀剂 A 吸入注射器中,将针头换成微孔过滤膜,置入另一试管(12 mm×100 mm),通过微孔过滤膜慢慢过滤得到澄清液。

(5)用滴管向上述试管中加入 0.20 mL(约 4 滴)沉淀剂 B,振荡。

五、实验数据记录与分析

不变浑浊表示三聚氰胺含量低于 2 mg/kg;变浑浊表示含有三聚氰胺。

六、注意事项

(1)在操作步骤 3 中,烧杯倾斜确保解析液没过吸附剂 A,期间不停用玻璃棒搅拌。

(2)在操作步骤 5 中,所用滴管与前面步骤中的滴管不可混用。

七、操作实施

(1)学生分成 3～5 人一组,各小组在老师指导下,通过网络教学资源等多渠道查询快速检测配位法的相关资料。

(2)各组根据汇总的相关资料,师生共同讨论、分析,用集体智慧完成快速检测配位法方案初稿,制作汇报提纲并选一代表进行学习汇报交流,对快速检测配位法方案进行修订。

(3)学生按照修订后的快速检测配位法方案,按规范要求,独立完成快速检测配位法任务,最终填写任务考核单(表 5-22),教师在操作实施过程中巡回指导。

表 5-22 任务考核单:液体乳中三聚氰胺的快速检测(配位法)

班级: 姓名: 学号: (时间:25 min,总分:100 分)

项目	考核内容	分值	考核记录(以"√"表示)	备注	得分
实验前的准备(10 分)	实验用品准备及摆放	10	物品准备合适,摆放合理,得 10 分		
			实验物品少选或多选,1 件扣 5 分,扣完为止		
分析步骤(60 分)	试样测定	60	操作正确规范,结果正确,得 60 分		
			操作不规范,扣 5 分		
			结果不正确,扣 5 分		
文明操作(15 分)	清理用物,整理台面	15	清扫实验台及收拾产生的垃圾,得 15 分		
			未清理所用实验物品,扣 10 分		
			未整理实验台面,扣 5 分		
时间(15 分)	操作时间	15	在规定时间内完成实验操作,得 15 分		
			每超过 1 min,扣 2 分,扣完 15 分为止。		
合计					

(4)学生对完成工作任务的表现进行自评和互评,各小组进行总结、考核及评估,教师做出最后评价,填写教学反馈表(表 5-23)。

表 5-23 教学反馈表

液体乳中三聚氰胺的快速检测(配位法)				
序号	调查内容	是	否	理由陈述
1	会利用收集的快速检测配位法的新信息归纳整理与分析吗?			
2	对于快速检测配位法技术要求是否清楚?			
3	快速检测结果显示不变浑浊表示三聚氰胺含量低于 2 mg/kg,你是否明白为什么?			
4	你是否明白快速检测配位法的意义?			
5	对如何编制快速检测配位法方案是否心里有数?			
6	你能否独立完成制作方案汇报提纲,并进行学习汇报交流?			
7	与其他同学口头交流内容是否流畅?			
8	能否主动参与教学场所的清洁与整理工作?能否按照安全与规范的规程操作?			
9	你对老师的本次操作实施任务教学满意吗?			
10	你对本小组完成本学习情境工作的配合满意吗?			

写出你对教学需要改进的建议和意见:

操作实施四 三聚氰胺的快速检测(试剂盒定量测定法)

一、实施目的

(1)理解三聚氰胺的快速检测(试剂盒定量测定法)的基本原理。

(2)掌握三聚氰胺的快速检测(试剂盒定量测定法)的基本技能。

二、检测原理

利用萃取液通过均质及振荡的方式提取样品中的三聚氰胺进行免疫测定。先将三聚氰胺酶标记物、样品萃取物及标准样加入到已经包被有三聚氰胺抗体的微孔中开始反应。在 30 min 的孵育过程中,样品萃取物中的三聚氰胺与三聚氰胺酶标记物竞争结合微孔中的三聚氰胺抗体,孵育 30 min 后洗掉小孔中所有没有结合的三聚氰胺及三聚氰胺酶标记物。再用去离子水清洗,结束后每孔中加入清澈的底物溶液,结合的酶标记物将无色的底物转化为蓝色的物质,孵育 30 min 后停止此反应,根据各孔颜色深浅进行数据读取。依据标准的颜色得出样品中三聚氰胺的浓度值。

三、试剂与器材准备

(一)试剂

(1)试剂盒:在 2～8℃储存(不要冷冻),请于盒上标注日期前用完。

(2)蒸馏水或去离子水。

(3)吐温-20:化学纯。

(4)0.02 mol/L PBS:0.62 g $NaH_2PO_4 \cdot 2H_2O$+5.73 g $Na_2HPO_4 \cdot 12H_2O$+9 g NaCl,蒸馏水定容至 1 000 mL。

(5)清洗液:0.62 g $NaH_2PO_4 \cdot 2H_2O$+5.73 g $Na_2HPO_4 \cdot 12H_2O$+9 g NaCl,蒸馏水定容至 1 000 mL+0.5 mL 吐温-20。

(6)10%甲醇/0.02 mol/L PS:吸取 10 mL 甲醇,用 0.02 mol/L PS 定容至 100 mL

(7)60%甲醇/水溶液:取 60 mL 甲醇,用蒸馏水定容至 100 mL。

(二)仪器设备

吸水纸或相当的吸水材料、450 nm 的酶标仪、可吸取 50 μL、100 μL、150 μL 的移液器及吸头。

四、操作步骤

(1)从铝箔袋中拿出要求数量的微孔条,放入干燥剂并重新封好袋子以免微孔条受潮。

(2)吸取 150 μL 标准样到对应微孔中,必须保证每种溶液使用干净的吸头吸取,避免交叉污染。

(3)加入 50 L 三聚氰胺酶标记溶液到每个小孔中。混合 60 s,20～28℃下孵育 30 min。

(4)将微孔中的溶液倒入水槽中,用清洗液完全充满微孔,振荡后倒掉,重复 3 次,总共 4 次洗板。

(5)在吸水纸上拍打,尽可能将水拍干。每个微孔中加入 100 μL 底物溶液。混合 60 s,20～28℃下孵育 30 min。

(6)每个微孔中加入 100 μL 停止液。450 nm 下读板。在分析软件中进行数据处理,得到最终样品浓度值。

五、实验数据记录与分析

以标准样的吸光值为 Y 轴,以标准样的浓度的半对数为 X 轴,依据标准样品吸光值的点绘制直线,通过样品的吸光值可在线上找到与此相应的 Y 轴数值,则为样品的浓度。样品吸光值范围应比标准样的最低范围高,比最高范围低,即可说明此样品中三聚氰胺的含量大于 500 μg/kg 或小于 500 μg/kg。

六、注意事项

将所有试剂及样品回升至室温 20～28℃,但不要放置超过 24 h。

七、操作实施

(1)学生分成3～5人一组，各小组在老师指导下，通过网络教学资源等多渠道查询三聚氰胺的快速检测(试剂盒定量测定法)的相关资料。

(2)各组根据汇总的相关资料，师生共同讨论、分析，用集体智慧完成三聚氰胺的快速检测(试剂盒定量测定法)方案初稿，制作汇报提纲并选一代表进行学习汇报交流，对三聚氰胺的快速检测(试剂盒定量测定法)方案进行修订。

(3)学生按照修订后的三聚氰胺的快速检测(试剂盒定量测定法)，按规范要求，独立完成三聚氰胺的快速检测(试剂盒定量测定法)任务，最终填写任务考核单参考表5-22，教师在操作实施过程中巡回指导。

(4)学生对完成工作任务的表现进行自评和互评，各小组进行总结、考核及评估，教师做出最后评价，填写教学反馈表(表5-24)。

表5-24　教学反馈表

三聚氰胺的快速检测(试剂盒定量测定法)				
序号	调查内容	是	否	理由陈述
1	会利用收集的三聚氰胺的快速检测(试剂盒定量测定法)的新信息归纳整理与分析吗？			
2	对于三聚氰胺的快速检测(试剂盒定量测定法)技术要求是否清楚？			
3	样品中三聚氰胺的含量大于500 μg/kg或小于500 μg/kg，说明什么？			
4	试剂盒定量测定法快速测定三聚氰胺的意义？			
5	对如何编制三聚氰胺的快速检测(试剂盒定量测定法)方案是否心里有数？			
6	你能否独立完成制作方案汇报提纲，并进行学习汇报交流？			
7	与其他同学口头交流内容是否流畅？			
8	能否主动参与教学场所的清洁与整理工作？能否按照安全与规范的规程操作？			
9	你对老师的本次操作实施任务教学满意吗？			
10	你对本小组完成本学习情境工作的配合满意吗？			

写出你对教学需要改进的建议和意见：

学习小结

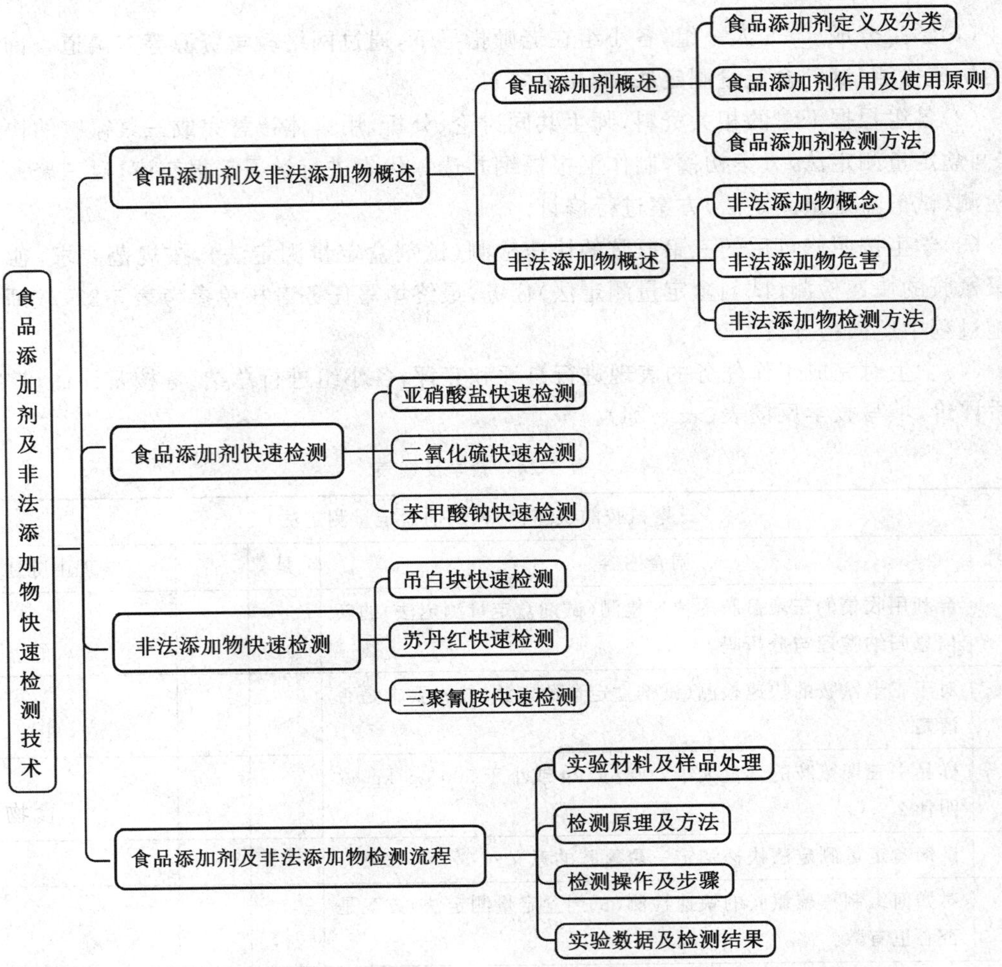

达标检测

一、选择题

1. 以下不属于护色剂的是？(　　)

A. 硝酸钠　　B. 亚硝酸钾　　C. 异抗坏血酸　　D. 硫酸铜

2. (　　)不属于亚硝酸盐允许使用的食品类别？

A. 干制造蔬菜　　B. 烟熏肉制品　　C. 肉灌肠　　D. 肉罐头

3. 以下不属于漂白剂的是？(　　)

A. 亚硫酸钠　　B. 焦亚硫酸钾　　C. 抗坏血酸钠　　D. 二氧化硫

4. 以下不属于二氧化硫作用的是？(　　)

A. 漂白作用　　B. 着色作用　　C. 防腐作用　　D. 抗氧化作用

5. 以下不属于可以使用苯甲酸钠的食品是？(　　)

A. 蜜饯凉果　　B. 胶基糖果　　C. 咖啡饮料　　D. 罐头

6. 食品加工添加吊白块是利用其分解产生(　　)具有增加食品弹性的作用。

A. 甲醛　　B. 二氧化硫　　C. 亚硫酸盐　　D. 硫酸

7. 下列描述属于三聚氰胺的化学性质的是？(　　)

A. 三聚氰胺性状为纯白色单斜棱晶体，无味

B. 快速加热升华，升华温度 300℃

C. 溶于热水，微溶于冷水，极微溶于热乙醇

D. 在一般情况下较稳定，但在高温下可能会分解放出氰化物

8. 以下属于食品添加剂的是？(　　)

A. 三聚氰胺　　B. 苏丹红　　C. 吊白块　　D. 甜蜜素

9. 下列物质中可能违法添加于食品中的是？(　　)

A. 胭脂红　　B. 硼砂　　C. 吊白块　　D. 明矾

10. 下列说法正确的是？(　　)

A. 苏丹红是一种食品添加剂，在食品中可以少量使用

B. 三聚氰胺受热分解可以释放出剧毒的氰化物气体

C. 不法分子在腐竹、米粉等食品中添加吊白块主要是为了蛋白质含量

D. 黄原胶属于非食用物质

二、填空题

1. ________是改善食品品质和色、香、味以及为防腐、保鲜和加工工艺的需要而加入食品中的化学合成或者天然的物质。

2. ________是亚硫酸盐在食品中存在的计量形式，亚硫酸盐主要包括亚硫酸钠、亚硫酸氢钠、连二亚硫酸钠、焦亚硫酸钠、焦亚硫酸钾和硫黄燃烧生成的二氧化硫等。

3. 防腐剂能防止由微生物引起的食物腐败变质，还能防止微生物繁殖而引起食物中毒的作用，故又称________。

三、简答题

1. 简述亚硝酸盐的速测原理。

2. 简述苯甲酸钠的速测原理。

3. 简述食品添加剂的使用原则及检测技术。

项目六

农产品掺假快速检测

【案例聚焦】

2020年的“地沟油”事件中，不良商贩将屠宰场的废弃物，主要包括猪、牛、羊屠宰以后内脏的隔膜，以及猪皮、牛皮、羊皮上刮下来的碎末，还有变质的动物内脏，压榨成油脂，销售到食品油加工企业，制成食品和火锅底料等。地沟油含有多种有毒物质，人们食用一定量会出现头晕、腹泻、腹痛等症状，甚至导致器官癌变。

【学习目标】

知识目标：熟悉农产品检测方法；掌握鲜牛奶、蜂蜜、注水肉和食用油的快速检测方法；掌握色谱仪器、光谱仪器等常用检测仪器的使用方法。

能力目标：能对农产品的常见掺假物质进行检测；能对农产品掺假结果进行分析和判定。

素质目标：培养学生具有良好的沟通展示、信息获取、策划能力和团队合作互助的精神；能恪守职业操守，具有食品质量安全、规范操作、责任、竞争和诚信意识；具有专心、细致、好学、敬业的精神，培养学生创新思维与发展能力。

【思维导图】

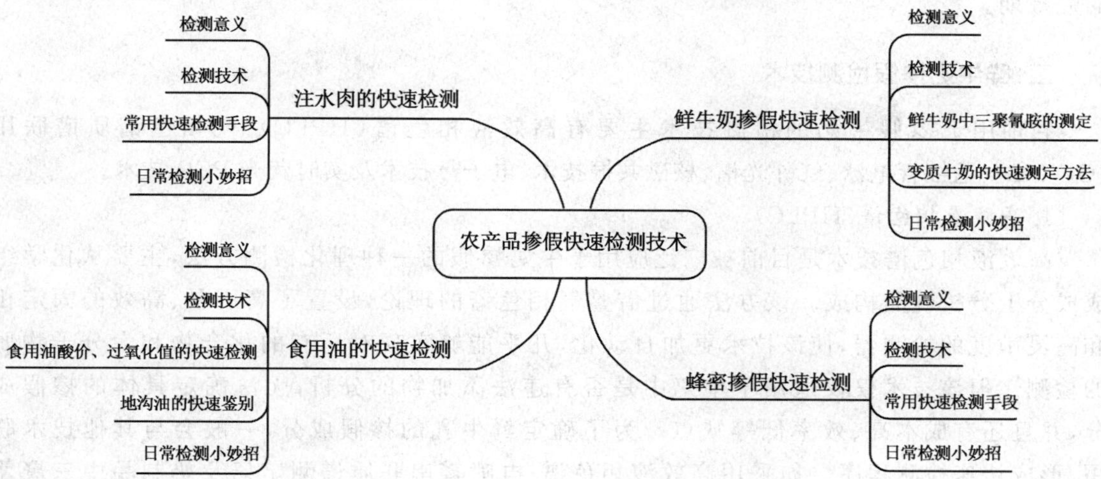

任务1　鲜牛奶掺假快速检测

任务内容

本任务主要介绍常见鲜牛奶掺假物、掺假目的以及鲜牛奶掺假危害，阐述鲜牛奶掺假检测技术，通过具体概念和性质研究、鲜牛奶掺假检测方法对比，指导乳产品检测人员辨别鲜牛乳掺假成分，并对鲜牛乳掺假检测方法进行梳理。

知识准备

一、鲜牛奶掺假概述

随着生活水平的不断提高，人们对于鲜牛奶的关注度逐渐攀升，牛奶及奶制品消费量也增长迅速，而关于鲜牛乳的食品安全问题也随之出现。有些商家为了虚假提高牛乳品质而加入非食用物质或有毒有害物质，还有一些甚至是为了掩盖生鲜牛乳真实的质量而加入防腐物质，这些牛乳掺假行为不仅使牛奶的营养价值降低，更给消费者的健康埋下安全隐患。

通常鲜牛乳掺假是指人为向天然牛乳中添加廉价或没有营养价值的物质。目前，鲜牛奶中常见的掺假物质除了水之外主要有电解质[$NaCl$、$Ca(OH)_2$、Na_2SO_4等]、非电解质(尿素、蔗糖等)和胶体物质(豆浆、米汤等)、防腐剂(CH_2O、$NaNO_2$、H_2O_2等) 四大类。其中掺水是为了增加鲜牛乳的重量；添加电解质的主要目的是能使变质牛奶的风味得到一定的改善；添加尿素、蔗糖等非电解质的目的是使鲜牛奶中的氮元素含量升高，便于应对官方检测，如

“三鹿奶粉”事件，同时还能提升原奶的相对密度；添加胶体物质的目的是为了增加乳汁的稠度，使鲜牛奶的黏稠度增强；添加防腐剂主要是为了达到杀菌防腐的目的，从而延长牛奶的贮藏期。

二、鲜牛奶掺假检测技术

目前用于掺假牛奶的检测技术主要有高效液相色谱（HPLC）、气相色谱质谱联用（GC-MS）、毛细管电泳、红外光谱、核磁共振技术、电子鼻技术及实时荧光 PCR 技术。

1. 高效液相色谱（HPLC）

高效液相色谱技术是目前被广泛应用于牛奶掺假的一种理化检测方法，主要从化学组成成分上分析乳品构成。该方法通过借鉴气相色谱的理论，设置了高压泵、高效的固定相和高灵敏度的检测器，使该技术更加自动化，几乎能够实现对所有的化合物和大分子物质的检测。但该技术仅仅适用于牛奶中是否有违法添加物的分析，无法确定具体的掺假成分，并且还有成本高、效率低等缺点。为了确定鲜牛乳的掺假成分，一般会与其他技术联用，形成快速检测程序。如采用高效液相色谱/电喷雾串联质谱测定奶及奶制品中三聚氰胺及其母体环丙氨嗪。目前该技术已被作为检测原料乳及乳制品中掺三聚氰胺的标准方法（GB/T 22388—2008）。

2. 气相色谱质谱联用法（Ge-MS）

气相色谱多用来判别牛乳脂肪掺假，首先提取脂肪，然后皂化脂肪，最后用气相色谱来分析脂肪酸钾盐。

3. 毛细管电泳法

根据蛋白的多态性以及酪蛋白容易聚集的特点，采用毛细管电泳法可以对牛乳中乳蛋白和非乳蛋白进行分离、定性及定量分析。毛细管电泳技术在乳品原料质量检测及加工控制等方面应用潜力巨大。但由于毛细管电泳设备昂贵，操作人员需要一定的训练，是目前制约此项技术普及的主要原因。

4. 红外光谱法

红外光谱是一种介于可见光谱与微波光谱之间的一种自然光，其波长范围在 760～1 000 000 nm，可以分为近红外（780～2 500 nm）、中红外（2 500～5 000 nm）、远红外（5 000～1 000 000 nm）3 个谱区。中红外光谱区因其吸收峰较高而窄的特点较适用于对牛奶的定性、定量分析；近红外光谱区主要是分子中化学键的倍频或合频振动，其谱图具有吸收强度弱、谱带宽的特点，适用于对牛奶的定量分析。红外光谱法具有分析快速、操作方便、成本低、对样品不造成损伤、无需前处理、再现性好、不污染环境等优点。但是官能团吸收峰的相互重叠及各种噪音的影响，使得测定结果有所偏差。

5. 核磁共振技术

核磁共振（NMR）即在静磁场中，具有磁性的原子核存在不同能级，用特定频率的电磁波照射样品，当电磁波能量等于能级差时，原子核吸收电磁能发生跃迁，产生共振吸收信号，并通过记录仪自动描记为图谱，即核磁共振波谱。氢原子具有固定磁矩，而且广泛存在于脂肪、水、天然产物以及碳氢化合物等食品原料及成品中，在场与交变磁场的作用下，以电磁波的形式吸收或释放能量，发生原子核的跃迁，同时产生核磁共振信号。利用氢原子核在磁场中的活动特性，追踪被测食品中含氢原子的物质，特别是水的存在状态随时间的改变而产生的变化，可以对鲜牛乳和掺假牛乳进行辨别。

6. 电子鼻检测

电子鼻是在 20 世纪 90 年代发展起来的一种新颖的分析、识别和检测复杂嗅味和挥发性成分的人工嗅觉装置。它模拟人的鼻子，闻到的是目标总体气息，它不仅可以根据各种不同的气味测到的不同的信号，而且可以将这些信号与经训练后建立的数据库中的信号加以比较，进行判断识别，因而具有类似鼻子的功能。电子鼻在乳制品成熟期和货架期的预测、乳中的挥发性物质的分析、乳中微生物的分类、干酪种类的分类和乳制品产区等方面都有应用。

7. 实时荧光 PCR 技术

实时荧光 PCR 技术主要是针对高价奶中掺廉价奶的检测。实时荧光 PCR 技术对食品掺假成分的检测是基于对其特定 DNA 分子的识别，根据标记信号的有无及强弱来判断。DNA 分子具有较高的热稳定性，其核苷酸序列不会因环境和加工条件的影响而改变，比基于蛋白质分子的高效液相色谱技术更适于深加工食品的检测。

操作实施

操作实施一　变质牛奶的快速筛查

一、实施目的

(1)理解酸度滴定法测定变质牛奶的基本原理。

(2)掌握变质牛奶速测的基本技能。

二、实施原理

新鲜牛乳及巴氏杀菌、灭菌乳的正常酸度值在 16～18°T。酸度高于 18°T 时为不新鲜的乳。

三、试剂与器材准备

(1)装有 0.1 moL/L 氢氧化钠标准溶液的滴瓶。

(2)1%酚酞指示剂，称取酚酞 1 g 溶解于 100 mL 95%乙醇中，变色范围 pH(8.2～10.0)。

四、操作步骤

(1)吸取 10.0 mL 牛奶于 50 mL 或 100 mL 三角瓶中，加入 20 mL 煮沸后放凉的水或市售名牌瓶装蒸馏水，加 4 滴酚酞指示剂，混匀。

(2)用装有氢氧化钠标准溶液的滴瓶直立式滴定至初现粉红色，并在 30 s 内不褪色为止。记录所消耗试液的滴数(D)。同时做一份空白对照实验并记录所消耗试液的滴数(B)，将数据带入公式计算牛乳酸度(°T)。

$$牛乳酸度(°T)=(D-B)\times 0.06\times 10$$

五、实验数据记录与分析

滴定液消耗 26～30 滴以内者为合格新鲜牛乳,即酸度为 16～18°T,否则为不新鲜的乳。试验数据填入表 6-1。

表 6-1　变质牛奶检测记录单

样品名称	对照样品消耗试液	样品消耗试液	牛乳酸度	结果判定

六、注意事项

(1)滴定时注意滴瓶的直立性以减少误差。

(2)当消耗滴定液的滴数与规定值相差 1 滴时,应考虑到现场操作误差的存在,可送实验室精确定量。

(3)试剂质量控制。

(4)氢氧化钠标准溶液的浓度保持在(0.100 8±0.000 8) moL。

(5)滴头滴数保持在(0.060±0.002) mL/滴。

七、操作实施

(1)学生分成 3～5 人一组,各小组在老师指导下,通过网络教学资源等多渠道查询变质牛奶的快速检测的相关资料。

(2)各组根据汇总的相关资料,师生共同讨论、分析,用集体智慧完成变质牛奶的快速检测方案初稿,制作汇报提纲并选一代表进行学习汇报交流,对变质牛奶的快速检测方案进行修订。

(3)学生按照修订后的变质牛奶的快速筛查方案,按规范要求,独立完成变质牛奶的快速检测任务,最终填写任务考核单(表 6-2),教师在操作实施过程中巡回指导。

表 6-2 任务考核单:变质牛奶的快速检测

班级:　　　　　　　　　　姓名:　　　　　　　　　　学号:　　　　　　　　　　(时间:30 min,总分:100 分)

项目	考核内容	分值	考核记录(以"√"表示)	备注	得分
实验前的准备(10 分)	实验用品准备及摆放	10	物品准备合适,摆放合理,得 10 分		
			实验物品少选或多选,1 件扣 5 分,扣完为止		
样品前处理(25 分)	取样操作	25	吸取 10.0 mL 牛奶于 50 mL 或 100 mL 三角瓶中,加入 20 mL 蒸馏水,加 4 滴酚酞指示剂,混匀,得 25 分		
			样品滴落在试验台上,扣 5 分		
			三角瓶等器材未清洗,扣 5 分		
			取样过少或过多,扣 7 分		
			指示剂漏加,扣 5 分		
实验操作(40 分)	酸碱滴定实验	40	用装有氢氧化钠标准溶液的滴瓶直立式滴定至初现粉红色,并在 30 s 内不褪色为止。记录所消耗试液的滴数,同时正确滴定空白对照实验,得 40 分		
			滴定管使用不正确,扣 5 分		
			滴定管管尖有气泡,扣 5 分		
			滴定管倾斜不自然垂直,扣 5 分		
			零点调整不正确,扣 5 分		
			空白对照设置不合理,扣 5 分		
			滴定终点判断不合理,扣 5 分		
			样品试剂混合不均匀,扣 5 分		
数据处理(10 分)	数据处理与上传	10	正确记录实验数据,计算牛乳酸度值,完成实验记录,得 10 分		
			实验结果记录不正确,扣 2 分		
			结果判定不正确,扣 2 分		
			实验报告记录不规范,扣 5 分		
文明操作(5 分)	清理用物,整理台面	5	清扫实验台及收拾产生的垃圾,得 5 分		
			未清理所用实验物品,扣 2 分		
			未整理实验台面,扣 3 分		
时间(10 分)	操作时间	10	在规定时间内完成实验操作,得 10 分		
			每超过 1 min,扣 2 分,扣完 10 分为止		
			合计		

(4)学生对完成工作任务的表现进行自评和互评，各小组进行总结、考核及评估，教师做出最后评价，填写教学反馈表(表 6-3)。

表 6-3 教学反馈表

变质牛奶的快速检测				
序号	调查内容	是	否	理由陈述
1	会利用收集的变质牛奶的快速检测的新信息归纳整理与分析吗？			
2	对于变质牛奶的快速检测技术要求是否清楚？			
3	牛乳的酸度是指什么？你是否明白？			
4	牛乳酸度测定中为何以 pH 8.2 为滴定终点，而不是 pH 7？你是否清楚？			
5	对如何编制变质牛奶的快速检测方案是否心里有数？			
6	你能否独立完成制作方案汇报提纲，并进行学习汇报交流？			
7	与其他同学口头交流内容是否流畅？			
8	能否主动参与教学场所的清洁与整理工作？能否按照安全与规范的规程操作？			
9	你对老师的本次操作实施任务教学满意吗？			
10	你对本小组完成本学习情境工作的配合满意吗？			

写出你对教学需要改进的建议和意见：

知识链接

掺假牛奶检测小妙招

1. 掺淀粉或米汤牛奶的检验法

取少量新鲜牛奶(5 mL)，加热煮沸，待放冷后加入 3～5 滴碘液摇匀，如出现蓝色或青蓝色反应现象，即可判定奶样中有淀粉或者米汤掺入，若没有蓝色反应出现，则为正常牛奶。

2. 含防腐剂和抗生素牛奶的检验方法

取少量牛奶放入碗中，加一滴酸败牛奶(变质牛奶)混匀后盖保鲜膜，室温 25～37℃下放置 4 h，观察其是否凝固。如果凝固则为正常；如果不凝固，则说明有防腐剂或抗生素。

3. 掺水的检测

鲜牛奶掺水后密度会降低，可通过测牛奶密度的方法判断是否掺水。正常牛乳的密度应为 1.028～1.032 kg/L，对于密度低于 1.028 kg/L 的牛乳即可视为异常乳。

测定方法：将鲜牛奶充分搅拌均匀，取奶样 400～500 mL，沿量筒壁缓慢倒入，后将密度计轻轻插入量筒内，待静止后读数。同时测定牛奶的温度，最后算出密度值。

任务2　蜂蜜掺假的快速检测

任务内容

本任务主要介绍常见蜂蜜掺假物、掺假目的以及蜂蜜掺假危害，阐述蜂蜜掺假检测技术，通过具体概念和性质研究，蜂蜜掺假检测方法对比，指导农产品检测人员辨别蜂蜜掺假成分，并对蜂蜜掺假检测方法进行梳理。

知识准备

一、蜂蜜掺假概述

纯天然蜂蜜是一种略黏稠的溶液，通常含有80%～85%的糖类（主要是葡萄糖、果糖、麦芽糖和蔗糖），15%～20%的水，0.1%～5%的蛋白质，0.1%～2%的灰分、氨基酸、酶和维生素、酚类抗氧化剂和一些微量矿物质。近年来随着人民生活水平的提高以及对蜂蜜营养价值的认识，对蜂蜜的需求量不断增加，在利益的驱使下，一些蜂农和不法商贩通过各种方式对蜂蜜进行掺假，严重扰乱了蜂蜜市场，损害了正规蜂农的利益。目前市场上的蜂蜜掺假形式主要有以下几种：

(1)掺入糖类物质，主要是蔗糖、淀粉、蜂蜜香精、羧甲基纤维素钠、色素等物质。这些物质的添加增加了蜂蜜的黏稠度、色泽和风味。

(2)以次充好，以劣质蜜或杂花蜜充当优质单花蜜；将未成熟蜜掺入优质的成熟蜜。单花蜜是蜜蜂采集单一植物花蜜酿造成的蜂蜜，其口感、营养价值、生理功效以及养殖成本均在杂花蜜之上，市场价格也较高，且国家对单一植物为蜜源的蜂蜜纯度要求不明确，不法商人为了谋取利益，经常会以廉价杂花蜜来代替单花蜜。成熟蜜是指在蜂蜜酿造过程中，在巢脾中经过物质转化、脱水和充分的酿造，水分含量低于21%，风味和营养价值更高的蜂蜜，而未成熟蜜只发酵了1～2 d，水分含量高，物质也未经过充分转化，蜜液较稀，口感也略差，价格也不及成熟蜜高。

(3)掺入外源糖浆，添加糖浆如大米糖浆、高果糖浆、玉米糖浆等，这种掺假方式最为常见。尤其是添加大米糖浆等C_3植物糖浆，由于其同位素比和蜂蜜非常类似，糖浆中果糖、葡萄糖含量以及两者的比值与真蜂蜜的都非常接近，而且加入糖浆后各项理化指标完全符合国家标准，甚至使一些理化指标得到了强化，这极大地增加了蜂蜜掺假检测工作的难度。

二、检测方法概述

近年来，蜂蜜掺假事件频频发生，掺假手段越来越高明，但新的检测技术也越来越先进。目前蜂蜜真伪的鉴别方法主要包括色谱技术，如气相色谱法、高效液相色谱法和同位素色谱法；光谱技术，如近红外光谱法和拉曼光谱法等。

(一)色谱法

1.高效液相色谱法

高效液相色谱(HPLC)具有良好的分离能力，可以通过设定不同的色谱条件达到各种物质的分离，并进行定量定性分析，是最常规的分析性仪器。通过液相色谱测定蜂蜜中糖类物质组成及含量、氨基酸组成、黄酮类物质组成、羟甲基糠醛以及农药残留等，可以判断蜂蜜的品质、植物源、产地和进行掺假鉴别。可将蜂蜜与淀粉糖浆色谱保留时间进行比对，找出特殊色谱峰进行分析，判断蜂蜜是否进行了掺假。

2. 离子色谱法

高效阴离子交换-脉冲安倍检测技术（HPAEC-PAD）测定蜂蜜中的糖类物质组成及含量差异。糖类呈弱酸性，其 pKa 值为 12～13，在强碱性条件下可电离为阴离子，在色谱柱中经离子交换和吸附作用，最终在电极表面发生氧化还原反应，并产生相应的电流变化，通过检测器检测出来产生信号，形成样品色谱图。HPAEC-PAD 操作简单、分离性能好，灵敏度高，应用较为广泛。

高效阴离子交换-脉冲安倍检测技术与液相色谱法相比，检测灵敏度较高，可同时检测聚合度（DP）范围较宽的低聚糖和多糖成分，但此方法只适用于含有多糖（DP11～DP17）或同时含有低聚糖和多糖（DP3～DP16）的糖浆掺假，且样品前处理要求较高，操作较麻烦，所用仪器也不够普及。

3. 气相色谱法

气相色谱及气相色谱质谱联用技术可以通过测定蜂蜜中的挥发性成分来判断蜂蜜的来源以及产地。在蜂蜜掺假方面的应用主要是通过 GC 以及 GC-MS 技术测定蜂蜜中的特殊性物质或者糖类来判别蜂蜜是否掺假。气相色谱法气相色谱及气相色谱质谱联用技术可以通过测定蜂蜜中的挥发性成分来判断蜂蜜的来源以及产地。

4. 薄层色谱法

我国现行有效的标准 GB/T 18932.2—2002 使用的方法中，通过薄层色谱法测定蜂蜜中是否掺入高果糖淀粉糖浆。蜂蜜样液首先经活性炭-硅藻土柱进行净化提纯，高分子糖进行富集和浓缩，再通过薄层色谱法分离、检测，判断 R_f 值在 0.35 以下区域斑点分布状况。纯蜂蜜在 0.35 以上有 2～3 个斑点，而糖浆和掺有糖浆的蜂蜜，在原点开始就出现了斑点群，若有此现象，可已初步判断为掺有高果糖淀粉糖浆，再经过确认验证，若在 R_f 值 0.35 以下区域出现蓝色带状斑点群，就可判定为掺假蜂蜜。

(二)稳定同位素类比法

植物经过不同的光合作用途径，分别为 Hatch-Slack 循环（C_4 循环）和 Calvin-Benson 循环（C_3循环），将植物分为三类：C_3 植物（双子叶植物）、C_4 植物（单子叶植物）、介于 C_3 和 C_4 之间的一类植物，其$^{13}C/^{12}C$（$\delta^{13}C$）比值不同。C_3 植物的 $\delta^{13}C$ 值在－23‰～28‰，而 C_4 植物的 $\delta^{13}C$ 值在－9‰～15‰，C_4 植物的^{13}C 值高于 C_3 植物，蜜源植物绝大部分为 C_3 植物，而目前用于掺假的糖浆，大多是通过 C_4 植物淀粉转化而来的。

稳定碳同位素比率法测定蜂蜜掺假的标准为以蜂蜜蛋白质的 $\delta^{13}C$ 值为内标，同时检测蜂蜜的 $\delta^{13}C$ 值，根据两者的差值来判别蜂蜜的掺假程度。这种方法能够检测到的最低掺假量为 7%。我国国家标准方法 GB/T 18932.1 蜂蜜中 C_4植物糖含量测定方法部分采用了 AOAC 方法 998.12 蜂蜜中 C_4 植物糖含量-内标稳定碳同位素比率法，用于鉴别蜂蜜中是否掺有玉米糖浆。

(三)光谱法

光谱法在蜂蜜掺假检测方面的应用主要有红外光谱，包括中红外和近红外、拉曼光谱、荧光光谱、核磁共振等，其原理是利用真假蜂蜜中主要化学物质的不同，例如糖或者氨基酸等，获得光谱数据，再结合统计学分析方法进行模式识别对这些数据进行辨别分析，对蜂蜜的真假做出鉴别。

光谱法虽然操作简单，但蜂蜜和糖浆的图谱非常相似，很难直观地从图谱中进行鉴定，需借助统计学方法建立模型来对样品进行分类。建模需要大量的样本，而且由于蜂蜜本身的多样性和差异性，给建模带来了一定的难度，红外和拉曼光谱仪器比较昂贵，很难做到大面积的推广普及。

(四)示差扫描量热法

示差扫描量热法(DSC)法是通过分析样品的热行为进行蜂蜜掺假鉴别的方法，其具有分辨率高、所需样品少、灵敏度高等优点，近年来逐渐用于食品品质和掺假检测。通过测定蜂蜜和糖浆的不同热力学参数，例如玻璃化温度(Tg)、熔化焓(ΔH)、比热容(ΔCp)等，寻找差异性，进而判定样品是否掺假。

操作实施

操作实施一　蜂蜜掺水、蔗糖、淀粉快速检测

一、实施目的

(1)理解蜂蜜掺假的检测原理。

(2)掌握蜂蜜掺水、掺蔗糖以及掺淀粉的快速检测技术。

二、实施原理

通过检验蜂蜜中是否含有不正常的水分、蔗糖或淀粉来达到检测的效果。

三、试剂与器材准备

试剂：1%硝酸银溶液、间苯二酚、1%碘化钾；

器材：滤纸、波美计、玻璃板、电吹风。

四、操作步骤

(一)蜂蜜中掺水的检验

波美计检验法：将蜂蜜放入口径4～5 cm的500 mL玻璃量筒内待气泡消失后，将清洁的波美计轻轻放入，让其自然下降，波美计停留在某一刻度不再下降，即指示蜂蜜的浓度，温度保持15℃。纯正的蜂蜜浓度在42 °Bé，若高于15℃，要以增加的度数乘以0.05再加所测数值为实际浓度。

(二)蜂蜜中掺蔗糖的检验

化学检验：取蜂蜜1 mL加4 mL水，充分振荡搅拌，若有混浊或沉淀，滴加数滴1%的

硝酸银溶液，有絮状物产生者，是掺入了蔗糖的蜜。或者取蜂蜜 2 mL 于试管中，加入 0.1 g 间苯二酚，若出现红色，说明加入蔗糖，同时做空白对照。

(三)蜂蜜中掺淀粉的检验

化学检验：取样蜜 5 g 加 20 mL 蒸馏水稀释，煮沸后放凉，加入碘试剂(取 1～2 粒碘溶于 1%碘化钾溶液 20 mL 中混匀)2 滴，如出现蓝色或蓝紫色则可认为掺入了淀粉类物质，如呈现红色，则可认为掺有糊精；若保持黄褐色不变，则说明蜂蜜纯正。

五、实验数据记录与分析

将实验结果在表 6-4 中进行记录。

表 6-4 蜂蜜掺假实验记录单

样品名称	检测对象	检测方法	现象	结果判定

六、注意事项

蜂蜜中掺水、掺蔗糖、掺淀粉均可以通过物理检验或感官检验进行初步的快检。

(1)掺水物理检验：取蜂蜜数滴，滴在滤纸上，优质的蜂蜜含水量低，所以滴落后不会很快浸透滤纸；掺水的蜂蜜滴落后很快浸透、消散，散开速度越快，掺的水分越多。

(2)掺蔗糖物理检验：将样蜜少许置于玻璃板上，强烈日光曝晒(或电吹风吹)，掺有蔗糖的蜜会因糖浆结晶而成为坚硬的板状结块；而纯蜂蜜仍呈黏稠状。

(3)掺淀粉感官检验：蜂蜜掺淀粉时，一般先将淀粉熬成糊加入一些蔗糖后，再掺入蜜中。因这种掺假蜜混浊而不透明，蜜味淡薄，用水稀释后仍然混浊。

七、操作实施

(1)学生分成 3～5 人一组，各小组在老师指导下，通过网络教学资源等多渠道查询蜂蜜掺水、蔗糖、淀粉快速检测的相关资料。

(2)各组根据汇总的相关资料，师生共同讨论、分析，用集体智慧完成蜂蜜掺水、蔗糖、淀粉快速检测方案初稿，制作汇报提纲并选一代表进行学习汇报交流，对蜂蜜掺水、蔗糖、淀粉快速检测方案进行修订。

(3)学生按照修订后的蜂蜜掺水、蔗糖、淀粉快速检测方案，按规范要求，独立完成蜂蜜掺水、蔗糖、淀粉快速检测任务，最终填写任务考核单(表 6-5)，教师在操作实施过程中巡回指导。

表 6-5　任务考核单:蜂蜜掺水、蔗糖、淀粉快速检测

班级:　　　　　　　姓名:　　　　　　　学号:　　　　　　　(时间:30 min,总分:100 分)

项目	考核内容	分值	考核记录(以"√"表示)	备注	得分
实验前的准备(10 分)	实验用品准备及摆放	10	物品准备合适,摆放合理,得 10 分		
			实验物品少选或多选,1 件扣 5 分,扣完为止		
样品前处理(25 分)	取样操作	25	用干净无水的玻璃棒蘸取适量蜂蜜,置于滤纸或玻璃板上,或添加少量水稀释并搅拌均匀,得 25 分		
			样品滴落在试验台上,扣 5 分		
			玻璃棒等器材未清洗,扣 5 分		
			取样过少或过多,扣 7 分		
			稀释不搅拌,扣 8 分		
实验操作(40 分)	波美计检验法	10	待蜂蜜内气泡消失后,让波美计自然下降,读数,得 10 分		
			倒入蜂蜜后,立刻放入波美计,扣 4 分		
			将波美计用力插入蜂蜜样品,扣 5 分		
	化学检验蜂蜜中掺水的操作	15	充分混合样品,正确配制实验试剂,设置空白对照,得 15 分		
			样品混合不充分,扣 5 分		
			试剂配制不合理,扣 5 分		
			空白对照设置不合理,扣 5 分		
	化学检验蜂蜜中掺淀粉的操作	15	充分混合样品,正确配制实验试剂,得 15 分		
			试剂配制不合理,扣 5 分		
			样品稀释不合理,扣 5 分		
			样品试剂混合不均匀,扣 5 分		
			"0"方式未在 0 通道进行对照,扣 5 分		
			"1"方式开机第一次检测未做对照,扣 5 分		
			滴加 90 μL 样品操作不规范,扣 10 分		
数据处理(10 分)	数据处理与上传	10	正确记录观察到的实验现象并进行判定,完成实验记录,得 10 分		
			实验现象描述不正确,扣 2 分		
			结果判定不正确,扣 2 分		
			实验记录不规范,扣 5 分		

续表6-5

项目	考核内容	分值	考核记录(以"√"表示)	备注	得分
文明操作（5分）	清理用物，整理台面	5	清扫实验台及收拾产生的垃圾，得5分		
			未清理所用实验物品，扣2分		
			未整理实验台面，扣3分		
时间（10分）	操作时间	10	在规定时间内完成实验操作，得10分		
			每超过1 min，扣2分，扣完10分为止		
合计					

(4)学生对完成工作任务的表现进行自评和互评，各小组进行总结、考核及评估，教师做出最后评价，填写教学反馈表(表6-6)。

表6-6　教学反馈表

蜂蜜掺水、蔗糖、淀粉快速检测				
序号	调查内容	是	否	理由陈述
1	会利用收集的蜂蜜掺水、蔗糖、淀粉快速检测的新信息归纳整理与分析吗？			
2	对于蜂蜜掺水、蔗糖、淀粉快速检测技术要求是否清楚？			
3	你是否会判定蜂蜜中掺水？			
4	掺了淀粉的蜂蜜，为什么加入碘试剂后会呈现蓝色或蓝紫色？你是否明白？			
5	对如何编制蜂蜜掺水、蔗糖、淀粉快速检测方案是否心里有数？			
6	你能否独立完成制作方案汇报提纲，并进行学习汇报交流？			
7	与其他同学口头交流内容是否流畅？			
8	能否主动参与教学场所的清洁与整理工作？能否按照安全与规范的规程操作？			
9	你对老师的本次操作实施任务教学满意吗？			
10	你对本小组完成本学习情境工作的配合满意吗？			

写出你对教学需要改进的建议和意见：

操作实施二　蜂蜜中高果糖淀粉糖浆测定(薄层色谱法)

一、实施目的

(1)理解测定蜂蜜中高果糖淀粉糖浆测定的基本原理。

(2)掌握薄层色谱法检测真假蜂蜜的基本技能。

二、实施原理

试样中的高分子糖,经活性炭-硅藻土柱的富集、浓缩,再用薄层色谱法分离、检测,经与掺有一定含量高果糖淀粉糖浆的纯蜂蜜比较,来判定蜂蜜中高果糖淀粉糖浆的存在。

三、试剂与器材准备

(一)试剂

无水乙醇、正丁醇、乙酸、丙酮、磷酸(优级纯)、85%磷酸、活性炭(Darco G-60 或相当者,100 目)、硅藻土(Celite 545 助滤剂或相当者)、二苯胺盐酸盐(C. A. S.:537-67-7)、苯胺(重蒸馏)。

(二)试剂配制

(1)乙醇溶液(7+93):移取 35 mL 无水乙醇至 500 mL 试剂瓶中,加入 465 mL 水混匀。

(2)乙醇溶液(1+3):移取 125 mL 无水乙醇至 500 mL 试剂瓶中,加入 375 mL 水混匀。

(3)乙醇溶液(1+1):移取 250 mL 无水乙醇至 500 mL 试剂瓶中,加入 250 mL 水混匀。

(4)薄层展开剂:正丁醇+乙酸+水(2+1+1)。

(5)显色剂:称取 1.0 g 二苯胺盐酸盐至盛有 50.0 mL 丙酮的烧杯中,再加入 1 mL 苯胺,混合搅拌,同时加入 5 mL 85%的磷酸,完全溶解后,冷冻保存或使用当日配制。

(6)薄层层析板:硅胶 G 板 200 mm×200 mm,膜厚 0.25 mm,用前在 110℃活化 1 h 后,置于干燥器中放冷至室温,备用。

(三)仪器设备

(1)真空干燥箱,可调节温度(65±2)℃,真空度 26～33 kPa。

(2)恒温干燥箱。

(3)旋转蒸发器。

(4)玻璃喷雾器:薄层色谱用。

(5)真空抽气泵:可调真空度 0～100 kPa。

(6)薄层色谱展开槽。

(7)微量注射器:10 μL。

(8)分析天平:感量 0.000 1 g。

(9)电吹风机。

(10)活性炭柱。

四、操作步骤

(一)试样制备

1.试样的制备

对无结晶的实验室样品,将其搅拌均匀。对有结晶的样品,在密闭情况下,置于不超过 60℃的水浴中温热,振荡,待样品全部融化后搅匀,迅速冷却至室温。分出 0.5 kg 作为试样。制备好的试样置于样品瓶中,密封,并标明标记。

(二)样品前处理

在 50 mL 烧杯中称取 1 g 试样,精确到 1 mg,溶于 10 mL 水后,缓慢加到活性炭柱上,打开活栓,在真空抽气泵吸引下,使试料溶液通过柱子。分两次各用 5 mL 水冲洗烧杯后,冲洗液也加入柱中,液面下降到柱面上端时应关闭活栓,停止吸引,不要抽干液体。量取乙醇溶液(7+93)300 mL 加到活性炭柱中,真空抽吸控制流速在 8 mL/ min 左右,弃掉流出液。然后再加入乙醇溶液(1+1)100 mL,在同样条件下洗脱,洗脱液全部收集在 200 mL 在干燥器中干燥恒重过的茄形瓶中。用旋转蒸发器在 80℃水浴中蒸干,把茄形瓶放入真空干燥箱,在 650℃,26～33 kPa 减压条件下,干燥 30 min。干燥后把茄形瓶取出放入干燥器中放冷至室温,称取茄形瓶的质量,计算出溶出物的质量以每 10 mg 溶出物加 0.1 mL 水的比例加入一定量的水溶解后,作为薄层层析用点样液。

(三)薄层层析

用 10 μL 微量注射器在距离薄层板下端 2.0 cm 的位置,点上 2.0～6.0 μL(2×3 μL 或 3×2 μL) 的点样液,同时水平间隔 2 cm,点上同样量经过同样处理的纯蜂蜜和含有 5%、10%糖浆的蜂蜜的标准液(标准液可以一次制备冷冻保存,长期使用)作为对照。把薄层板放入展开槽中(薄层展开前,展开槽用展开剂蒸气预饱和 15 min),按倾斜上行法展开,当展开剂前沿到达薄层板顶端时,从展开槽中取出薄层板,用吹风机把展开剂完全吹散后,把显色剂均匀喷雾在薄层板上,等显色剂完全蒸发后,放入 90～95℃的恒温干燥箱中烘 7～10 min 使之显色。

五、实验数据记录与分析

纯蜂蜜在 R_f 值 0.35 以上的区域只有 2～3 个蓝色中带灰色或咖啡色的斑点，相比较糖浆或混有糖浆的蜂蜜却是从原点开始呈现蓝色带状样的斑点群。如果点样 6 μL，可出现混有糖浆蜂蜜一样的特点。因此，假如从原点开始到 R_f 值 0.35 附近有蓝色带状斑点群出现，应考虑可能混有由淀粉转化来的高果糖淀粉糖浆，此时判定阳性应经过下面的确证试验。

确证试验：样品前处理时，用乙醇溶液(7＋93)300 mL 冲洗活性炭柱后，再用乙醇溶液(1＋3) 100 mL 冲洗，最后用乙醇溶液(1＋1) 100 mL 洗脱，这样得到的样液如果在原点和 R_f 值 0.35 之间仍然出现蓝色带状斑点群，就可以判定阳性。

将实验结果在表 6-7 中进行记录。

表 6-7　蜂蜜掺假检测记录单(薄层色谱法)

样品名称	加样量	结果记录	结果判定

六、注意事项

活性炭柱的制备：在内径 20～22 mm，长 300～400 mm 的玻璃管的底部塞少量的玻璃棉，关掉活栓后加水到玻璃管的中部，然后放水除去玻璃棉中的气泡，至水量约 10 mL 时关掉活栓。在小烧杯中称取 2.09 的硅藻土，加入少量的水搅拌后注入管中，自然沉降后在玻璃棉的上方堆积成约 1 cm 厚的硅藻土层，然后称取活性炭和硅藻土混合物(1＋1)12 g，加入 150 mL 的水搅拌后注入管中。打开活栓，在真空抽气泵的吸引下使活性炭混合物沉降堆积。水面到达柱面 1 cm 时关掉活栓，用玻璃棒除去沾在管壁的混合物，再次注入用水混合后的 2.0 g 硅藻土，让其自然沉降后，在真空抽气泵吸引下，用 500 mL 水预洗活性炭柱，通过调节真空抽气泵的真空度控制流速在 8.5 mL/min 左右。液面到达柱上 1 cm 时关掉活栓，备用。应在使用前填装，如暂时不用，可用乙醇溶液(1＋1)200 mL 浸泡，用前再用 250 mL 水预洗。

七、操作实施

(1)学生分成 3～5 人一组，各小组在老师指导下，通过网络教学资源等多渠道查询蜂蜜中高果糖淀粉糖浆测定(薄层色谱法)的相关资料。

(2)各组根据汇总的相关资料，师生共同讨论、分析，用集体智慧完成蜂蜜中高果糖淀粉糖浆测定(薄层色谱法)方案初稿，制作汇报提纲并选一代表进行学习汇报交流，对真假蜂蜜的快速检测-蜂蜜中高果糖淀粉糖浆测定方法薄层色谱法方案进行修订。

(3)学生按照修订后的蜂蜜中高果糖淀粉糖浆测定(薄层色谱法)方案，按规范要求，独立完成蜂蜜中高果糖淀粉糖浆测定(薄层色谱法)任务，最终填写任务考核单(表 6-8)，教师在操作实施过程中巡回指导。

表 6-8　任务考核单:蜂蜜中高果糖淀粉糖浆测定(薄层色谱法)

班级:　　　　姓名:　　　　学号:　　　　(时间:30 min,总分:100 分)

项目	考核内容	分值	考核记录(以"√"表示)	备注	得分
实验前的准备(10 分)	实验用品准备及摆放	10	物品准备合适,摆放合理,得 10 分		
			实验物品少选或多选,1 件扣 5 分,扣完为止		
样品前处理(25 分)	取样操作	25	精确称取 1 g 样品,充分溶解后,过柱子,并将洗脱液置于旋转蒸发器中水浴蒸干,最后在适温适压下真空干燥处理,得 25 分		
			样品洗脱、干燥等操作方法不当,扣 5 分		
			烧杯等器材未清洗,扣 5 分		
			取样过少或过多,扣 7 分		
			样品溶解不搅拌,扣 8 分		
实验操作(40 分)	薄层色谱层析法操作	40	在薄层板下端 2.0 cm 位置点适量样液,并置于展开槽中展开,展开剂挥发后,均匀喷洒显色剂,并置于干燥箱中干燥显色,得 40 分		
			点样位置不合适,扣 10 分		
			对照样品选择不适当,扣 8 分		
			展开剂挥发不彻底,扣 8 分		
			试剂配制不合理,扣 5 分		
			显色剂喷洒不均匀,扣 9 分		
数据处理(10 分)	数据处理与上传	10	正确记录观察到的实验现象并进行判定,完成实验记录,得 10 分		
			实验现象描述不正确,扣 2 分		
			结果判定不正确,扣 2 分		
			实验记录不规范,扣 5 分		
文明操作(5 分)	清理用物,整理台面	5	清扫实验台及收拾产生的垃圾,得 5 分		
			未清理所用实验物品,扣 2 分		
			未整理实验台面,扣 3 分		
时间(10 分)	操作时间	10	在规定时间内完成实验操作,得 10 分		
			每超过 1 min,扣 2 分,扣完 10 分为止		
合计					

(4)学生对完成工作任务的表现进行自评和互评,各小组进行总结、考核及评估,教师做出最后评价,填写教学反馈表(表 6-9)。

表 6-9　教学反馈表

蜂蜜中高果糖淀粉糖浆测定方法薄层色谱法				
序号	调查内容	是	否	理由陈述
1	会利用收集的蜂蜜中高果糖淀粉糖浆测定(薄层色谱法)新信息归纳整理与分析吗?			
2	对于蜂蜜中高果糖淀粉糖浆测定(薄层色谱法)技术要求是否清楚?			
3	你是否清楚薄层色谱法鉴定蜂蜜中高果糖淀粉糖浆的原理?			
4	你是否明白薄层色谱法鉴定蜂蜜中高果糖淀粉糖浆采用的对照样品是什么?			
5	对如何编制蜂蜜中高果糖淀粉糖浆测定方法薄层色谱法方案是否心里有数?			
6	你能否独立完成制作方案汇报提纲,并进行学习汇报交流?			
7	与其他同学口头交流内容是否流畅?			
8	能否主动参与教学场所的清洁与整理工作?能否按照安全与规范的规程操作?			
9	你对老师的本次操作实施任务教学满意吗?			
10	你对本小组完成本学习情境工作的配合满意吗?			

写出你对教学需要改进的建议和意见:

知识链接

真假蜂蜜快速检测小妙招

蜂蜜的感官检验是运用人体的感觉器官,通过嗅觉、视觉、味觉和触觉来分析蜂蜜的色泽、气味、杂质及状态等性状,判定蜂蜜质量的优劣。感官鉴定是蜂蜜质量检测中很重要的一部分,无论是国家针对蜂蜜制定的通用标准里还是在特种蜂蜜的标准里,都列出了蜂蜜的感官检测指标。具体步骤是:①看。首先观察蜂蜜的色泽、光亮度、是否混浊以及有无蜜蜂肢体、幼虫、蜡屑等杂质。不同的蜂蜜有不同的色泽,同一种蜂蜜因产地不同,色泽也会略与差异。同一种蜂蜜若颜色比较光亮、饱满,则蜂蜜的品质较优。还可以通过观察蜂蜜的结晶状况来判定蜂蜜的优劣,例如对于不结晶蜂蜜洋槐蜜,若放置一段时间后出现大量的结晶,蜂蜜中可能会掺入了糖浆,或者蜂蜜放置时间过久,品质下降。②闻气味。蜂蜜的香味主要来源于花香,蜂蜜的香味基本与花香是一致的,因此每一种蜂蜜都会有自身独特的气味和香味类型。若蜂蜜有较重的酸味,则说明蜂蜜已经发酵,若有其他的杂味或者较刺鼻的味道,则蜂蜜中很可能掺入了其他物质。③品尝蜂蜜。蜂蜜的口感通常表现为甜润清爽，较微麻辣的刺喉感，而掺入了果葡糖浆的蜂蜜，刺喉感会减弱。④感受蜂蜜的黏稠度。用筷子等工具搅动蜂蜜，感觉蜂蜜产生的阻力和黏稠度，并用筷子挑起部分蜂蜜，观察蜂蜜的垂落状况，一般流速快，断线早的蜂蜜，浓度较低。正常的结晶蜂蜜，其结晶用手捻时，绵软易化无沙粒感。

任务3　注水肉的快速检测

任务内容

本任务介绍注水肉概念及危害，阐述有关注水肉的无损检测技术，通过具体概念和性质研究，无损检测技术对比，指导肉制品检测人员辨别注水肉，并对注水肉检测方法进行梳理。

知识准备

一、检测意义

注水肉是指人为地违背动物正常代谢生理活动，利用注射器、皮管、压力泵等器械向屠宰前或者宰后的动物体注射水分，从而增加动物重量，致使动物肌肉、胴体等部位的含水量增加。水分含量是肉及肉制品的重要指标，同时对于肉及肉制品的加工、储藏、贸易化及食用均有较大影响。近年来，市场上有些屠宰户为了谋取更大利益，大量制造和出售注水肉，对肉品的卫生和质量管理造成了严重危害，这一行为不仅给消费者带来了经济损失，而且严重危害了人民群众的身体健康，扰乱了市场经营秩序的正常运行。

注水肉的危害主要有：第一，注入的水分来源存在安全隐患，常见有自来水、河水甚至废水等，再加上注水环境及设备达不到相应卫生标准，导致肉极易被病原微生物污染。第二，注入大量存在安全隐患的水后，各种动物胃肠表现为严重松弛、蠕动缓慢，并且胃肠道内的物质与不洁净的水易发生反应出现腐败，进而分解出有毒物质(如氨、胺、硫化氢等)，随着血液循环这些有毒物质进入动物机体的各个部位，肉的品质和营养价值也会受到很大影响，最终导致消费者身体健康受到损害。第三，不法商贩生产和销售注水肉属于违法的行为，严重侵犯了消费者权益，干扰市场营销秩序，同时，注水肉食用问题很多，如口感差、极易变质，有时会酿成严重的食品安全卫生事件。因此为了保障人民群众的食品安全，采用准确、有效的注水肉快速检测方法有重要的现实意义。

二、检测技术

关于注水肉的检测技术研究历时已久，早期主要是以感官判断、试纸判断为主的传统检测手段。而传统方法针对的检测对象有一定限制，因此无法进行普遍推广。随着检测技术的发展，当前针对注水肉的分析，主要综合应用多种现代检测技术进行检测和分辨。其中无损检测是一种基于先进技术的检测手段，具有快速方便、不破坏被检测物和不需要化学试剂的优点，应用十分广泛，涉及到注水肉的无损检测技术包括低场核磁共振技术(low field nuclear magnetic resonance，LF-NMR)、近红外光谱分析技术和超声波检测技术等。

1. 核磁共振法

核磁共振是指自旋量子数不为零(I≠0)的核子，如 1H、13C、15N 等，在恒定磁场与交变磁场共同作用下，利用原子核与电磁波发生能量交换，并根据生物材料中不同状态水分及其各自相对含量等信息进行研究的一种技术。根据恒定磁场的强弱，可以将核磁共振技术分为高场核磁共振(磁场强度大于 1 T)和低场核磁共振(磁场强度小于 0.5 T)。低场核磁共振技术是利用样品中的氢质子存在状态及所处的物理化学环境的差异，对恒定磁场中的样品施加射频脉冲并记录其弛豫过程。样品的物理化学属性差异将体现在测量得到的横向弛豫(自旋—自旋弛豫)图谱中。据目前的研究可知，肉类等有机物内部的水分可分为三个状态通常称之为结合水、滞化水和自由水，它们对应在 LF-NMR 的视域中有着完全不同的呈现，主要表现在纵向弛豫时间 T_1 和横向弛豫时间 T_2(后者比前者更加敏感)的差异上，且差异十分明显。原因在于不同水分分布和含量都会影响到两个时间的变化。人工强行注入肌肉中水分多以自由水存在，如混以淀粉、胶类物质则类似不易流动水，均可通过测定 T_2 值及对应峰值而识别。LF-NMR 技术作为新型检测技术具有设备造价低、检测效率高、对操作人员要求低等优点，在注水肉的检测鉴别上发挥了重要作用。目前，在食品领域应用较多的是以氢核(1H)为研究对象的低场核磁共振技术(1H LF-NMR)。1H LF-NMR 是对处于恒定磁场中的样品施加一个射频脉冲，使氢质子发生共振，部分处于低能级的氢质子吸收能量，由低能态跃迁到高能态，撤销射频脉冲后，处于高能态的质子以非辐射的方式释放所吸收的能量恢复到低能态，达到玻尔兹曼平衡。

2. 光谱成像技术

光谱成像技术(spectral imaging)是 20 世纪 80 年代新兴的一项整合光谱学、计算机科学、电子学、机械结构、光学于一体的技术，具有几何成像和光谱探测功能，能在特定的光谱范围里或连续的波段上对同一物体成像，并能从获得的光谱图像来分析物质的物理化学特性及存在状态。近红外光谱成像技术(NIR imaging)是近年来发展起来的一种新型技术。近红外光谱技术利用各种物质化学组成和特定官能团的不同，例如 N═C、O═C、C═C、N═N 等，达到对不同物质的鉴别，其工作原理是分子中不同的官能团在进行运动时(如伸缩、弯曲、振动等)有着不同的振动频率，近红外光谱能检测到这种不同振动频率并反映到光谱上，使得不同的物质呈现出不同的光谱信息。NIR 检测技术在注水肉方面的应用是通过测量肉品的水分含量来建立肉品水分含量模型，达到对注水肉的检测。

3. 超声波技术

超声波作为一种常见的无损检测技术，是基于依据超声波穿过含水率不同的肉质时能量衰减具有差异性的原理，以及超声波信号可转换成电压信号的压电效应，建立特征半波幅值与肉质含水率一一对应的数据表格，从而获得区分注水肉与正常肉的技术方法。

操作实施

操作实施一　注水肉快速检测

一、实施目的

(1)理解注水肉快速检测原理。

(2)掌握直接干燥法快速检测注水肉的技术。

二、实施原理

利用食品中水分的物理性质，101.3 kPa（一个大气压），温度 101～105℃下采用挥发方法测定样品中干燥减失的重量，包括吸湿水、部分结晶水和该条件下能挥发的物质，再通过干燥前后的称量数值计算出水分的含量。按照国家规定的畜禽肉水分限量标准，如果猪肉、牛肉、鸡肉的含水量＞77%，羊肉含水量＞78%，即可判定为注水肉，或含水量超标。

三、试剂与器材准备

（一）试剂

（1）盐酸溶液（6 mol/L）：量取 50 mL 盐酸，加水稀释至 100 mL。

（2）氢氧化钠溶液（6 mol/L）：称取 24 g 氢氧化钠，加水溶解并稀释至 100 mL。

（3）海砂：取用水洗去泥土的海砂、河砂、石英砂或类似物，先用盐酸溶液（6 mol/L）煮沸 0.5 h，用水洗至中性，再用氢氧化钠溶液（6 mol/L）煮沸 0.5 h，用水洗至中性，经 105 ℃干燥备用。

（二）仪器

恒温干燥箱。

四、操作步骤

（1）将试样迅速磨细至颗粒小于 2 mm，不易研磨的样品应尽可能切碎，称取 2～10 g 试样（精确至 0.000 1 g），放入此称量瓶中，试样厚度不超过 5 mm，如为疏松试样，厚度不超过 10 mm，加盖，精密称量后，置于 101～105℃干燥箱中，瓶盖斜支于瓶边，干燥 2～4 h 后，盖好取出，放入干燥器内冷却 0.5 h 后称量。

（2）然后再放入 101～105℃干燥箱中干燥 1 h 左右，取出，放入干燥器内冷却 0.5 h 后再称量。并重复以上操作至前后两次质量差不超过 2 mg，即为恒重。

五、检测结果与分析

试样中的水分含量，按下式进行计算：

$$X=\frac{m_1-m_2}{m_1-m_3}\times 100$$

式中：X—试样中水分的含量，单位为克/每百克（g/100 g）；

m_1—称量瓶（加海砂、玻棒）和试样的质量，单位为克（g）；

m_2—称量瓶（加海砂、玻棒）和试样干燥后的质量，单位为克（g）；

m_3—称量瓶（加海砂、玻棒）的质量，单位为克（g）；

100—单位换算系数。

水分含量≥1 g/100 g 时，计算结果保留三位有效数字；水分含量＜1 g/100 g 时，计算结果保留两位有效数字。试验结果填入表 6-10 中。

表 6-10　注水肉快速检测记录单(直接干燥法)

样品名称	干燥前样品质量	第一次干燥 2～4 h 后样品质量	第二次干燥 1 h 后样品质量	结果判定

六、注意事项

(1)本操作实施主要参考 GB 5009.3—2016。

(2)两次恒重值在最后计算中,取质量较小的一次称量值。

七、操作实施

(1)学生分成 3～5 人一组,各小组在老师指导下,通过网络教学资源等多渠道查询注水肉快速检测的相关资料。

(2)各组根据汇总的相关资料,师生共同讨论、分析,用集体智慧完成注水肉快速检测方案初稿,制作汇报提纲并选一代表进行学习汇报交流,对注水肉快速检测方案进行修订。

(3)学生按照修订后的注水肉快速检测方案,按规范要求,独立完成注水肉快速检测任务,最终填写任务考核单(表 6-11),教师在操作实施过程中巡回指导。

表 6-11　任务考核单:直接干燥法快速检测注水肉

班级:　　　　　姓名:　　　　　学号:　　　　　(时间:30 min,总分:100 分)

项目	考核内容	分值	考核记录(以"√"表示)	备注	得分
实验前的准备(10 分)	实验用品准备及摆放	10	物品准备合适,摆放合理,得 10 分		
			实验物品少选或多选,1 件扣 5 分,扣完为止		
样品前处理(25 分)	取样操作	25	取适量样品研磨成直径小于 2 mm 的颗粒或切至样品厚度不超过 5 mm,得 25 分		
			样品处理后颗粒过大或过厚,扣 10 分		
			取样过少或过多,扣 8 分		
			称量瓶及研钵等器材未清洗并烘干水分,扣 5 分		

续表6-11

项目	考核内容	分值	考核记录(以"√"表示)	备注	得分
实验操作(40分)	干燥处理	40	将处理好的样品置于干燥箱中干燥适当时间,并置于干燥器中冷却称量;冷却后再次烘干并冷却称量,重复操作至样品恒重,得40分		
			第一次干燥时间不充分,扣10分		
			干燥后不冷却,扣8分		
			不重复干燥操作,扣8分		
			样品不干燥至恒重,扣8分		
数据处理(10分)	数据处理与上传	10	正确记录实验数据并进行判定,完成实验记录,得10分		
			实验现象描述不正确,扣2分		
			结果判定不正确,扣2分		
			实验记录不规范,扣5分		
文明操作(5分)	清理用物,整理台面	5	清扫实验台及收拾产生的垃圾,得5分		
			未清理所用实验物品,扣2分		
			未整理实验台面,扣3分		
时间(10分)	操作时间	10	在规定时间内完成实验操作,得10分		
			每超过1 min,扣2分,扣完10分为止		
			合计		

(4)学生对完成工作任务的表现进行自评和互评,各小组进行总结、考核及评估,教师做出最后评价,填写教学反馈表(表6-12)。

表6-12 教学反馈表

直接干燥法快速检测注水肉				
序号	调查内容	是	否	理由陈述
1	会利用收集的直接干燥法快速检测注水肉的新信息归纳整理与分析吗?			
2	对于直接干燥法快速检测注水肉技术要求是否清楚?			
3	直接干燥法检测注水肉,干燥时挥发的物质都包括哪些?你是否清楚?			
4	直接干燥法检测食物中的水分,为什么要重复干燥至样品恒重?你是否明白?			
5	对如何编制直接干燥法快速检测注水肉方案是否心里有数?			
6	你能否独立完成制作方案汇报提纲,并进行学习汇报交流?			

续表 6-12

序号	调查内容	是	否	理由陈述
7	与其他同学口头交流内容是否流畅？			
8	能否主动参与教学场所的清洁与整理工作？能否按照安全与规范的规程操作？			
9	你对老师的本次操作实施任务教学满意吗？			
10	你对本小组完成本学习情境工作的配合满意吗？			

写出你对教学需要改进的建议和意见：

知识链接

注水肉日常检测小妙招

视频 6-1　注水肉快速检测

1. 蒸煮损失法识别注水肉

采取待检精肉 0.5 kg，通常为剔除脂肪、筋、腱的通脊肉，置于锅中加水 2 L 煮沸 1 h，要等水煮沸后开始计时，取出肉块放凉称重，用熟肉重量除以鲜肉重量求得熟肉率，正常的熟肉率大于 50 %，而注水肉的熟肉率低于 50%。

2. 试纸法识别注水肉

试纸法以不同水分含量的实验样本对试纸湿润程度差异作为判定标准。其检测原理是在猪肉的表面切割开一个深度约为 1 cm 的缺口并将检测试纸置于其中，一定时间后取出试纸并观测其湿润程度以及被浸润的面积，常用的判定依据是如果其被浸润的面积超过 0.5 cm 即可判定为猪肉注水。

任务 4　食用油的快速检测

任务内容

本任务主要介绍常见低质量食用油危害，阐述食用油快速检测技术，通过具体概念和性质研究食用油酸价、过氧化值的检测技术以及地沟油的鉴别方法，指导农产品检测人员快速鉴别掺杂食用油。

知识准备

一、检测意义

食用油通常指植物油脂，如菜籽油、芝麻油、大豆油和花生油等一系列植物油。食用油不仅在增加食物的色、香、味方面起着重要作用，也是人体不可或缺的营养来源之一。如食用油中含有丰富的饱和脂肪酸、单不饱和脂肪酸和多不饱和脂肪酸，脂肪酸在维持人体健康方面起着重要的作用，营养学和生物临床医学研究认为饮食中长链脂肪酸的组成及含量与各种疾病（例如肿瘤、冠心病、心脑血管病和老年痴呆症等）的发病率呈正相关性。不同种类的食用油，其脂肪酸含量相差巨大，价格也千差万别，一些黑心商家为了谋取私利，在制作食用调和油的过程中，掺杂价格低廉的食用油，导致调和油产品中的脂肪酸含量和比例不符合商品定位的营养价值表，再以高档油的价格在市场上销售，严重损害消费者的经济利益和身体健康。近几年食用油市场变得日益多样化、细分化、高档化，不同价格标定的食用油往往在口感、原料、营养含量上千差万别，能否吃到健康安全的食用油已经成为百姓关心的话题。因此，为了提升食用油的品质，促进油品行业的良好发展，确保食用油的安全性和营养成分达标，必须加强食用油质检工作。

二、检测方法概述

食用植物油的分析检测技术一直是学术界研究的热点。由于食用油中各种脂肪酸组分复杂，分子结构又相对接近，这给相关检测机构带来了不少困难。传统的食用植物油检测方法主要是色谱法，通过高效液相色谱法、气相色谱，以及气相色谱质谱联用等方法检测食用油的脂肪酸组成，并与标准纯油样品的脂肪酸组成做对比，从而判断被测样品是否为掺伪食用油，并可通过化学计量法来进一步实现掺伪量的定量预测。近年来，一些新型的检测技术，例如核磁共振法、介电谱法、荧光光谱法、电子鼻传感器、中红外光谱法、近红外光谱法、傅立叶红外光谱法、拉曼光谱法等被应用于食用油的掺伪检测。这些方法通过测量食用油的电学、磁学、光学等特性，采用化学计量法建模来间接反映食用油的成分变化，从而预测食用油的类型和掺伪程度。下面介绍几种新型食用油检测技术。

1. 核磁共振法

核磁共振技术(nuclear magnetic resonance，NMR)是通过特定的脉冲序列激发样品中具有固定磁矩的^{1}H、^{13}C、^{31}P等原子核，基于强度衰减，产生一系列可检测弛豫信号。由于信号衰减过程与被测物质的成分结构存在密切的相关性，可作为定性基础研究；此外该感应强度正比于被测样品中所含的核自旋数目，可作为定量基础研究，进一步采用数学方法，反演分析NMR信号，可获得大量不同成分及微观结构对应的信息，而这些信息通过其他手段很难得到。因此，基于NMR信号，样品的化学结构、扩散系数、反应速率、化学变化和其他性质均能快速得到反映。食用油在掺假或品质变化后，其化学组成和含量必然也会随之改变，从而在核磁共振谱上存在很大的区分度，这为利用NMR检测食用油的品质和掺伪程度提供了可行性。NMR可用于检测食用油中固体脂肪含量值(solid fat content，SFC)，采用脉冲式核磁共振方法检测不同食用植物油（如花生油、菜籽油和大豆油）、地沟油和泔水油在不同温度下的固体脂肪含量值，利用此方法可以检出掺伪1%以上废油脂的植物油。

2. 太赫兹时域光谱技术

频率介于红外波段和微波波段之间的电磁辐射称为太赫兹(THz)辐射，该辐射可产生分子的振动及转动能级。太赫兹时域光谱技术是通过对THz辐射的特征吸收来分析物质结构、组成以及分子间的相互作用，为一种新型的相干探测光谱技术。通过对获取的时域光谱图进行光学参数模型计算，可以得出物质的相关光学参数（介电常数、吸收谱与折射率谱）等信息，从而进一步分析出物质的主要结构、组成成分以及相关的化学性质，该技术被广泛应用于物质鉴定领域与成分分析领域。在 THz 波段，食用油的吸收峰与所含脂肪酸种类以及其含量有关，因此可对食用油成分进行定性定量分析及品质检测。

3. 红外光谱法

红外光照射分子可产生分子振动能级跃迁，红外光谱（infrared spectroscopy，IR）是分子吸收红外光产生的原子间的振动和分子的转动所得的谱图，可对化合物的结构进行表征，常用于定性鉴别分析。由于红外光谱的定性识别特性，其可对高价食用油如橄榄油、山茶油中掺入的廉价植物油进行甄别。红外光谱技术检测结果可以提供脂类结构和官能团信息，再结合化学计量学分析手段可以为油脂定性定量分析提供有力的证据。红外光谱技术与化学计量学方法联用在鉴别植物油种类方面有非常显著的优点，且无需样品前处理，灵敏度高、重复性好、通量高、可实现快速无损检测。但是也有不足之处，由于部分植物油的光谱图相似，直接加大了特征峰提取的难度，必须借助于化学计量学方法进行光谱信号的处理和数据分析。

4. 拉曼光谱法

样品受到单色光照射时，样品分子的极化率发生变化，产生拉曼散射，分子的振动和转动能级决定了拉曼光谱的位移和谱带强度。食用油脂结构中的烯烃双键分子的振动具有较强的拉曼散射，因此其拉曼光谱信息非常丰富，不同种类植物油主要差异表现为双键结构的数量和比例不同。对食用油拉曼光谱图预处理后选取特征峰值强度信息进行计算与比较，可作为鉴别不同食用植物油品种的依据。也可以很好地鉴别调和油是否掺杂了劣质油甚至地沟油。但拉曼光谱法需预先采集已知类别植物油的拉曼谱图并进行预处理和提取其特征向量，构建训练样本库建立最优数学模型；然后采集待测食用油的拉曼光谱信息并进行同样的预处理和特征提取，根据其特征向量与训练样本的数学模型来预测样本类别。

操作实施

操作实施一 食用植物油酸价快速检测(显色法)

视频 6-2 食用油酸价的检测

一、实施目的

掌握常温下为液态的食用植物油、食用植物调和油和食品煎炸过程中的各种食用植物油酸价快速测定方法和技术。

二、实施原理

食用植物油经异丙醇溶解后，游离脂肪酸与氢氧化钾碱性溶液反应，以每克植物油消耗氢氧化钾的毫克数，即为酸价的数值。

三、试剂与耗材

（一）试剂

(1)异丙醇(C_3H_8O)。

(2)氢氧化钾(KOH)。

(3)酚酞($C_{20}H_{14}O_4$)。

(4)氢氧化钾溶液:称取 0.08 g 氢氧化钾,用水定容到 100 mL,现用现配。

(5)酚酞溶液:称取 1.0 g 酚酞,用 95% 乙醇定容到 100 mL。

(6)百里酚酞溶液:称取 2.0 g 百里酚酞,用 95% 乙醇定容到 100 mL。

(二)仪器

(1)移液器:5 mL 和 10 mL。

(2)天平:感量为 0.01 g。

(3)环境条件:温度 15～35℃,湿度≤80%。

四、操作步骤

1. 试样的提取

称取 1 g (精确到 0.01 g)食用油试样,置于锥形瓶中,加入 5 mL 异丙醇,振摇使油溶解。

2. 测定步骤

在溶解油样的溶液中加入 2～3 滴酚酞溶液(深色油脂可加入百里酚酞溶液),食用植物油加入氢氧化钾溶液 3.74 mL,煎炸过程中的食用植物油脂加入氢氧化钾溶液 6.23 mL,振摇,观察颜色变化。

3. 质控试验

每批样品测定应同时进行质控试验。

质控样品:采用典型样品基质或相似样品基质,经参比方法确认为阴性、阳性的质控样品。称取 1 g(精确至 0.01 g)质控试样,步骤与样品同法操作。

五、检测结果与分析

观察样液的颜色,若液体颜色变为分红色并于 30 s 内不褪色,说明样品中的酸价值低于标准值(阴性)。若液体颜色不变色或粉红色在 30 s 内褪色,说明样品中的酸价值高于标准值(阳性)。试验结果填入表 6-13。

表 6-13　食用植物油酸价快速检测记录单(显色法)

样品名称	试剂添加前样品颜色	试剂添加后样品颜色	结果判定

六、注意事项

(1)本操作实施所用试剂均为分析纯,水为 GB/T 6882 规定的二级水。

(2)阴性质控样的测定结果应为阴性,阳性质控试验测定结果应均为阳性。

七、操作实施

(1)学生分成 3～5 人一组,各小组在老师指导下,通过网络教学资源等多渠道查询显色法快速检测食用植物油酸价的相关资料。

(2)各组根据汇总的相关资料，师生共同讨论、分析，用集体智慧完成显色法快速检测食用植物油酸价方案初稿，制作汇报提纲并选一代表进行学习汇报交流，对显色法快速检测食用植物油酸价方案进行修订。

(3)学生按照修订后的显色法快速检测食用植物油酸价方案，按规范要求，独立完成显色法快速检测食用植物油酸价任务，最终填写任务考核单(表 6-14)，教师在操作实施过程中巡回指导。

表 6-14　任务考核单：显色法快速检测食用植物油的酸价

班级：　　　　姓名：　　　　学号：　　　　(时间：30 min，总分：100 分)

项目	考核内容	分值	考核记录(以"√"表示)	备注	得分
实验前的准备(10 分)	实验用品准备及摆放	10	物品准备合适，摆放合理，得 10 分		
			实验物品少选或多选，1 件扣 5 分，扣完为止		
样品前处理(25 分)	取样操作	25	取食用油样品，加入异丙醇并充分振荡，得 25 分		
			加入异丙醇后不充分振摇样品，扣 10 分		
			取样过少或过多，扣 8 分		
			锥形瓶等器材未清洗并烘干水分，扣 5 分		
实验操作(40 分)	显色实验	40	在溶解的油样里，添加 2～3 滴酚酞溶液，并加入适量氢氧化钾溶液，充分振荡，得 40 分		
			不滴加酚酞溶液，扣 10 分		
			氢氧化钾溶液添加量不适当，扣 10 分		
			添加完样品后不充分振荡，扣 10 分		
数据处理(10 分)	数据处理与上传	10	正确观察实验现象进行判定，完成实验记录，得 10 分		
			实验现象描述不正确，扣 2 分		
			结果判定不正确，扣 2 分		
			实验记录不规范，扣 5 分		
文明操作(5 分)	清理用物，整理台面	5	清扫实验台及收拾产生的垃圾，得 5 分		
			未清理所用实验物品，扣 2 分		
			未整理实验台面，扣 3 分		
时间(10 分)	操作时间	10	在规定时间内完成实验操作，得 10 分		
			每超过 1 min，扣 2 分，扣完 10 分为止		
合计					

(4)学生对完成工作任务的表现进行自评和互评，各小组进行总结、考核及评估，教师做出最后评价，填写教学反馈表(表 6-15)。

表 6-15 教学反馈表

显色法快速检测食用植物油的酸价				
序号	调查内容	是	否	理由陈述
1	会利用收集的显色法快速检测食用植物油的酸价的新信息归纳整理与分析吗？			
2	对于显色法快速检测食用植物油的酸价技术要求是否清楚？			
3	食用植物油显色法检测中为什么添加异丙醇？你是否明白？			
4	显色法快速检测食用植物油的酸价的意义？你是否清楚？			
5	对如何编制显色法快速检测食用植物油的酸价方案是否心里有数？			
6	你能否独立完成制作方案汇报提纲，并进行学习汇报交流？			
7	与其他同学口头交流内容是否流畅？			
8	能否主动参与教学场所的清洁与整理工作？能否按照安全与规范的规程操作？			
9	你对老师的本次操作实施任务教学满意吗？			
10	你对本小组完成本学习情境工作的配合满意吗？			

写出你对教学需要改进的建议和意见：

操作实施二 食用植物油过氧化值快速检测(显色法)

视频 6-3 食用油中过氧化值的快速检测

一、实施目的

掌握常温下为液态的食用植物油、食用植物调和油和食品煎炸过程中的各种食用植物油过氧化值快速测定方法和技术。

二、实施原理

食用植物油经有机溶剂溶解后，加入碘化钾与过氧化物反应生成碘单质，用硫代硫酸钠标准溶液滴定析出的碘。通过硫代硫酸钠的用量计算样品中的过氧化值。

三、试剂与耗材

(一)试剂

(1)异丙醇(C_3H_8O)。

(2)冰醋酸(CH_3COOH)。

(3)硫代硫酸钠溶液:称取 2.49 g 硫代硫酸钠($Na_2S_2O_3 \cdot 5H_2O$),溶于 1 000 mL 去离子水中,现用现配。

(4)碘化钾(KI)。

(5)淀粉指示剂(1%):称取 0.5 g 可溶性淀粉,加少量去离子水调成糊状,边搅拌边倒入 50 mL 沸水,再煮沸搅拌均匀后,放冷备用。

(二)仪器

(1)移液器:1 mL 和 5 mL。

(2)天平:感量为 0.01 g。

(3)环境条件:温度 15～35℃,湿度≤80%。

四、操作步骤

1. 试样的提取

称取 2 g (精确到 0.01 g)食用油试样,置于玻璃瓶中,加入 18 mL 异丙醇,振摇使油溶解。

2. 测定步骤

在溶解油样的溶液中加入 3 mL 冰醋酸,1 g 碘化钾,振荡 30 s,置于暗处反应 3 min。加入 20 mL 蒸馏水,1 mL 淀粉指示剂,摇匀,再加入硫代硫酸钠溶液 3.94 mL,观察颜色变化。

3. 质控试验

每批样品测定应同时进行质控试验。

质控样品:采用典型样品基质或相似样品基质,经参比方法确认为阴性、阳性的质控样品。称取 2 g(精确至 0.01 g)质控试样,步骤与样品同法操作。

五、检测结果与分析

观察样液的颜色,若为无色,说明样品中的过氧化值低于标准值(阴性)。若液体颜色仍为蓝色或棕色,说明样品中的过氧化值高于标准值(阳性)。试验结果填入表 6-16。

表 6-16　食用植物油过氧化值快速检测记录单(显色法)

样品名称	硫代硫酸钠添加前样品颜色	硫代硫酸钠添加后样品颜色	结果判定

六、注意事项

(1)本操作实施所用试剂均为分析纯,水为GB/T 6882规定的二级水。

(2)阴性质控样的测定结果应为阴性,阳性质控试验测定结果应均为阳性。

七、操作实施

(1)学生分成3~5人一组,各小组在老师指导下,通过网络教学资源等多渠道查询食用植物油过氧化值快速检测显色法的相关资料。

(2)各组根据汇总的相关资料,师生共同讨论、分析,用集体智慧完成食用植物油过氧化值快速检测显色法方案初稿,制作汇报提纲并选一代表进行学习汇报交流,对食用植物油过氧化值快速检测显色法方案进行修订。

(3)学生按照修订后的食用植物油过氧化值快速检测显色法方案,按规范要求,独立完成食用植物油过氧化值快速检测显色法任务,最终填写任务考核单(表6-17),教师在操作实施过程中巡回指导。

表6-17 任务考核单:显色法快速检测食用植物油的过氧化值

班级: 姓名: 学号: (时间:30 min,总分:100分)

项目	考核内容	分值	考核记录(以"√"表示)	备注	得分
实验前的准备(10分)	实验用品准备及摆放	10	物品准备合适,摆放合理,得10分		
			实验物品少选或多选,1件扣5分,扣完为止		
样品前处理(25分)	取样操作	25	取2食用油样品,加入异丙醇并充分振荡,得25分		
			加入异丙醇后不充分振摇样品,扣10分		
			取样过少或过多,扣8分		
			锥形瓶等器材未清洗并烘干水分,扣5分		
实验操作(40分)	显色实验	40	在溶解油样的溶液中加入3 mL冰醋酸,1 g碘化钾,振荡30 s,置于暗处反应3 min。加入20 mL蒸馏水,1 mL淀粉指示剂,摇匀,再加入硫代硫酸钠溶液3.94 mL,得40分		
			加入碘化钾后不置于暗处,扣10分		
			试剂添加顺序不适当,扣10分		
			添加完样品后不充分振荡,扣10分		

续表6-17

项目	考核内容	分值	考核记录(以"√"表示)	备注	得分
数据处理(10分)	数据处理与上传	10	正确观察实验现象进行判定,完成实验记录,得10分		
			实验现象描述不正确,扣2分		
			结果判定不正确,扣2分		
			实验记录不规范,扣5分		
文明操作(5分)	清理用物,整理台面	5	清扫实验台及收拾产生的垃圾,得5分		
			未清理所用实验物品,扣2分		
			未整理实验台面,扣3分		
时间(10分)	操作时间	10	在规定时间内完成实验操作,得10分		
			每超过1 min,扣2分,扣完10分为止		
合计					

(4)学生对完成工作任务的表现进行自评和互评,各小组进行总结、考核及评估,教师做出最后评价,填写教学反馈表(表6-18)。

表6-18　教学反馈表

食用植物油显色法过氧化值				
序号	调查内容	是	否	理由陈述
1	会利用收集的食用植物油显色法过氧化值的新信息归纳整理与分析吗?			
2	对于食用植物油显色法过氧化值技术要求是否清楚?			
3	你是否会计算食用植物油显色法过氧化值检测中过氧化值?			
4	食用植物油显色法过氧化值检测的意义?你是否清楚?			
5	对如何编制食用植物油显色法过氧化值方案是否心里有数?			
6	你能否独立完成制作方案汇报提纲,并进行学习汇报交流?			
7	与其他同学口头交流内容是否流畅?			
8	能否主动参与教学场所的清洁与整理工作?能否按照安全与规范的规程操作?			
9	你对老师的本次操作实施任务教学满意吗?			
10	你对本小组完成本学习情境工作的配合满意吗?			

写出你对教学需要改进的建议和意见:

操作实施三　地沟油的快速鉴别

一、实施目的

(1)理解电导率法快速鉴别地沟油原理。

(2)掌握电导率法快速鉴别地沟油的技术。

二、实施原理

油脂属于非导电物质,电导率低。但由于地沟油与金属离子等各种杂质的接触机会多,大量的金属离子等杂质溶入油中,因此,可以通过检测油脂的电导率来判定其是否为地沟油。

三、试剂与耗材

(一)试剂

(1)食用油(如大豆油、花生油等)。

(2)地沟油样品。

(3)去离子水。

(二)仪器

(1)DDSJ-308A 型电导率仪(DJS-1C 型铂黑电导电极)。

(2)电子天平。

四、操作步骤

1. 电导率仪的调试

将电导率仪放置稳定的实验台面上,打开开关,待显示屏稳定后,开始调试。按"测量转换"键直到显示屏右下角出现"电导率"字样,然后按"模式"键,再按上下键选择"电极常数",按"确定"后,仪器显示"电极常数设定"和"电极常数标定",按上下键确定电极常数设定。

2. 油萃取水相电导率的测定

称取待测样品 10.0 g,用去离子水配成水油比为 2∶1(mL/g)的油水混合物,搅拌 30 s 后静置分层 10 min,然后萃取出水相,测定萃取出的水相的电导率值,并扣除去离子水自身的电导率值。

五、检测结果与分析

正常食用油的电导率值均小于 10 μs/cm,地沟油的电导率值大于 30 μs/cm,而样品中某些油类的电导率值介于 10～30 μs/cm,属于正常食用油中掺有一定量的地沟油。试验结果填入表 6-19。

表 6-19　地沟油快速鉴定记录单

样品名称	去离子水电导率值	样品加去离子水电导率值	样品电导率值	结果判定

六、注意事项

去离子水的电导率为 2.47 μs/cm。

七、操作实施

(1)学生分成 3～5 人一组，各小组在老师指导下，通过网络教学资源等多渠道查询地沟油的快速鉴别的相关资料。

(2)各组根据汇总的相关资料，师生共同讨论、分析，用集体智慧完成地沟油的快速鉴别方案初稿，制作汇报提纲并选一代表进行学习汇报交流，对果蔬中重金属汞的快速检测(速测盒)方案进行修订。

(3)学生按照修订后的地沟油的快速鉴别方案，按规范要求，独立完成地沟油的快速鉴别任务，最终填写任务考核单(表 6-20)，教师在操作实施过程中巡回指导。

表 6-20　任务考核单：地沟油的快速鉴别

班级：　　　　　　姓名：　　　　　　学号：　　　　　　(时间：30 min，总分：100 分)

项目	考核内容	分值	考核记录(以"√"表示)	备注	得分
实验前的准备(10 分)	实验用品准备及摆放	10	物品准备合适，摆放合理，得 10 分		
			实验物品少选或多选，1 件扣 5 分，扣完为止		
样品前处理及检测(65 分)	取样操作	35	取待测样 10 g，并用适量去离子水混合均匀，搅拌 30 s 后静置分层，取出水相，得 35 分		
			取样质量不准确，扣 3 分		
			油水混合后不搅拌不静置，扣 8 分		
			取出水样中含有其他杂质，扣 8 分		
			加入蒸馏水不准确，扣 2 分		
			搅拌不均匀，扣 2 分		
			静置时间不够，扣 2 分		
			时间设置操作不规范，扣 2 分		
	仪器操作	15	将电导率仪放置稳定的实验台面上，打开开关，待显示屏稳定后，开始调试。按"测量转换"键直到显示屏右下角出现"电导率"字样，然后按"模式"键，再按上下键选择"电极常数"，按"确定"后，仪器显示"电极常数设定"和"电极常数标定"，按上下键确定电极常数设定。得 15 分		
			仪器放置位置不合理，扣 5 分		
			仪器调试操作不规范，扣 5 分		
	加样检测	15	测定萃取出的水相的电导率值，并扣除去离子水的电导率值，操作正确规范，得 15 分		
			去离子水电导率值未测定，扣 10 分		

续表6-20

项目	考核内容	分值	考核记录(以"√"表示)	备注	得分
数据处理(10分)	数据处理与上传	10	正确记录实验结果,规范撰写实验报告,得10分		
			电导率计算不正确,扣2分		
			结果判定不正确,扣2分		
			实验报告不规范,扣5分		
文明操作(5分)	清理用物,整理台面	5	清扫实验台及收拾产生的垃圾,得5分		
			未清理所用实验物品,扣2分		
			未整理实验台面,扣3分		
时间(10分)	操作时间	10	在规定时间内完成实验操作,得10分		
			每超过1 min,扣2分,扣完10分为止		
合计					

(4)学生对完成工作任务的表现进行自评和互评,各小组进行总结、考核及评估,教师做出最后评价,填写教学反馈表(表6-21)。

表6-21 教学反馈表

地沟油的快速鉴别				
序号	调查内容	是	否	理由陈述
1	会利用收集的地沟油的快速鉴别的新信息归纳整理与分析吗?			
2	对于地沟油的快速鉴别技术要求是否清楚?			
3	为什么要测量萃取水相的电导率?你是否清楚?			
4	是否可叙述地沟油的快速鉴别的意义?			
5	对如何编制地沟油的快速鉴别方案是否心里有数?			
6	你能否独立完成制作方案汇报提纲,并进行学习汇报交流?			
7	与其他同学口头交流内容是否流畅?			
8	能否主动参与教学场所的清洁与整理工作?能否按照安全与规范的规程操作?			
9	你对老师的本次操作实施任务教学满意吗?			
10	你对本小组完成本学习情境工作的配合满意吗?			

写出你对教学需要改进的建议和意见:

知识链接

感官评定地沟油法

视频 6-4 地沟油快速检测

一般通过看、闻、尝、听、问五个方面即可鉴别地沟油。健康的油透明、有清香感、烧后没有噼啪声音，没有矿物味。

看：看透明度，看色泽。颜色发暗，比较混油，且有沉淀物，低温易凝固的可能是地沟油。检测小窍门一是给冰棍上倒上一点油，油很快凝固并附着在冰棍上，则很可能是地沟油做成的。窍门二是玻璃上倒上一点油，如果油流的很慢，则可能有问题。

闻：每种油都有各自独特的气味。可以在手掌上滴一两滴油，双手合拢摩擦，发热时仔细闻其气味。有臭味的，呈淡淡哈喇味的很可能就是地沟油。

尝：用筷子取一滴油，仔细品尝其味道。有异味的油可能是地沟油，含地沟油的油炒菜不香，残油渣呈黑炭状。

听：取油层底部的油一两滴，涂在易燃的纸片上，点燃并听其响声。燃烧不正常且发出“吱吱”声音的，水分超标，是不合格产品；燃烧时发出“噼叭”爆炸声，表明油的含水量严重超标，而且有可能掺假产品，绝对不能购买。

问：问商家的进货渠道，必要时索要进货发票或查看当地食品卫生监督部门的抽样检查报告。

学习小结

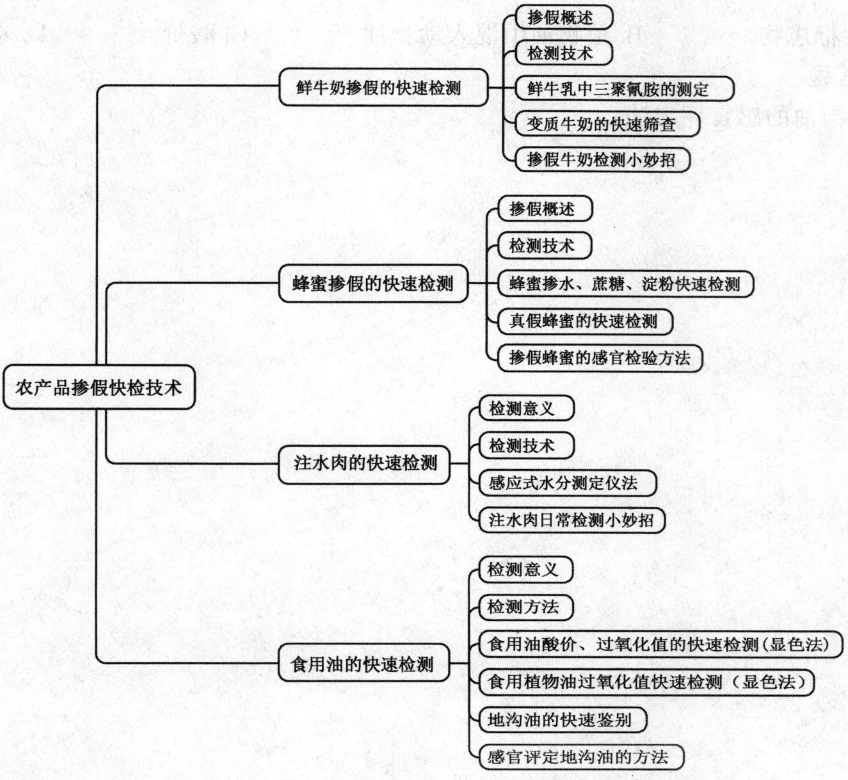

达标检测

一、单选题

1. 在 260 nm 进行分光光度测定时，应选用（　　）比色皿。

A. 硬质玻璃　　B. 软质玻璃　　C. 石英　　D. 透明塑料

2. 紫外可见分光光度计是根据被测量物质分子对紫外可见波段范围的单色辐射的（　　）来进行物质的定性的。

A. 散射　　B. 吸收　　C. 反射　　D. 受激辐射

3. 食用植物油经异丙醇溶解后，游离脂肪酸与（　　）碱性溶液反应，以每克植物油消耗（　　）的毫克数，即为酸价的数值。

A. 氢氧化钾　　B. 氢氧化钠　　C. 氢氧化钙　　D. 氢氧化铝

4. 新鲜牛乳的滴定酸度为（　　）。

A. 14～16°T　　B. 16～18°T　　C. 18～20°T　　D. 18°T 以上

5. 纯正的蜂蜜浓度在（　　）°Bé。

A. 42　　B. 37　　C. 49　　D. 25

6. 注水肉的快速检测观察肉面上试纸被水分（包括肉汁）浸润的情况，越过（　　）cm 以上的样品，可初步判定为注水肉。

A. 0.2　　B. 0.5　　C. 1.0　　D. 1.5

二、多选题

《“地沟油”多参数综合快速筛查方法》主要是通过（　　）指标，综合分析判定油样是否为地沟油。

A. 极性标志物　　B. 植物油中混入动物油　　C. 酸价　　D. 水分

三、简答题

简述地沟油的感官评定法。

项目七

生物毒素快速检测

【案例聚焦】

在 2018 年第 42 期湖北省食药监的食品安全抽检公告里，某连锁品牌旗下超市所售的三款零食均检出黄曲霉毒素 B_1，其中多味花生黄曲霉毒素 B_1 检出值为 328.4 μg/kg，而根据国家相关食品安全标准要求应≤20 μg/kg，被检样品超标 16 倍之多。

【学习目标】

知识目标：了解生物性毒素的检测意义；熟悉生物毒素检测方法；掌握胶体金法、酶联免疫法、免疫亲和柱法与化学法检测生物毒素。

能力目标：能使用不同检测方法对生物毒素残留进行检测；能对检测结果进行正确的分析和判定。

素质目标：具有食品安全国家标准和安全生产的社会责任感、法律与诚信意识，恪守职业道德；能够在学习和实践中，科学严谨，一丝不苟，正确履行业务工作职能；培养创新思维，具有团队合作互助意识、良好的沟通展示、信息获取与策划能力。

【思维导图】

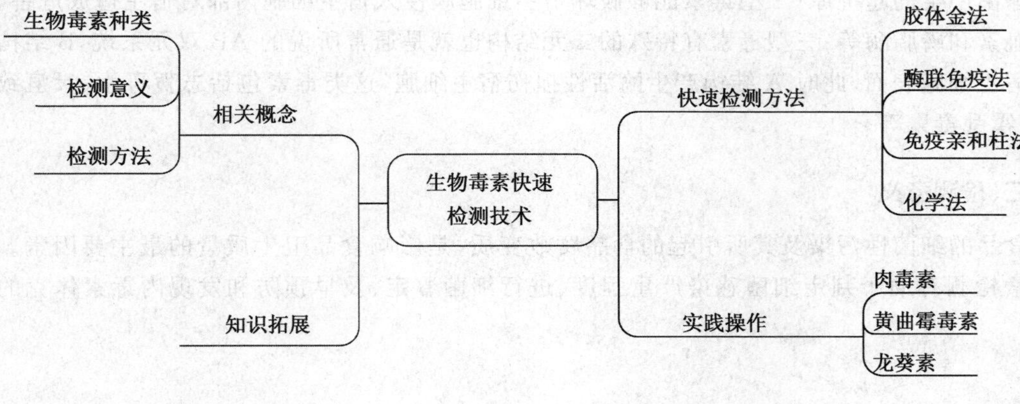

任务1　细菌性生物毒素快速检测

任务内容

本任务主要介绍细菌性生物毒素的概述内容(包括内毒素和外毒素)、细菌性毒素检测意义,并讲述胶体金快速测定肉毒素实际操作,指导帮助农产品检测人员对细菌性毒素进行梳理。

知识准备

一、细菌性生物毒素概述

细菌毒素分为外毒素和内毒素。

(1)外毒素,是病原菌在代谢过程中分泌到菌体外的蛋白质。产生外毒素的细菌主要是一些革兰氏阳性细菌,例如金黄色葡萄球菌、链球菌、破伤风杆菌等。少数革兰氏阴性菌如多杀性巴氏杆菌和产毒性大肠杆菌等也能产生外毒素。其毒性极不稳定,对热和某些化学物质敏感,容易受到破坏。一般用3%～4%的甲醛溶液处理,其毒性完全消失。外毒素的抗原性较强,能刺激机体产生抗毒素。细菌产生的外毒素对组织的毒性作用有高度的选择性,各自引起特殊的临床症状。

(2)内毒素,是革兰氏阴性细菌细胞壁的组成成分,细菌在生活时不能释放出来,当细胞死亡而溶解或用人工方法破坏菌体时才释放出来,因而称为内毒素。内毒素化学成分比较复杂,它是磷酸、多糖、蛋白质的复合物,主要成分为脂多糖。其性质较稳定,耐热,毒性比外毒素低,其作用没有组织器官选择性,不同病原菌所产生的内毒素引起的症状大致相同,都能引起机体体温升高、腹泻和出现出血性休克和其他组织损伤现象。

尽管细菌的外毒素和内毒素在结构性质和作用机制上完全不同,但都能不同程度地对机体产生严重损害。为了感染宿主,细菌必须产生一种机制来对抗宿主的免疫系统,从而使自己能够在宿主体内恶劣的环境下存活,于是在这个感染过程中不同的毒力因子在不同的时段被表达,而这些毒力因子中最重要的一种就是毒素。细菌毒素根据它们的感染模式可以分为3种:一型毒素能够破坏宿主细胞但不进入宿主细胞,这些毒素包括一些金黄色葡萄球菌和化脓链球菌产生的超抗原;二型毒素能够破坏宿主细胞膜侵入宿主细胞内部对宿主造成危害,例如溶血素和磷脂酶等;三型毒素有特殊的二元结构也就是通常所说的AB双元系统,B结构结合于宿主细胞表面,此时A结构产生酶活性损伤宿主细胞,这类毒素包括志贺毒素、炭疽致死毒素、霍乱毒素等。

二、检测意义

食品的细菌性污染及其所引起的食品腐败变质,是影响食品卫生质量的最主要因素。细菌毒素检测有助于判定细菌感染严重程度、进行细菌鉴定、及早预防和发现内毒素休克的发生等。

操作实施

操作实施一 胶体金快速检测肉毒素

一、实施目的

(1)理解胶体金快速检测肉毒素的基本原理。

(2)掌握胶体金检测的基本技能。

二、实施原理

采用双抗体夹心法，将抗 A 型肉毒毒素特异性抗体包被在硝酸纤维素膜上，用于捕捉标本中的 A 型肉毒毒素，然后用特异性产生抗体标记的免疫胶体金探针进行检测。检测时，待测样中的肉毒毒素与试纸条上的胶体金标记抗体结合后沿着硝酸纤维素膜移动，并与膜上的抗体结合形成肉眼可视红色带。

三、试剂与器材准备

胶体金快检卡片、生理盐水、剪刀。

四、操作步骤

1. 样品处理

固态食品称取约 2 g，充分剪碎，加 5 mL 生理盐水振荡 10 min，使内容物充分浸出，自然沉降或离心 5 min，3 000 r/min，取上清液作为样品检测液。

2. 测定

取卡片一个，撕开外包装，吸取样品检测液，滴加 3～4 滴(约 0.2 mL)于试剂圆孔中，2 min 后开始观察结果，15 min 终止观察。

五、检测结果与分析(图 7-1)

(1)阳性结果：试剂窗口“C”和“T”(对照和检测)处出现 2 条红色沉淀线为阳性，即有肉毒毒素检出。

(2)阴性结果：试剂窗口“C”(对照)处出现 1 条红色沉淀线为阴性，即无肉毒毒素检出。

(3)试剂失效：试剂窗口“C”和“T”(对照和检出)均无红色沉淀线，即试剂失效。

六、注意事项

(1)在 5～15 min 内观察到结果。

(2)避免假阳性结果出现。

七、操作实施

(1)学生分成 3～5 人一组，各小组在老师指导下，通过网络教学资源等多渠道查询胶体金快速检测肉毒素的相关资料。

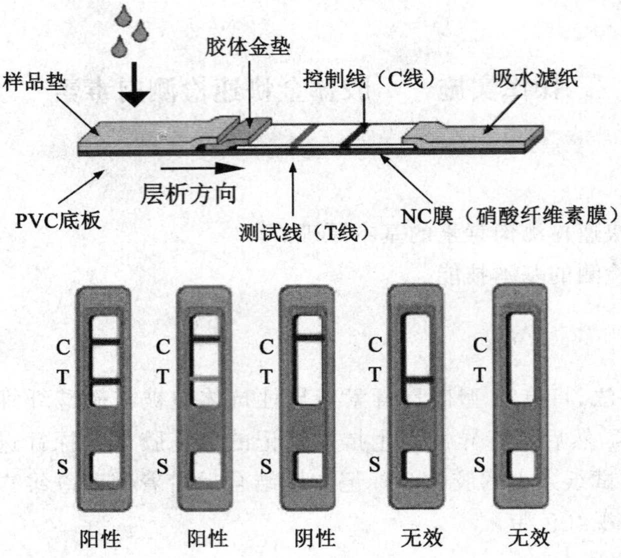

图 7-1　胶体金卡片结构与检测结果示意图

（2）各组根据汇总的相关资料，师生共同讨论、分析，用集体智慧完成胶体金快速检测肉毒素方案初稿，制作汇报提纲并选一代表进行学习汇报交流，对胶体金快速检测肉毒素方案进行修订。

（3）学生按照修订后的胶体金快速检测肉毒素方案，按规范要求，独立完成胶体金快速检测肉毒素任务，最终填写任务考核单（表 7-1），教师在操作实施过程中巡回指导。

表 7-1　任务考核单：胶体金快速检测肉毒素

班级：　　　　姓名：　　　　学号：　　　　（时间：30 min，总分：100 分）

项目	考核内容	分值	考核记录（以"√"表示）	备注	得分
实验准备（10 分）	实验用品准备及摆放	10	物品准备合适，摆放合理，得 10 分		
			物品少选或多选，1 件扣 5 分，扣完为止		
样品处理及测定（60 分）	样品处理	32	准确称量，剪碎，振荡均匀，合理离心，得 32 分		
			取样质量不准确，扣 8 分		
			无剪碎操作，扣 8 分		
			没有振荡，扣 8 分		
			离心时间设置操作不规范，扣 8 分		
	测定	18	准确滴加检测液，在固定时间段观察结果，得 18 分		
			滴加量不准，扣 9 分		
			观察时间点不准，扣 9 分		

续表7-1

项目	考核内容	分值	考核记录(以"√"表示)	备注	得分
结果判定(15分)	结果判定	15	正确记录实验结果,规范撰写实验报告,得15分		
			结果判定不正确,扣10分		
			实验报告不规范,扣5分		
文明操作(5分)	清理用物,整理台面	5	清扫实验台及收拾产生的垃圾,得5分		
			未清理所用实验物品,扣2分		
			未整理实验台面,扣3分		
时间(10分)	操作时间	10	在规定时间内完成实验操作,得10分		
			每超过1 min,扣2分,扣完10分为止		
合计					

(4)学生对完成工作任务的表现进行自评和互评,各小组进行总结、考核及评估,教师做出最后评价,填写教学反馈表(表7-2)。

表7-2　教学反馈表

胶体金快速检测肉毒素				
序号	调查内容	是	否	理由陈述
1	会利用收集的胶体金快速检测肉毒素的新信息归纳整理与分析吗?			
2	对于胶体金快速检测肉毒素技术要求是否清楚?			
3	什么是肉毒素?检测方法有哪些?			
4	胶体金检测的原理是什么?			
5	对如何编制胶体金快速检测肉毒素方案是否心里有数?			
6	你能否独立完成制作方案汇报提纲,并进行学习汇报交流?			
7	与其他同学口头交流内容是否流畅?			
8	能否主动参与教学场所的清洁与整理工作?能否按照安全与规范的规程操作?			
9	你对老师的本次操作实施任务教学满意吗?			
10	你对本小组完成本学习情境工作的配合满意吗?			

写出你对教学需要改进的建议和意见:

知识链接

胶体金技术常用方法

双抗体夹心法：双抗体夹心法主要用于大分子量蛋白(抗原)的检测。要求两株抗体针对一个抗原的不同位点才可以。也有个别项目是双抗原夹心检测抗体的，原理类似。

竞争法：竞争法主要用于小分子抗原(毒品、农药、肽链)的检测。由于小分子抗原不能直接固定于NC膜上，常常用化学方法把小分子偶联到BSA等大分子物质上再固定于NC膜上。此结果判读方法与夹心法和间接法相反，阳性是只有C线显现，阴性是CT线都有。

间接法：间接法主要用于血清中抗体检测，纯化或者重组的抗原固定于NC膜上，标记大多为蛋白A。间接法要求金标蛋白过量，一般来说样品在加入之前需要稀释。

任务2 真菌性生物毒素快速检测

任务内容

本任务主要介绍真菌毒素历史、中毒表现与危害、控制方法及检测意义，以免疫亲和柱法、酶联免疫法、胶体金免疫层析技术三种方法快速检测黄曲霉毒素B_1(AFB_1)为实例，指导帮助农产品检测人员熟悉真菌毒素检测方法。

知识准备

一、真菌性生物毒素概述

真菌毒素是真菌在食品或饲料里生长所产生的代谢产物，对人类和动物都有害。真菌毒素造成中毒的最早记载是11世纪欧洲的麦角中毒，这种中毒的临床症状曾在中世纪的圣像画中描述过。由于麦角菌的菌核中会形成有毒的生物碱，所以这种疾病至今仍称为麦角中毒。急性麦角中毒的症状是产生幻觉和肌肉痉挛，进而发展为四肢动脉的持续性变窄而发生坏死。当时人们已经知道，吃了用发霉的粮食做的面包会生病。这一广泛流行的中毒现象，在欧洲先被称为“灵火”，后来又称为圣安东尼之火。造成较大社会影响的真菌毒素中毒事件还有1913年俄罗斯东西伯利亚的食物中毒造成的白细胞缺乏病，1952年美国佐治亚州发生的动物急性致死性肝炎和1960年英国发生的“火鸡X病”，以及我国20世纪50年代发生的马和牛的霉玉米中毒和甘薯黑斑病中毒、长江流域的赤霉病中毒、华南的霉甘蔗中毒等。真菌及其毒素与癌症的发生有密切的关系。癌症的高发地区与食物中感染真菌和存在真菌毒素有关。

常见的真菌毒素为黄曲霉毒素。1960年英国引起10万多只火鸡死亡的“火鸡X病”就是饲料中的黄曲霉毒素引起的。发病火鸡主要症状为食欲减退，羽翼下垂，染病后昏睡死亡，死时头脚向后伸。解剖可见肝出血、坏死，肾肿大。

真菌毒素对人和动物都有极大危害。防止真菌毒素病害，首先要防止食物和饲料霉变。

粮食饲料在收获时未被充分干燥或贮运过程中温度或湿度过高，就会使带染在粮食饲料上的真菌迅速生长。几乎所有在粮食仓库中生长的真菌（仓贮真菌）都侵染种胚造成谷物萌发率下降，同时产生毒素。谷物的含水量是真菌生长和产毒的重要因素。一般把粮食贮存在相对湿度低于 70％的条件下，谷物的含水量在 15％以下就可控制霉菌的生长。

大部分真菌在 20～28℃都能生长，在 10℃以下或 30℃以上，真菌生长显著减弱，在 0℃几乎不能生长。一般控制温度可以减少真菌毒素的产生。但是有些镰刀菌 7℃时仍能够在过冬的谷物上产毒。黄曲霉最低生长温度为 6～8℃，最高生长温度达 44～46℃，在 32℃时黄曲霉毒素 B_1 的形成速度最快。

真菌为喜好氧气的微生物，在厌氧条件下几乎不能生长。谷物贮存使用的抽真空或充氮气等方法都是有效的措施，但是这些方法比较昂贵，并不适合农民使用。如果谷物贮存时及时通风也能防止霉菌的生长和产毒，因为通风可以带走谷物中的水分并降低温度。干燥、低温、厌氧是防止霉变的主要措施，其中以保持干燥最为重要。

二、检测意义

真菌种类多、数量大、分布广泛，与人类生产与生活密切相关，绝大多数对人和动物有益。利用某些真菌及代谢产物可生产日常化工、医药、食品等产品，但是部分真菌代谢产物却对人危害严重。

由于真菌能形成极小的孢子，因而很容易通过空气及其他途径扩散，不仅感染人或动物致病，有的可引致食品、谷物、农副产品发霉变质，甚至产生毒素直接或间接的危害人和动物的健康。

操作实施

操作实施一　免疫亲和柱法快速检测黄曲霉毒素 B_1

一、实施目的

（1）理解免疫亲和柱法检测黄曲霉毒素的基本原理。

（2）掌握免疫亲和柱法检测的基本技能。

二、实施原理

试样提取液经过滤、稀释后，通过黄曲霉毒素 B_1 免疫亲和柱。黄曲霉毒素 B_1 免疫亲和柱是由偶联有黄曲霉毒素 B_1 抗体的免疫亲和微球填充而成的，而此抗体对黄曲霉毒素 B_1 具有专一性，样液中黄曲霉毒素 B_1 被黄曲霉毒素 B_1 免疫亲和微球上的抗体捕获，杂质随洗涤液流出微柱，再以甲醇将黄曲霉毒素 B_1 洗脱，洗脱液通过 HPLC 法根据黄曲霉毒素 B_1 检测工作曲线测定黄曲霉毒素 B_1 的含量。

三、试剂与器材准备

（1）设备及器皿耗材：天平、粉碎机、离心机、高速均质器（18 000～22 000 r/min）；量筒、

50 mL 玻璃漏斗、微量移液器(100～1 000 μL)、定量滤纸、玻璃微纤维滤纸(直径 11 cm,孔径 1.5 μm)、20 mL 玻璃注射器等。

(2)试剂:甲醇(色谱级)、pH 7.4 磷酸盐缓冲液(PBS)、pH 7.0 磷酸盐缓冲液(PBS)、吐温-20、蒸馏水或去离子水。

(3)免疫亲和柱快速分析试剂盒(亲和柱,填充剂:Protein A 琼脂糖凝胶)。

四、操作步骤

1. 样品制备与处理

(1)谷物、花生及其制品。准确称取 25.0 g 粉碎的样品,加入 5.0 g 氯化钠;与 125.0 mL 甲醇-水溶液(7+3)混合,以均质器高速搅拌提取 2 min 或振荡提取 30 min;用定量滤纸过滤;准确移取 15 mL 滤液并加入 30 mL 水稀释,用玻璃微纤维滤纸过滤,至滤液澄清,备用;准确移取 15.0 mL 混合液进行过亲和柱。

(2)酱油。准确称取 50.0 g 样品,加入 2.5 g 氯化钠;加入甲醇-水溶液(8+2)至 100 mL,以均质器高速搅拌提取 2 min 或振荡提取 30 min;用定量滤纸过滤;准确移取 10.0 mL 滤液并加入 40.0 mL 水稀释,用玻璃微纤维滤纸过滤,至滤液澄清,备用;将滤液调至 pH 为中性;准确移取 10.0 mL 混合液进行过亲和柱。

(3)醋。准确称取 5.0 g 样品,加入 1.0 g 氯化钠;用 pH7.0 的磷酸盐缓冲液稀释至 25.0 mL,混匀;用定量滤纸过滤;加 10.0 mL 滤液加入 10.0 mL pH 7.0 的磷酸盐缓冲液,混匀,用玻璃微纤维滤纸过滤至滤液澄清,备用;将滤液调至 pH 为中性;准确移取 10.0 mL 混合液进行过亲和柱。

(4)植物油脂。准确称取 25.0 g 样品,加入 5.0 g 氯化钠;加入甲醇-水(7+3)至 125.0 mL,以均质器高速搅拌提取 2 min 或振荡提取 30 min;用定量滤纸过滤;准确移取 15.0 mL 滤液加入 30.0 mL 水稀释,用玻璃微纤维滤纸过滤,至滤液澄清,备用;准确移取 15.0 mL 混合液进行过亲和柱。

(5)草药、香料及茶叶。准确称取 25.0 g 粉碎的样品,加入 5.0 g 氯化钠;与 125.0 mL 甲醇-水溶液(7+3)混合,以均质器高速搅拌提取 2 min 或振荡提取 30 min;用定量滤纸过滤;准确移取 10.0 mL 滤液并加入 30.0 mL 水稀释,用玻璃微纤维滤纸过滤,至滤液澄清,备用;准确移取 20.0 mL 混合液进行过亲和柱。

2. 亲和柱净化

(1)将柱子上方堵头取出后斜剪断,然后再插回柱子上。

(2)将 20 mL 注射器连接于免疫亲和柱上部,用 5～10 mL pH 7.4 磷酸盐缓冲液(PBS)或者去离子水平衡柱子,以 1 滴/s 的速度通过免疫亲和柱,样品提取液必须缓慢连续地通过柱子(用注射器加以正压或用真空泵施加负压,也可以使用泵流操作架配合免疫亲和柱)。

(3)准确移取混匀提取液注入注射器中,调节针筒压力使其以 1 滴/2 s 的速度缓慢通过免疫亲和柱。

(4)先用 10 mL 0.1%的吐温-20 PBS 溶液清洗,再用 10 mL 10%甲醇-水清洗(主要针对酱油、醋、饲料等颜色较深的样品,其他可略去)。

(5)用 20 mL 水冲洗柱子,弃去流出液,流速 2 滴/s,直至 2～3 mL 空气通过柱体,保证柱子内没有残余液体。

(6)准确加入 1.0 mL 色谱级甲醇洗脱，流速 1 滴/(2～3 s)，直至 2～3 mL 空气通过柱体，保证柱子内没有残余液体。收集全部洗脱液待测。

注意：整个纯化过程尽量不要让柱子干燥。

3. 检测方法

(1)AFB_1 酶免试剂盒检测。用试剂盒中的样品稀释液以 1∶10 稀释洗脱液(1 份洗脱液＋9 份样品稀释液)，取 50 μL 进行测定。

注意：如果 AFB_1 污染较严重，需要进一步稀释样品，洗脱液最终必须稀释到 10%甲醇。

(2)HPLC 法检测。可参考 GB/T 5009.22—2016。

五、检测结果与分析

$$X=\frac{\rho \times V_1 \times V_3 \times 1\,000}{V_2 \times m \times 1\,000}$$

式中：X—试样中 AFB_1 的含量，单位为微克每千克(μg/kg)；

ρ—进样溶液中 AFB_1 按照内标法在标准曲线中对应的浓度，单位为纳克每毫升(ng/mL)；

V_1—试样提取液体积(植物油脂、固体、半固体按加入的提取液体积；酱油、醋按定容总体积)，单位为毫升(mL)；

V_3—样品经净化洗脱后的最终定容体积，单位为毫升(mL)；

1 000—换算系数；

V_2—用于净化分取的样品体积，单位为毫升(mL)；

m—试样的称样量，单位为克(g)。

计算结果保留 3 位有效数字。

六、注意事项

(1)黄曲霉毒素对人体有害，应戴手套操作。凡接触到标样的玻璃器皿都要用 5%次氯酸钠浸泡过夜。

(2)不要使用过有效期的免疫亲和柱。

(3)免疫亲和柱应在 2～8℃保存，不要冷冻。

(4)使用前，免疫亲和柱需至少提前半小时回温至室温(25℃左右)。

(5)按以上的提取过程，样品通过柱子的实际体积等于 1 g 原物质，分析方法的检测限可以通过改变进柱的样品体积而改变。

(6)称取的样品量以及提取液的体积可根据实际情况按比例调整，建议最低不少于 5 g 样。

(7)黄曲霉毒素对光线敏感，因此样品及其提取液应当低温(2～8℃)、避光保存。

七、操作实施

(1)学生分成 3～5 人一组，各小组在老师指导下，通过网络教学资源等多渠道查询免疫亲和柱法快速检测黄曲霉毒素 B_1 的相关资料。

(2)各组根据汇总的相关资料，师生共同讨论、分析，用集体智慧完成免疫亲和柱法快速检测黄曲霉毒素 B_1 方案初稿，制作汇报提纲并选一代表进行学习汇报交流，对免疫亲和柱法快速检测黄曲霉毒素 B_1 方案进行修订。

(3)学生按照修订后的免疫亲和柱法快速检测黄曲霉毒素 B_1 方案，按规范要求，独立完成免疫亲和柱法快速检测黄曲霉毒素 B_1 任务，最终填写任务考核单(表 7-3)，教师在操作实施过程中巡回指导。

表 7-3 任务考核单：免疫亲和柱法快速检测黄曲霉毒素 B_1

班级： 姓名： 学号： (时间：100 min，总分：100 分)

项目	考核内容	分值	考核记录(以"√"表示)	备注	得分
实验准备(10 分)	实验用品准备及摆放	10	物品准备合适，摆放合理，得 10 分		
			物品少选或多选，1 件扣 5 分，扣完为止		
样品处理及测定(60 分)	样品处理	32	按步骤准确处理各类样品，得 32 分		
			称量、浸提、过滤、移取任何一项不准确，扣 8 分，扣完为止		
	亲和柱净化	18	按步骤准确处理，得 18 分		
			任何一步操作不规范，扣 3 分，直至扣完		
结果判定(15 分)	结果判定	15	正确记录实验结果，规范撰写实验报告，得 15 分		
			结果判定不正确，扣 10 分		
			实验报告不规范，扣 5 分		
文明操作(5 分)	清理用物，整理台面	5	清扫实验台及收拾产生的垃圾，得 5 分		
			未清理所用实验物品，扣 2 分		
			未整理实验台面，扣 3 分		
时间(10 分)	操作时间	10	在规定时间内完成实验操作，得 10 分		
			每超过 1 min，扣 2 分，扣完 10 分为止		
合计					

(4)学生对完成工作任务的表现进行自评和互评，各小组进行总结、考核及评估，教师做出最后评价，填写教学反馈表(表 7-4)。

表 7-4 教学反馈表

免疫亲和柱法快速检测黄曲霉毒素 B_1				
序号	调查内容	是	否	理由陈述
1	会利用收集的免疫亲和柱分离纯化黄曲霉毒素 B_1 的新信息归纳整理与分析吗？			
2	对于免疫亲和柱分离纯化黄曲霉毒素 B_1 技术要求是否清楚？			
3	免疫亲和柱分离纯化黄曲霉毒素 B_1 的基本原理是什么？你是否明白？			
4	黄曲霉毒素包含哪些类型？是否可用该方法进行检测？你是否清楚？			

续表 7-4

序号	调查内容	是	否	理由陈述
5	对如何编制免疫亲和柱分离纯化黄曲霉毒素 B_1 方案是否心里有数?			
6	你能否独立完成制作方案汇报提纲,并进行学习汇报交流?			
7	与其他同学口头交流内容是否流畅?			
8	能否主动参与教学场所的清洁与整理工作?能否按照安全与规范的规程操作?			
9	你对老师的本次操作实施任务教学满意吗?			
10	你对本小组完成本学习情境工作的配合满意吗?			

写出你对教学需要改进的建议和意见:

知识链接

黄　变　米

黄变米,即失去原有的颜色而表面呈黄色的大米,主要由黄绿青霉、岛青霉、橘青霉等霉菌的侵染造成。黄绿青霉可产生神经毒素,急性中毒表现为神经麻痹、呼吸麻痹、抽搐,慢性中毒表现为溶血性贫血。岛青霉产生的黄天精和环氯素引起肝内出血、肝坏死和肝癌。橘青霉产生的橘青霉素毒害肾脏。有一些出血综合征也是由真菌毒素引起。如拟分枝镰刀菌和梨孢镰刀菌产生的 T_2 毒素,其急性症状为全身痉挛,心力衰竭死亡;亚急性或慢性中毒常表现为胃炎,恶心,口腔、鼻腔、咽部、消化道出血,白细胞极度减少,淋巴细胞异常增大,血凝时间延长等。葡萄状穗霉菌产生的毒素引起皮肤类和白血病症状,初期症状是流涎,颚下淋巴肿大,眼、口腔黏膜、口唇充血,继而黏膜龟裂。开始白细胞增多,继之血小板、白细胞减少,血凝时间长,许多组织呈坏死性病变,造成死亡。

操作实施二　酶联免疫定量检测试剂盒快速检测黄曲霉毒素 B_1

一、实施目的

(1)理解酶联免疫法检测黄曲霉毒素的基本原理。
(2)掌握酶联免疫检测方法的基本技能。

二、实验原理

本试剂盒采用间接竞争 ELISA 方法,在酶标板微孔上预包被黄曲霉毒素 B_1 抗原,样本中

黄曲霉毒素 B_1 和此抗原竞争黄曲霉毒素 B_1 抗体(抗试剂),同时黄曲霉毒素 B_1 抗体与酶标二抗(酶标物)相结合,经 TMB 底物显色,样本吸光值与其含有的黄曲霉毒素 B_1 呈负相关,与标准曲线比较再乘以其对应的稀释倍数,即可得出样本中黄曲霉毒素 B_1 的含量。

三、试剂与器材准备

1. 设备

微孔板酶标仪 450 nm/630 nm、振荡器、涡旋仪、离心机/漏斗、天平(感量 0.01 g)、移液管、三角瓶、洗耳球、聚苯乙烯离心管(7 mL、50 mL),定量分析滤纸、微量移液器(单道 10～100 μL、100～1 000 μL、多道 30～300 μL)、ELISA 检测试剂盒。

2. 试剂

去离子水、甲醇(分析纯)、乙腈(分析纯)。

(1)80%甲醇配制:用去离子水将甲醇按 4∶1 体积比进行稀释,即 4 份甲醇加 1 份去离子水。

(2)60%甲醇配制:用去离子水将甲醇按 3∶2 体积比进行稀释,即 3 份甲醇加 2 份去离子水。

(3)40%甲醇配制:用去离子水将甲醇按 2∶3 体积比进行稀释,即 2 份甲醇加 3 份去离子水。

(4)10%甲醇配制:用去离子水将甲醇按 1∶9 体积比进行稀释,即 1 份甲醇加 9 份去离子水。

(5)洗涤液:用去离子水将浓缩洗涤液(10×)按 1∶9 体积比进行稀释,即 1 份浓缩洗涤液(10×)加 9 份去离子水。

四、操作步骤

(一)样品前处理

1. 食品及饲料

玉米、小麦、大米等谷物、啤酒、黄酒、料酒、枇杷酒、植物油、香油、白醋、花生酱、饼干、蛋糕、豆粉、核桃粉、辣椒粉等。

①粉碎并取 5.0 g 有代表性的样本置入 100 mL 具塞三角瓶中,加入 60%甲醇 25 mL 与其混合。②于振荡器上剧烈振荡 10 min,转速为 200 r/min(或涡旋均 5 min 以上)。③取液体于 4 000 r/min 离心 5 min(或静置 3 min,再用定量滤纸过滤)。④取上清或滤液 1 mL,再加入 4 mL 去离子水(稀释后的液体 pH 应保证在 7～8,可用 NaOH、HCl 进行调节。⑤振荡 5 s 或手摇匀,取 50 μL 进行分析。

稀释倍数:25。

2. 白酒

①取 1 mL 有代表性的样本置入 7 mL 聚苯乙烯离心管中,加入 60%甲醇 5 mL,振荡混匀。②取液体 1 mL,再加入 4 mL 去离子水。③振荡 5 s 或手摇匀,取 50 μL 进行分析。

稀释倍数:30。

3. 酱油、紫米、红米

①称取 5.0 g 有代表性的样本置入 50 mL 聚苯乙烯离心管中,加入 10 mL 乙腈与其混

合。②于振荡器上剧烈振荡 10 min，转速为 200 r/min（或涡旋均 5 min 以上）。③取液体于 4 000 r/min 离心 5 min（或静置 3 min，再用定量滤纸过滤）。④取上清或滤液 0.5 mL，再加入 4.5 mL 去离子水。⑤振荡 5 s 或手摇匀，取 50 μL 进行分析。

稀释倍数：20。

4. 牛奶

①取 1 mL 有代表性的样本置入 7 mL 聚苯乙烯离心管中，加入 3 mL 去离子水，与其混合。②振荡 5 s 或手摇匀，取 50 μL 进行分析。

稀释倍数：4。

5. 花生样本处理方法

①粉碎并取 5.0 g 有代表性的样本置入 100 mL 具塞三角瓶中，加入 40%甲醇 25 mL 与其混合。②于振荡器上剧烈振荡 10 min，转速为 200 r/min（或涡旋均 5 min 以上）。③取液体于 4 000 r/min 离心 5 min（或静置 3 min，再用定量滤纸过滤）。④取上清或滤液 1 mL，再加入 4 mL 去离子水。⑤振荡 5 s 或手摇匀，取 50 μL 进行分析。

稀释倍数：25。

6. 辣椒酱、豆瓣酱样本处理方法

①称取 4.0 g 有代表性的样本置入 50 mL 聚苯乙烯离心管中，加入 10 mL 甲醇与其混合。②于振荡器上剧烈振荡 10 min，转速为 200 r/min（或涡旋均 5 min 以上）。③取液体于 4 000 r/min 离心 5 min（或静置 3 min，再用定量滤纸过滤）。④取上清或滤液 0.1 mL，再加入 1.9 mL 10%甲醇（稀释后的液体 pH 应保证在 7～8，可用 NaOH、HCl 进行调节）。⑤振荡 5 s 或手摇匀，取 50 μL 进行分析。

稀释倍数：50。

（二）样品测定

（1）将所需试剂从冷藏环境中取出，置于室温（20～25℃）平衡 30 min 以上，注意每种液体试剂使用前均须摇匀。

（2）取出需要数量的微孔板，将不用的微孔板放进原锡箔袋中并且与提供的干燥剂一起重新密封，保存于 2～8℃。切勿冷冻。

（3）洗涤液在使用前也需回温。

（4）编号：将样本和标准品对应微孔按序编号，并记录标准孔和样本孔所在的位置。

（5）加标准品/样本：加入标准品或样本 50 μL 到对应的微孔中，加入 AFB_1 酶标物 50 μL/孔，再加入 AFB_1 抗试剂 50 μL/孔，轻轻振荡混匀，用盖板膜盖板后置 25℃避光环境中反应 30 min。

（6）洗板：小心揭开盖板膜，将孔内液体甩干，用洗涤液 250 μL/孔，充分洗涤 4～5 次，每次间隔 10 s，用吸水纸拍干（拍干后未被清除的气泡可用未使用过的枪头戳破）。

（7）显色：加入底物液 A 液 50 μL/孔，再加底物液 B 液 50 μL/孔，轻轻振荡混匀，用盖板膜盖板后置 25℃避光环境反应 15 min。

（8）测定：加入终止液 50 μL/孔，轻轻振荡混匀，设定酶标仪于 450 nm 处（建议用双波长 450/630 nm 检测，请在 5 min 内读完数据），测定每孔 OD 值。

五、检测结果与分析

将测定 OD 值，带入标准曲线方程中(标准曲线方程可由检测试剂盒供应商提供)，得到测定值，将测定值再乘以其对应的稀释倍数，即可得到测定结果。

六、注意事项

(1)试剂及样本没有回到室温(20～25℃)会导致所有标准的 OD 值偏低。

(2)在洗板过程中如果出现板孔干燥的情况，则会出现标准曲线不成线性、重复性不好的现象。所以洗板拍干后应立即进行下一步操作。

(3)每加一种试剂前需将其摇匀。

(4)反应终止液为 2 mol/L 硫酸，避免接触皮肤。

(5)不要使用过了有效期的试剂盒；也不要使用过了有效期的试剂盒中的任何试剂，掺杂使用过了有效期的试剂盒会引起灵敏度的降低；不要交换使用不同批号试剂盒中的试剂。

(6)储存条件保存试剂盒于 2～8℃，不要冷冻，将不用的酶标板微孔板放进锡箔袋重新密封。标准物质和无色的发色剂对光敏感，因此要避免直接暴露在光线下。

(7)浓缩洗涤液如有结晶属正常现象，请加热溶解后使用。

七、操作实施

(1)学生分成 3～5 人一组，各小组在老师指导下，通过网络教学资源等多渠道查询酶联免疫定量检测试剂盒快速检测黄曲霉毒素 B_1 的相关资料。

(2)各组根据汇总的相关资料，师生共同讨论、分析，用集体智慧完成酶联免疫定量检测试剂盒快速检测黄曲霉毒素 B_1 方案初稿，制作汇报提纲并选一代表进行学习汇报交流，对酶联免疫定量检测试剂盒快速检测黄曲霉毒素 B_1 方案进行修订。

(3)学生按照修订后的酶联免疫定量检测试剂盒快速检测黄曲霉毒素 B_1 方案，按规范要求，独立完成酶联免疫定量检测试剂盒快速检测黄曲霉毒素 B_1 任务，最终填写任务考核单(表 7-5)，教师在操作实施过程中巡回指导。

表 7-5 任务考核单：酶联免疫定量检测试剂盒快速检测黄曲霉毒素 B_1

班级： 姓名： 学号： (时间：90 min，总分：100 分)

项目	考核内容	分值	考核记录(以"√"表示)	备注	得分
实验准备(10 分)	实验用品准备及摆放	10	物品准备合适，摆放合理，得 10 分		
			物品少选或多选，1 件扣 5 分，扣完为止		
样品处理及测定(60 分)	样品处理	32	按步骤准确处理各类样品，得 32 分		
			任何一项操作不准确，扣 8 分，扣完为止		
	样品测定	18	按步骤准确处理，得 18 分		
			任何一步操作不规范，扣 3 分，直至扣完		

续表7-5

项目	考核内容	分值	考核记录(以"√"表示)	备注	得分
结果判定（15分）	结果判定	15	正确记录实验结果，规范撰写实验报告，得15分		
			结果判定不正确，扣10分		
			实验报告不规范，扣5分		
文明操作（5分）	清理用物，整理台面	5	清扫实验台及收拾产生垃圾，得5分		
			未清理所用实验物品，扣2分		
			未整理实验台面，扣3分		
时间（10分）	操作时间	10	在规定时间内完成实验操作，得10分		
			每超过1 min，扣2分，扣完10分为止		
合计					

(4)学生对完成工作任务的表现进行自评和互评，各小组进行总结、考核及评估，教师做出最后评价，填写教学反馈表(表7-6)。

表7-6　教学反馈表

酶联免疫定量检测试剂盒快速检测黄曲霉毒素 B_1				
序号	调查内容	是	否	理由陈述
1	会利用收集的酶联免疫定量检测试剂盒快速检测黄曲霉毒素 B_1 的新信息归纳整理与分析吗？			
2	对于酶联免疫定量检测试剂盒快速检测黄曲霉毒素 B_1 技术要求是否清楚？			
3	如何判定检测试剂盒中试剂是否变质？如果变质该如何处理？你是否明白？			
4	为什么该检测过程应该尽量控制温度？温度过高或过低，你是否会判定产生的影响？			
5	对如何编制酶联免疫定量检测试剂盒快速检测黄曲霉毒素 B_1 方案是否心里有数？			
6	你能否独立完成制作方案汇报提纲，并进行学习汇报交流？			
7	与其他同学口头交流内容是否流畅？			
8	能否主动参与教学场所的清洁与整理工作？能否按照安全与规范的规程操作？			
9	你对老师的本次操作实施任务教学满意吗？			
10	你对本小组完成本学习情境工作的配合满意吗？			

写出你对教学需要改进的建议和意见：

操作实施三　胶体金免疫层析技术快速检测黄曲霉毒素 B_1

视频 7-1　黄曲霉毒素 B_1 的检测

一、实施目的

(1)理解胶体金免疫层析技术检测黄曲霉毒素的基本原理。

(2)掌握胶体金免疫层析技术的基本操作技能。

二、实施原理

本方法采用竞争抑制免疫层析原理。样品中的黄曲霉毒素 B_1 经提取后与胶体金标记的特异性抗体结合，抑制抗体和试纸条或检测卡中检测线(T 线)上抗原的结合从而导致检测线颜色深浅的变化。通过检测线与控制线(C 线)颜色深浅比较，对样品中黄曲霉毒素 B_1 进行定性判定。

三、试剂与器材准备

1. 试剂

甲醇、十二水磷酸氢二钠、二水磷酸二氢钠、氯化钠、吐温-20。

2. 提取液

30%甲醇水或胶体金免疫层析检测试剂盒专用提取液，或根据产品使用说明书配制。

3. 稀释液

称取 2.90 g 十二水磷酸氢二钠，0.296 g 二水磷酸二氢钠，4.50 g 氯化钠，溶解于 400 mL 水中，加入 0.5 mL 吐温-20，用水稀释至 500 mL，混匀即成稀释液；或使用胶体金免疫层析检测试剂盒专用稀释液。

4. 材料

黄曲霉毒素 B_1 胶体金免疫层析试剂盒，适用基质为食用油。包含：①金标微孔(含胶体金标记的特异性抗体)；②试纸条或检测卡。

5. 器材

移液器：100 μL、200 μL 和 1 mL；涡旋混合器；离心机：转速≥4 000 r/min；电子天平：感量为 0.01 g；环境条件：温度 15～35℃，湿度≤80%。

四、操作步骤

1. 试样制备

取适量有代表性样品充分混匀。

2. 试样提取和净化

称取 1 g 油样于离心管中，加入 2 mL 提取液并混合均匀。漩涡振荡 3 min，然后 4 000 r/min 离心 5 min 离心或静置 5～10 min，取下清液备用。依据检测样品种类及试剂盒说明书，用稀释液将下清液稀释并涡旋混匀，得待测液。

3. 测定步骤

(1)试纸条与金标微孔测定步骤。吸取 100～200 μL 待测液于金标微孔中，抽吸 5～10 次使混合均匀，尽量不要有气泡，室温温浴 3～5 min(根据配套说明书进行避光操作)，将检测试纸条样品端垂直向下插入反应微孔中，温浴 5～10 min，从微孔中取出试纸条，进行结果判定。

(2)检测卡测定步骤。吸取 100～150 μL 待测液滴加到检测卡的加样孔中，温浴 5～10 min，进行结果判定。

4. 质控试验

每批样品应同时进行空白试验和加标质控试验。

(1)空白试验。称取空白试样，按照操作步骤 2 和 3 与样品同法操作。

(2)加标质控试验。花生油、玉米油样品：准确称取空白试样 100 g(精确至 0.01 g)置于 100 mL 玻璃溶液瓶中，加入 200 μL 黄曲霉毒素 B_1 标准中间液(10 μg/ mL)试样中黄曲霉毒素 B_1 浓度为 20 μg/kg，按照步骤 2 和 3 与样品同法操作。

其他油脂样品：准确称取空白试样 100 g(精确至 0.01 g)置于 100 mL 玻璃溶液瓶中，加入 100 μL 黄曲霉毒素 B_1 标准中间液(10 μg/mL)使试样中黄曲霉毒素 B_1 浓度为 10 μg/kg，按照步骤 2 和 3 与样品同法操作。

五、检测结果与分析

通过对比控制线(C 线)和检测线(T 线)的颜色深浅进行结果判定。目视结果判读如图 7-2 所示。

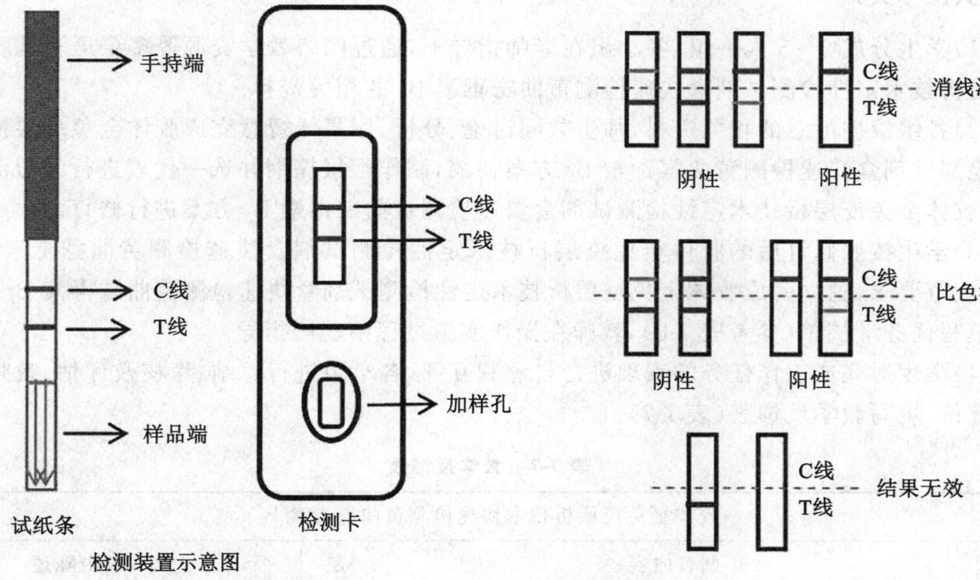

图 7-2 检测卡结构及检测结果示意图

1. 无效

控制线(C 线)不显色，表明不正确操作或试纸条/检测卡无效。

2. 阳性结果

(1)消线法。检测线(T 线)不显色，控制线(C 线)显色，表明样品中黄曲霉毒素 B_1 含量高于方法检测限，判定为阳性。

(2)比色法。检测线(T 线)颜色比控制线(C 线)颜色浅或几乎不显色，表明样品中黄曲霉

毒素 B_1 含量高于方法检测限，判定为阳性。

3. 阴性结果

(1)消线法。检测线(T 线)、控制线(C 线)均显色，表明样品中黄曲霉毒素 B_1 含量低于方法检测限，判定为阴性。

(2)比色法。检测线(T 线)颜色比控制线(C 线)颜色深或者检测线(T 线)颜色与控制线(C 线)颜色相当，表明样品中黄曲霉毒素 B_1 含量低于方法检测限，判定为阴性。

4. 质控试验要求

空白试验测定结果应为阴性，加标质控试验测定结果应为阳性。

六、注意事项

(1)请勿触摸检测卡中央的白色膜面；请勿使用过期的检测卡。

(2)自来水、蒸馏水或去离子水不能作为阴性对照。

(3)由于样本的差异，有的检测线颜色可能偏淡或偏灰，但只要出现条带，就可判定为阴性结果。

(4)样本中的固体杂质颗粒会导致假阳性结果，尽量采用离心方式，离心后取上清液做检测。

七、操作实施

(1)学生分成 3～5 人一组，各小组在老师指导下，通过网络教学资源等多渠道查询胶体金免疫层析技术定性检测试剂盒快速检测黄曲霉毒素 B_1 的相关资料。

(2)各组根据汇总的相关资料，师生共同讨论、分析，用集体智慧完成胶体金免疫层析技术定性检测试剂盒快速检测黄曲霉毒素 B_1 方案初稿，制作汇报提纲并选一代表进行学习汇报交流，对胶体金免疫层析技术定性检测试剂盒快速检测黄曲霉毒素 B_1 方案进行修订。

(3)学生按照修订后的胶体金免疫层析技术定性检测试剂盒快速检测黄曲霉毒素 B_1 方案，按规范要求，独立完成胶体金免疫层析技术定性检测试剂盒快速检测黄曲霉毒素 B_1 任务，最终填写任务考核单(参考表 7-5)，教师在操作实施过程中巡回指导。

(4)学生对完成工作任务的表现进行自评和互评，各小组进行总结、考核及评估，教师做出最后评价，填写教学反馈表(表 7-7)。

表 7-7 教学反馈表

胶体金免疫层析技术快速检测黄曲霉毒素 B_1				
序号	调查内容	是	否	理由陈述
1	会利用收集的胶体金免疫层析技术定性检测试剂盒快速检测黄曲霉毒素 B_1 的新信息归纳整理与分析吗？			
2	对于胶体金免疫层析技术定性检测试剂盒快速检测黄曲霉毒素 B_1 技术要求是否清楚？			
3	竞争抑制免疫层析方法的原理是什么？对判定检测卡检测结果阴/阳性有什么影响？			
4	自来水、蒸馏水或去离子水为何不能作为阴性对照？			

续表 7-7

序号	调查内容	是	否	理由陈述
5	对如何编制胶体金免疫层析技术定性检测试剂盒快速检测黄曲霉毒素 B_1 方案是否心里有数？			
6	你能否独立完成制作方案汇报提纲，并进行学习汇报交流？			
7	与其他同学口头交流内容是否流畅？			
8	能否主动参与教学场所的清洁与整理工作？能否按照安全与规范的规程操作？			
9	你对老师的本次操作实施任务教学满意吗？			
10	你对本小组完成本学习情境工作的配合满意吗？			

写出你对教学需要改进的建议和意见：

知识链接

认识黄曲霉毒素

黄曲霉毒素是由黄曲霉和寄生曲霉产生的杂环化合物，它的代谢产物主要有 B_1、B_2、G_1、G_2、M_1 和 M_2 等类型。

黄曲霉毒素非常耐热，只有通过长时间高温（100～120℃）作用，如高压消毒和锻烧才能使其大部分失活。在一般情况下，巴氏消毒法或烘烤面包的热度（中心温度为 100℃）并不足以使黄曲霉毒素完全灭活。这些毒素对强酸和强碱较敏感。因此，在提炼油时，用氢氧化钠萃取游离脂肪酸的工艺可以进一步破坏毒素的活性。

尽管黄曲霉毒素的毒性很强，但必须一次性摄入含有大量黄曲霉毒素的霉变食品才会发生急性中毒疾病。对于人类，多见由于持续性摄入亚急性量而造成慢性中毒的情况，例如引起肝硬化和肝脏纤维样病变。不仅霉变食品，那些在运输过程中污染灰尘而霉变的粮食和花生中也可能带有黄曲霉毒素而危害人类。毒素在肝脏、心肌和肌肉中逐渐积累而增强它的毒性。对肝脏的直接损伤可能导致基因畸变（畸胎或死胎），但大量的动物（鼠类、鸟类和鱼类）试验结果证明，它们有很强的致癌性，主要是诱发肝癌。目前有人认为还会诱发肾癌。黄曲霉毒素的致癌性与其他致癌物如二甲基亚硝胺的作用有明显的关系。

任务3 其他生物毒素快速检测

任务内容

本任务主要介绍其他生物毒素的种类、危害及中毒症状，阐述其他生物毒素常用检测方法，通过检测方法对比，指导帮助农产品检测人员选择合适的生物毒素快速检测方法。

知识准备

一、其他生物毒素概述

(一)藻类毒素

藻类毒素是一种肝毒素，具有强烈的促癌(肝癌)作用。家畜及野生动物饮用了含藻类毒素的水后，会出现腹泻、乏力、厌食、呕吐、嗜睡、口眼分泌物增多等症状，甚至死亡。病理病变有肝脏肿大、充血或坏死，肠炎出血、肺水肿等。

(二)植物毒素

植物毒素是指由植物产生的物质，通常对植物生长有抑制作用或对植物有毒，并且往往对人和动物也有毒的物质，主要包括5大类，即非蛋白质氨基酸、生物碱、蛋白质毒素、不含氮毒素和生氰糖苷类毒素。某些植物毒素如蓖麻毒素、相思子毒素和蒴莲根毒素，具有剧毒，并且蓖麻毒素和相思子毒素是生物武器核查清单中唯一的2种植物蛋白毒素。由于植物是百姓餐桌的主要成分，并且植物中存在的毒素可能由于人们的认知不足或是食物处理不当引发中毒或死亡，严重危害了人体健康，所以研发植物毒素快速检测技术迫在眉睫。但由于植物毒素中毒不易被人察觉，中毒机理复杂，所以国内外关于植物毒素的检验方法不多。

(三)动物毒素

动物毒素大多是有毒动物毒腺制造的并以毒液形式注入其他动物体内的蛋白类化合物，包括蛇毒、蛙毒、蜘蛛毒、蝎毒、蜂毒等，化学结构多种多样，包括碳氢化合物、杂环化合物、生物碱、生物胺、萜烯、甾苷、多肽和蛋白质等。许多动物毒素具有抗病毒、抗细菌、抗炎症、抗肿瘤及抗凝血作用。

二、其他生物毒素检测方法

(一)免疫分析法

1. 免疫比色分析法

免疫比色法是利用被测溶液本身颜色或是加入试剂后呈现的颜色，用眼睛观察比较颜色深度，或用光电比色计进行测量以确定溶液中被测物质浓度的方法。一般是利用抗原抗体之间的特异性结合来测定、分析特定物质的方法。免疫比色分析法的可测范围和稳定性要大大优于其他众多快速检测方法，其涉及的主要挑战是灵敏度的局限性，导致这种方法在生物毒素检测方面有局限性。

2. 侧向免疫层析试纸法

侧向免疫层析试纸是在免疫渗滤的基础上建立的一种简单快速的免疫学检测技术。其原理是将特异的抗体先固定于硝酸纤维素膜的某一区带，当该干燥的硝酸纤维素一端浸入样品(尿液或血清)后，由于毛细管作用，样品将沿着该膜向前移动。侧向免疫试纸检测法成熟稳定，可作为初步快速筛选方法或是定性检测工具。

3. 免疫荧光检测法

免疫荧光技术包括2种，一种是荧光抗体示踪或检查相应抗原的方法称荧光抗体法，一种是荧光抗原标记物示踪或检查相应抗体的方法称荧光抗原法。其原理是将不影响抗原抗体活性的荧光色素标记在抗体(或抗原)上，与其相应的抗原(或抗体)结合后，在荧光显微镜下呈现一种特异性荧光反应。该技术的优点是特异性强、敏感性高、速度快。缺点是非特异性染色问题尚未完全解决，技术程序比较复杂。

4. 化学发光免疫分析法

化学发光免疫分析(CLIA)，是将具有高灵敏度的化学发光测定技术与高特异性的免疫反应相结合。其灵敏度和精确度比酶免法、荧光法高几个数量级，具有灵敏度高、特异性强、价格低廉等优点。

(二)生物传感器检测法

1. 化学分析法

电化学分析法是建立在物质在溶液中的电化学性质基础上的一类仪器分析方法。通常将试液作为化学电池的一个组成部分，根据该电池的某种电参数(如电阻、电导、电位、电流、电量或电流－电压曲线等)与被测物质的浓度之间存在一定的关系而进行测定的方法。电化学分析法的优点就是灵敏度较高，准确率高，测量范围宽，但是其选择性低。目前电化学传感器主要是基于适配体和抗体的分析方法，虽然灵敏度要远远高于免疫分析方法，但不稳定性限制了电化学传感器的实际应用。

2. 表面等离子共振分析法

表面等离子共振分析法(SPR)是利用其原理检测生物传感芯片上配位体与分析物之间的相互作用情况，本质是一种光学现象，可被用来实时跟踪在天然状态下生物分子间的相互作用。表面等离子共振技术是近年来逐渐兴起的食品安全检测新方法，这种方法对生物分子没有任何损伤，且不需任何标记物，检测灵敏度较高，基质效应对其检测过程影响较小。通过与生物芯片组合，实现了多种毒素的高灵敏快速同时检测。与免疫手段相比，SPR的应用市场更加广阔，但在稳定性和检测效率远远低于免疫分析方法，所以还需要不断完善和发展。

3. 荧光共振能量转移检测法

荧光共振能量转移就是当一个荧光分子的荧光光谱与另一个荧光分子的激发光谱相重叠时，供体荧光分子的激发能诱发受体分子发出荧光，同时供体荧光分子自身的荧光强度衰减的过程。

4. 其他生物传感器

生物传感器种类很多，检测平台的生物识别元件可能是抗体、抗原、酶或核酸等，信号转换器可能是一种或多种电化学的、光学的、热敏的、磁性等技术的组合，检测方法多样化，具有高通量、高精确度、快速筛查和定量分析等优点，为生物毒素的实际快速检测提供了更多有效方法。

(三)纳米技术检测法

纳米技术主要应用一种或多种纳米材料组合，利用它们的光学性质、导电性、磁性等对目标物进行高灵敏度。检测，但检测过程复杂，检测结果要借助仪器进行分析，此类还需进一步的优化才能进行实际检测应用。

(四)分子生物学分析法

分子生物学分析法是基于核苷酸扩增进行定量检测。

与抗体相比，核苷酸具有性质稳定、保存时间较长、再生时无活性损失等优点，并且某些蛋白质类生物毒素具有分子量大、亚型多等特点，利用其 DNA 的不同可进行高灵敏度和特异性的检测，但成本较高且操作复杂限制了其市场化发展。

操作实施

操作实施一　化学显色法快速检测龙葵素

一、实施目的

(1)理解化学显色法快速检测龙葵素的基本原理。

(2)掌握化学显色法快速检测龙葵素的基本技能。

二、实施原理

龙葵碱能与钒酸铵、硒酸钠显色，且随着时间变化，颜色变化多样，是龙葵碱的特征性反应。同时，龙葵碱也能与浓硝酸、浓硫酸发生氧化还原显色反应。

三、试剂与器材准备

捣碎机、氨水、95%乙醇、钒酸铵、硒酸钠、浓硝酸和浓硫酸。

四、检测步骤

(1)取适量样品捣碎后榨汁，放入烧杯中，残渣用水洗涤，将洗液与汁液混合，取上清液备用。

(2)氨水碱化，蒸发至干。残渣用95%热乙醇提取2次，过滤，滤液用氨水碱化，使龙葵碱沉淀，过滤后保留沉淀。

(3)取少量沉淀加入 1 mL 钒酸铵溶液，观察颜色变化。

(4)取少量沉淀加入 1 mL 硒酸钠溶液，温热，冷却后观察颜色变化。

(5)将马铃薯发芽部位切开，在出芽部位分别滴加浓硝酸和浓硫酸，观察颜色变化。

五、检测结果与分析

(1)加入 1 mL 钒酸铵溶液，观察颜色变化。呈现黄色，以后逐渐转变为橙红色、紫色、蓝色、绿色，最后颜色消失，结果为阳性。

(2)加入 1 mL 硒酸钠溶液，温热，冷却后观察颜色变化。温热，冷却后呈紫红色，后转为橙红色、黄橙色、黄褐色，最后颜色消失，结果为阳性。

(3)分别滴加浓硝酸和浓硫酸,观察颜色变化。显玫瑰红色,结果为阳性。

六、注意事项

龙葵碱(素)广泛存在于马铃薯、番茄及茄子等茄科植物中,马铃薯中龙葵碱的含量虽因品种和季节的不同而有所不同,一般为0.005%～0.01%,在储藏过程中含量逐渐增加,马铃薯发芽后,其幼芽和芽眼部分的龙葵碱含量高达0.3%～0.5%。龙葵碱口服毒性较高,人食入0.2～0.5 g龙葵碱即可引起中毒。

七、操作实施

(1)学生分成3～5人一组,各小组在老师指导下,通过网络教学资源等多渠道查询化学显色法快速检测龙葵素的相关资料。

(2)各组根据汇总的相关资料,师生共同讨论、分析,用集体智慧完成采化学显色法快速检测龙葵素方案初稿,制作汇报提纲并选一代表进行学习汇报交流,对化学显色法快速检测龙葵素方案进行修订。

(3)学生按照修订后的化学显色法快速检测龙葵素方案,按规范要求,独立完成化学显色法快速检测龙葵素任务,最终填写任务考核单(参考表7-5),教师在操作实施过程中巡回指导。

(4)学生对完成工作任务的表现进行自评和互评,各小组进行总结、考核及评估,教师做出最后评价,填写教学反馈表(表7-8)。

表7-8　教学反馈表

化学显色法快速检测龙葵素				
序号	调查内容	是	否	理由陈述
1	会利用收集的化学显色法快速检测龙葵素的新信息归纳整理与分析吗?			
2	对于化学显色法快速检测龙葵素技术要求是否清楚?			
3	发芽土豆为什么不能吃?你是否明白?			
4	化学显色法快速检测龙葵素的意义?你是否可叙述?			
5	对如何编制化学显色法快速检测龙葵素方案是否心里有数?			
6	你能否独立完成制作方案汇报提纲,并进行学习汇报交流?			
7	与其他同学口头交流内容是否流畅?			
8	能否主动参与教学场所的清洁与整理工作?能否按照安全与规范的规程操作?			
9	你对老师的本次操作实施任务教学满意吗?			
10	你对本小组完成本学习情境工作的配合满意吗?			

写出你对教学需要改进的建议和意见:

知识链接

发芽土豆不能吃

土豆发芽之后如果再吃会对身体产生很大的危害，因为发芽的土豆当中含有着一种重要的成分叫龙葵素，而龙葵素轻则能够引起胃肠道的反应，比如腹痛、腹胀、腹泻，重则可以引起神经系统的改变，比如可能会引起舌头发麻、四肢无力，甚至反应迟钝，严重的可能会造成神志的淡漠甚至昏迷。因此，由于发芽的土豆当中含有致病性强的龙葵素，所以发芽的土豆不能吃。

如果挖掉了土豆发出来的芽，依然担心其会对健康造成负面影响该怎么办？营养师给出了建议：“发了芽的土豆最好是不要吃，但如果觉得扔了可惜的话，可以在挖了芽以后，将准备吃的土豆泡入水中，吃的时候焯水会更加安全。另外，在烹饪的时候加入些许醋，可以加速龙葵素的破坏，防止龙葵素对人体造成危害。”另外，在烹饪土豆的时候也应当注意多煮几分钟，尽量将土豆做得熟一些，不要吃半生不熟的土豆。

学习小结

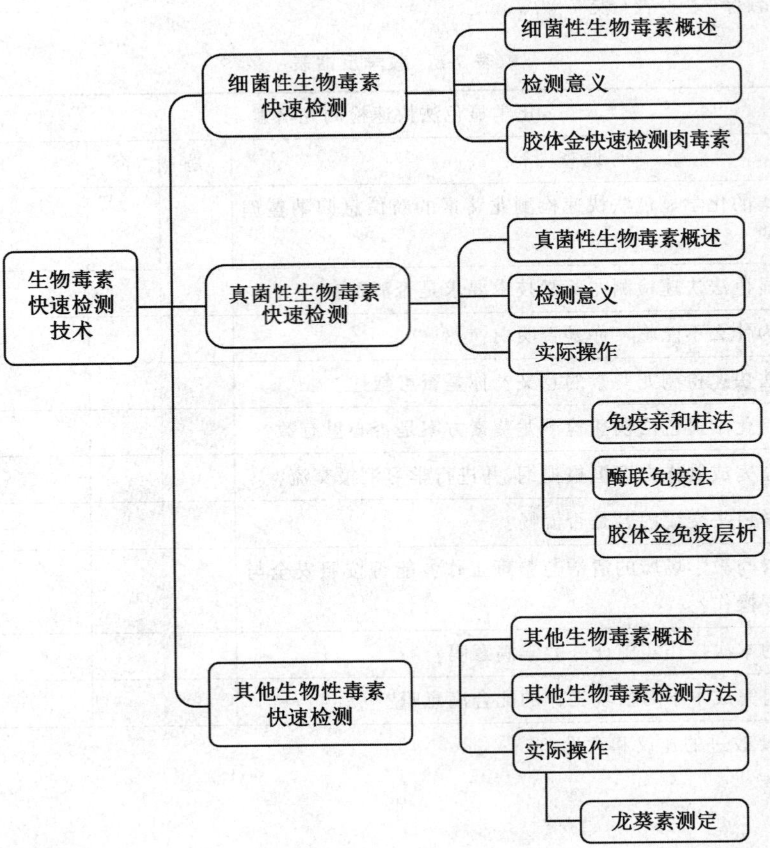

达标检测

一、单选题

1. 采用双抗体夹心法测定肉毒素，在结果判定时，以下哪种是阳性？（　　）

A. C 处一条红线　　B. T 处一条红线　　C. C/T 处各有一条红线　　D. 无红线

2. 最为常见的真菌毒素为（　　）。

A. 黄曲霉毒素　　B. 黄变米毒素　　C. 杂色曲霉毒素　　D. 棕曲霉毒素

3. 黄曲霉毒素快速检测适用于（　　）。

A. 虾、罗非鱼、草鱼、鲫鱼　　B. 面包、油条、馒头、饼干

C. 饲料、谷物类及其加工产物　　D. 肉制品、肉类罐头

4. 下列哪种不是黄曲霉毒素快速检测？（　　）

A. 免疫亲和柱法　　B. 酶联免疫法

C. 胶体金层析技术法　　D. 化学显色法

5. 发芽土豆中主要毒素物质是（　　）。

A. 烟碱　　B. 茄碱　　C. 龙葵碱　　D. 氢氰酸

二、多选题

1. 胶体金技术的三种常用方法是（　　）。

A. 双抗体夹心法　　B. 竞争法　　C. 间接法　　D. 亲和法

2. 生物毒素包含（　　）。

A. 微生物毒素　　B. 藻类毒素　　C. 动物毒素　　D. 植物毒素

3. 化学显色法检测龙葵碱的试剂有（　　）。

A. 钒酸铵　　B. 硒酸钠　　C. 氨水　　D. 浓盐酸

项目八

农产品微生物快速检测

【案例聚焦】

2008 年，美国至少 16 个州暴发沙门氏菌疫情，将近 150 人染病。美疾病防控部门认为不洁西红柿可能是“罪魁祸首”。疫情调查表明，染病的人均生食了从超市或餐馆购买的新鲜西红柿，后出现发烧、腹泻、腹痛等症状。

【学习目标】

知识目标：了解菌落总数常见快速检测方法，理解菌落总数测试片法和 ATP 生物荧光法的测定原理；了解大肠菌群常见快速检测方法，理解微生物专有酶快速反应法、大肠菌群快速检测试剂盒法、大肠菌群测试片法的检测原理；了解霉菌和酵母菌的快速检测方法，理解霉菌和酵母菌测试片的检测原理；了解金黄色葡萄球菌的快速检测方法，理解金黄色葡萄球菌测试片法、快速检验培养基法的检测原理；了解沙门氏菌的快速检测方法，理解沙门氏菌测试片法、胶体金免疫法的检测原理。

能力目标：能利用菌落总数测试片和 ATP 生物荧光仪快速测定农产品中菌落总数，并能对检测结果进行正确判断和准确表达；能利用大肠菌群快速检测试剂盒、大肠菌群测试片快速检测农产品中大肠菌群数，并能对检测结果进行正确判断和准确表达；能利用霉菌和酵母菌测试片快速检测农产品中霉菌和酵母菌数，并能对检测结果进行正确判断和准确表达；能利用金黄色葡萄球菌测试片、金黄色葡萄球菌显色培养基快速检测农产品中金黄色葡萄球菌，并能对检测结果进行正确判断和准确表达；能利用沙门氏菌测试片和沙门氏菌胶体金检测卡快速检测农产品中大肠菌群数，并能对检测结果进行正确判断和准确表达。

素质目标：培养学生正确恪守职业道德，具有较强的质量安全、规范操作、竞争和诚信意识；培养学生具有科学严谨、爱岗敬业、勤学好问、善于思考的精神；培养学生创新思维，具有良好的团队协作、沟通展示、信息获取与策划能力。

【思维导图】

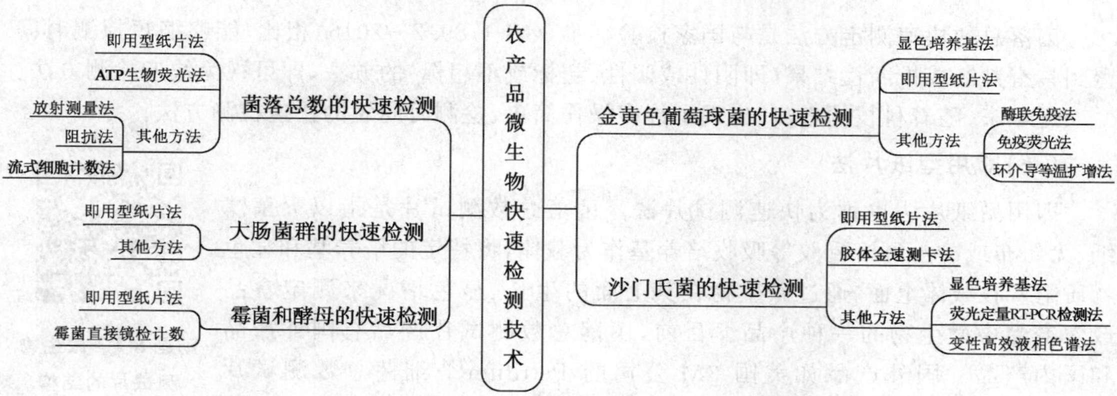

任务 1　菌落总数的快速检测

任务内容

本学习任务主要介绍农产品中菌落总数快速测定的方法及检测原理，通过具体的检测任务阐述菌落总数测试片、ATP 荧光测定法的基本操作步骤和注意事项，指导农产品质量安全检测员快速检测菌落总数，通过分析检测结果并对比国家相关标准，对农产品的卫生质量做出准确评价。

知识准备

一、检测意义

菌落是微生物在固体培养基上生长、繁殖，形成的肉眼可见的生长物，它是由数以万计相同微生物个体集合而成的。当待检的农产品样品经过适当方法处理、稀释到一定程度，与培养基混合，在一定培养条件下，每个活的微生物细胞经过生长、繁殖都可在平板上形成一个肉眼可见的群体结构，即菌落。

菌落总数测定用菌落形成单位(CFU)表述。CFU 是指形成菌落的个数，不等于细菌个数。比如 2 个挨得很近的细菌经培养后形成了 1 个菌落，即 1 CFU。菌落总数测定结果以 CFU/mL 或 CFU/g 报告。

农产品中菌落总数的测定是用来判定农产品被细菌污染程度的一项指标，它反映农产品在生产过程或贮藏运输过程中是否符合卫生要求，以便对被检农产品样品做出适当的卫生学评价。菌落总数的多少在一定程度上标志着农产品卫生质量的优劣。

农产品中菌落总数严重超标，说明其卫生状况达不到基本的卫生要求，从而将会破坏农产品的营养成分，加速农产品的腐败变质，使其失去食用价值。消费者食用该类农产品，可能会引起呕吐、腹泻等症状，危害人体健康。

二、方法概述

菌落总数快速测定方法是与国家检验标准(GB 4789.2—2016)相比,能够缩短检测时间,得到具有判断或推断性结果(即阴性或阳性、超标或不超标)的方法,即可视为快速检测方法。

近年来,随着科技的进步,出现了许多操作简单、检测时间短的快速检测方法。

(一)即用型纸片法

即用型纸片法也称为快速测试片法。菌落总数测试片是指以灭菌滤纸、无纺布或冷水可溶凝胶等吸收培养基作为载体,将特定的培养基和显色物质附着在载体上面,通过微生物在其上面的生长、显色情况来测定食品或农产品中微生物的一种产品。目前,菌落总数测试片产品有国外产品和国内产品。国外产品如美国 3M 公司的 Petrifilm™ 细菌总数测试片(图 8-1)、德国拜发公司的 RIDACOUNT 微生物菌落计数板。国内产品应用较多的如广东环凯微生物科技有限公司(图 8-2)、北京陆桥生物科技有限公司、绿洲生化科技有限公司生产的菌落总数测试片。

动画 8-1 微生物测试片的结构

动画 8-2 微生物测试片的使用

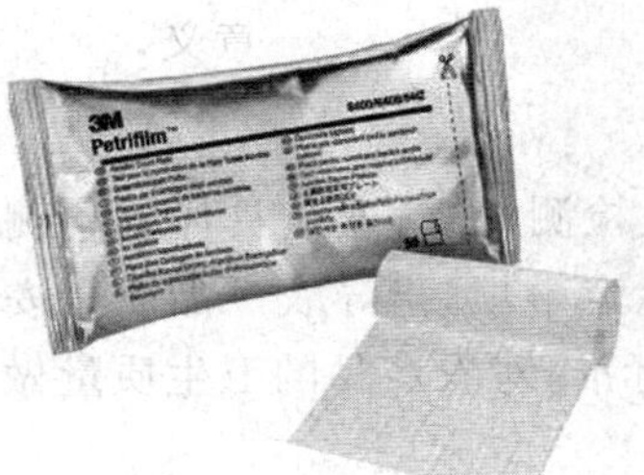

图 8-1 PetrifilmTM 细菌总数测试片

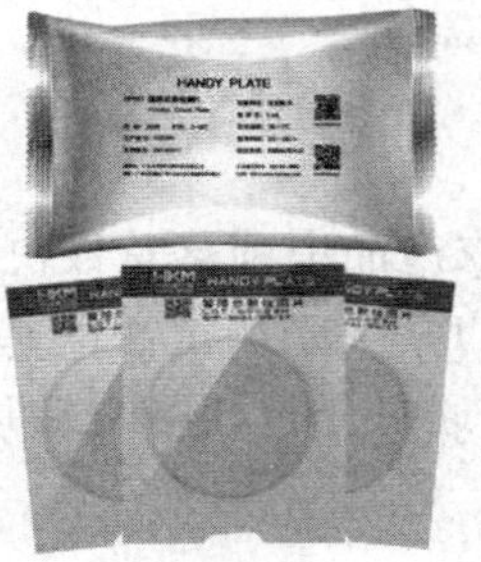

图 8-2 广东环凯菌落总数测试片

其原理是将特定的培养基和显色物质附着在纸片上面,通过微生物在培养基上的显色反应确定其菌落总数。该方法操作简单、分析时间短、易于运输保存、成本低廉,准确度和精确度高,而且避免了热琼脂法不适宜受损细菌恢复的缺陷,非常适合于实验室及现场检测。

(二)ATP 生物荧光法

ATP 普遍存在于包括微生物在内的一切活细胞中,从而使得 ATP 的存在成为检测样品中有无微生物的依据。ATP 生物荧光法的反应机理(图 8-3)是:荧光素酶以荧光素、ATP 和 O_2 为底物,在 Mg^{2+} 的催化下,将化学能转化成光能,发出光量子。在一定范围内,ATP 的浓度与发光强度呈线性关系。通过发光光度计就可以检测出样品(溶液)中的 ATP 的含量,进而推断菌落总数。

ATP 生物荧光法的应用范围越来越广泛,在食品行业的应用较多。如:采用 ATP 生物荧光技术快速检测啤酒样品中的菌落总数,检验啤酒是否合格;运用 ATP 生物荧光法对饮料行业中的原辅料、机械设备表面、人员及其装备、包装材料、生产环境等的卫生状况进行现场检测与跟踪测定;应用 ATP 荧光法快速、准确测定脱水蔬菜和调味品的含菌量,为辐照灭菌行业的发展奠定基础。

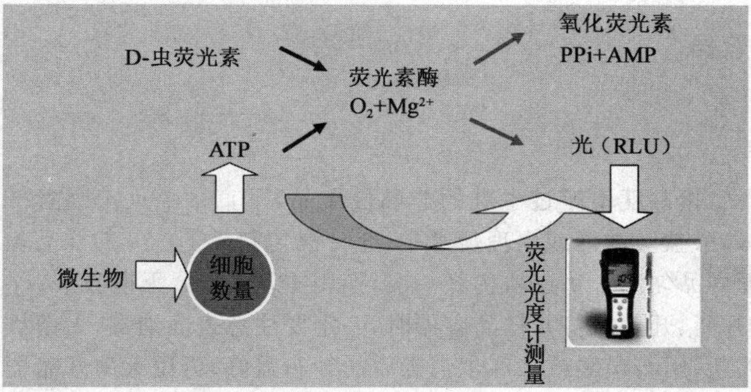

图 8-3　ATP 生物荧光法的反应机理

视频 8-1　ATP 荧光仪的结构和原理

三、菌落总数测定相关知识

菌落总数是指食品检样经过处理，在一定条件下（如培养基、培养温度和培养时间等）培养后，所得每克（mL）检样中形成的微生物菌落总数。

菌落总数主要作为判定食品被微生物污染程度的标志，具有重要的卫生学意义，可用于观察微生物在食品中的繁殖动态、预测食品的保质期、评价食品的安全性以及对环境污染程度的检测等。

菌落总数的检测通常采用琼脂平板培养法，一般需要 2～3 d，也就是 48 h 左右才能完成。菌落总数测定现行有效的国家标准为《食品安全国家标准 食品微生物学检验 菌落总数测定》（GB 4789.2—2016），其检验程序如下（图 8-4）：

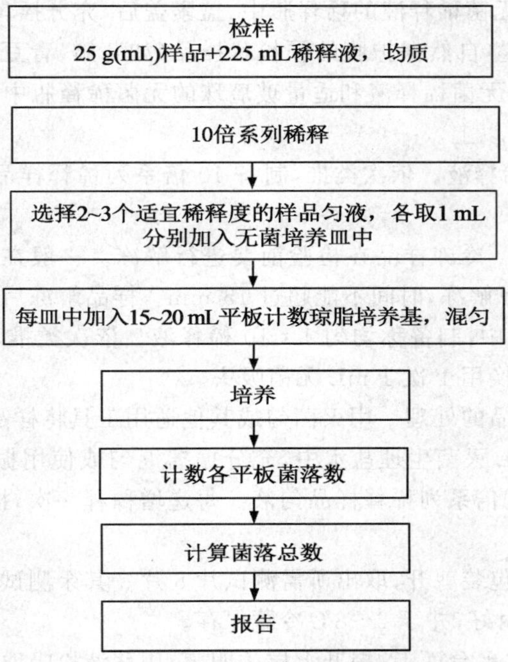

图 8-4　菌落总数测定的程序

四、菌落总数测定的快速检测流程

(一)即用型纸片法

1. 样品处理

(1)液体样品的处理　液体样品,指黏度不超过牛乳的非黏性食品,可直接由灭菌吸管准确吸取 25 mL 样品,置于 225 mL 磷酸盐缓冲液或生理盐水中,充分混匀制成 1∶10 的样品匀液。依次类推,制备 10 倍系列稀释样品匀液。每递增稀释一次,换用 1 次 1 mL 无菌吸头。

吸取前要将样品充分混合,在开瓶、开盖等打开样品容器时,一定要注意表面消毒,无菌操作。用点燃的酒精棉球灼烧瓶口灭菌,用石炭酸或来苏尔消毒后的纱布盖好,再用灭菌开瓶器将盖启开。含有二氧化碳的样品可倒入灭菌的小瓶内,覆盖灭菌纱布,轻轻摇荡,待气体全部逸出后,再取样检验。

(2)固体或黏性液体样品的处理　此类样品无法用吸管吸取,可用灭菌容器称取检样 25 g,加至预温 45℃的灭菌生理盐水或蒸馏水 225 mL 中,摇荡融化或使用振荡器振荡融化,尽快检验。

固体食品的处理相对复杂,处理方法主要有以下几种:

①捣碎均质法:将样品(≥100 g)剪碎或搅拌混匀,从中取 25 g 放入带 225 mL 无菌稀释液的无菌均质杯中,以 8 000～10 000 r/min 均质 1～2 min 即可。

②剪碎振摇法:将样品(≥100 g)剪碎或搅拌混匀,从中取 25 g 检样进一步剪碎,放入带 225 mL 无菌稀释液和直径 5 mm 左右玻璃珠的稀释瓶中,盖紧瓶盖,用力快速振摇 50 次,振幅不小于 40 cm。

③研磨法:将样品(≥100 g)剪碎或搅拌混匀,从中取 25 g 检样放入无菌乳钵中充分研磨后,再放入带有 225 mL 无菌稀释液的稀释瓶中,盖紧盖后,充分摇匀。

④整粒振摇法:有完整自然保护膜的颗粒状样品(如蒜瓣、青豆等)可以直接称取 25 g 整粒样品置于带有 225 mL 无菌稀释液和适量玻璃珠的无菌稀释瓶中,盖紧瓶盖,用力快速振摇 50 次,振幅要大于 40 cm 以上。

制备成均匀 1∶10 稀释液。依次类推,制备 10 倍系列稀释样品匀液。每递增稀释一次,换用 1 次 1 mL 无菌吸头。

(3)冷冻样品的处理　冷冻样品在检验前要进行解冻。一般在 0～4℃下解冻,时间不能超过 18 h;也可在 45 ℃下解冻,时间不能超过 15 min。样品解冻后,无菌操作称取检样 25 g,置于 225 mL 无菌稀释液中,制备称均匀 1∶10 稀释液。依次类推,制备 10 倍系列稀释样品匀液。每递增稀释一次,换用 1 次 1 mL 无菌吸头。

(4)粉状或颗粒状样品的处理　用灭菌勺或其他适用工具将样品搅拌均匀后,无菌操作称取检样 25 g,置于 225 mL 灭菌生理盐水中,充分振摇混匀或使用振摇器混匀,制成 1∶10 稀释液。依次类推,制备 10 倍系列稀释样品匀液。每递增稀释一次,换用 1 次 1 mL 无菌吸头。

2. 接种

首先,用剪刀将铝膜包装剪开,取出所需测试片 8 片。其余测试片在铝膜包装袋开口处折 2～3 次并使用封口夹密封好,并于 2～8℃冷藏保存。

将测试纸片放置在水平台面上,揭开上层透明膜,用移液枪吸取 1∶10 样品匀液 1 mL,加入纤维垫上,5 s 后待样品完全吸收,缓缓将透明膜盖回,接种完成,并做好标记(图 8-5)。

每个稀释度和无菌生理盐水都接种两张测试纸片。

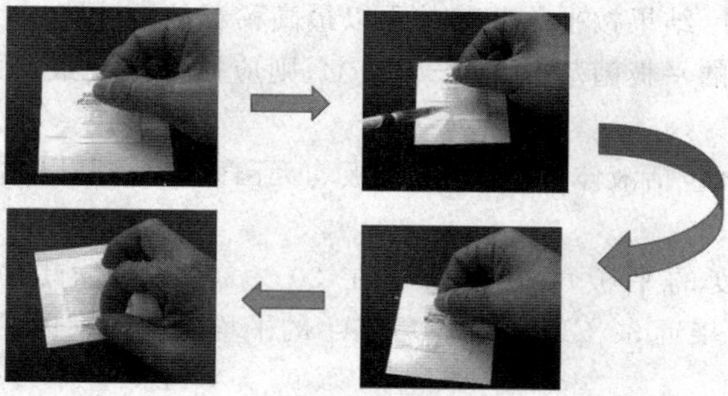

图 8-5　接种流程

应注意以下操作细节：整个操作需要在无菌条件下进行；加入样品后薄膜轻轻放下即可，不要压盖无纺布部分，可沿薄膜边缘压紧；若薄膜放下时产生与空气连通的褶皱，则重新揭开薄膜，再次盖上，保证无连通空气的褶皱出现。

3. 培养

将上述测试纸片透明膜朝上叠放在一起，水平放置于培养箱内，36℃下培养(48±2) h。

4. 菌落计数

培养结束后应立即计数，可肉眼观察计数，必要时用放大镜。如果不能立即进行计数，可以将测试纸片放在－10℃条件以下，不超过 7 天。

细菌在测试纸片上生长后会显示红色圆形斑点(图 8-6)。

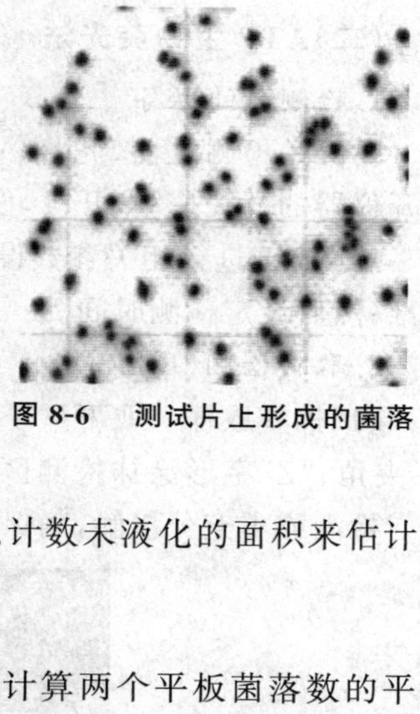

图 8-6　测试片上形成的菌落

选择菌落数在 30～300 的测试纸片进行计数，不论菌落大小都应计数。当细菌浓度很高时，整个测试纸片会变成红色或粉红色，将结果记录为“多不可计”；有时细菌浓度很高时，测试纸片中央可能没有可见菌落，但培养面积的边缘会有许多小的菌落，其结果也记录为“多不可计”。一些微生物会液化凝胶，造成局部扩散或菌落模糊的现象。如果液化现象干扰计数，可以计数未液化的面积来估计菌落数量。

5. 结果计算

(1)若只有一个稀释度平板上的菌落数在适宜计数范围内，计算两个平板菌落数的平均值，再将平均值乘以相应稀释倍数，作为每 g(mL)样品中菌落总数结果。

(2)若有两个连续稀释度的平板菌落数在适宜计数范围内时，按下面的公式计算：

$$N=\frac{\sum C}{(n_1+0.1n_2)d}$$

式中：N—样品中菌落数；

$\sum C$—平板(含适宜范围菌落数的平板)菌落数之和；

n_1—第一稀释度(低稀释倍数)平板个数；

n_2—第二稀释度(高稀释倍数)平板个数；

d—稀释因子(第一稀释度)。

(3)若所有稀释度的平板上菌落数均＞300 CFU，则对稀释度最高的平板进行计数，其他平板可记录为多不可计，结果按平均菌落数乘以最高稀释倍数计算。

(4)若所有稀释度的平板菌落数均＜30 CFU，则应按稀释度最低的平均菌落数乘以稀释倍数计算。

(5)若所有稀释度(包括液体样品原液)平板均无菌落生长，则以小于 1 乘以最低稀释倍数计算。

(6)若所有稀释度的平板菌落数均不在 30～300 CFU，其中一部分＜30 CFU 或＞300 CFU 时，则以最接近 30 CFU 或 300 CFU 的平均菌落数乘以稀释倍数计算。

6. 结果报告

(1)菌落数＜100 CFU 时，按"四舍五入"原则修约，以整数报告。

(2)菌落数≥100 CFU 时，第 3 位数字采用"四舍五入"原则修约后，取前 2 位数字，后面用 0 代替位数；也可用 10 的指数形式来表示，按"四舍五入"原则修约后，采用两位有效数字。

视频 8-2　ATP 荧光仪的使用

(3)若所有平板上为蔓延菌落而无法计数，则报告菌落蔓延。

(4)若空白对照上有菌落生长，则此次检测结果无效。

(5)称重取样以 CFU/g 为单位报告，体积取样以 CFU/mL 为单位报告。

(二)ATP 生物荧光法

1. 检测前的准备

在开始检测之前，先将 ATP 荧光拭子从冰箱取出，放置 10～20 min，使其恢复到室温。打开仪器的开关按键，开机，仪器进行 30 s 的自检，自检完成后进入初始界面。

按 set 键进行相关参数设定，主要是设定此次的检测限值，根据待检样品的相关检测国家标准；然后设定检测时间。

2. 取样检测(图 8-7)

(1)棉签取样。取下拭子下部反应管，用棉签在检测区取样，将棉签与待测表面呈 15°～30°夹角、"Z"字形涂抹检测区域，涂抹面积为 10 cm×10 cm，涂抹过程中旋转棉签，以便使棉头与检测样本充分接触，确保更精确的测试结果。

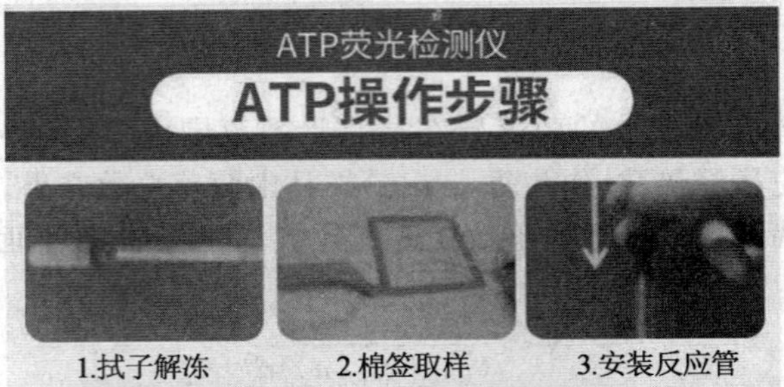

图 8-7　ATP 荧光仪的操作步骤

(2)安装反应管。将上述步骤中取下的反应管恢复装配,安装到拭子正确位置,即反应管口部端面与蓝色连接件下端面相平。

(3)注入试剂。取下拭子上端保护帽,将拭子握于竖直位,用力压弹簧帽,可以反复几次下压,使试剂全部注入反应管内。

(4)混合摇匀。手握拭子上部弹簧盖,左右30°摇匀5 s,使试剂与样本完全反应。

(5)样本检测。将拭子插入处于待检界面的ATP仪器实验仓内,仪器闭合上盖,按下OK键开始检测。

(6)结果判读。检测结束,仪器自动显示、存储ATP检测结果。如果检测结果低于检测下限值,表明被检样品合格,符合国家的卫生标准。

操作实施

操作实施一　番茄酱中菌落总数快速检测(测试片法)

一、实施目的

(1)了解菌落总数测试片的结构。

(2)理解菌落总数测试片的检测原理。

(3)掌握菌落总数测试片的使用方法。

二、实施原理

细菌在纸片上生长时,细菌代谢产物与培养基中的指示剂发生氧化还原反应,将指示剂还原成红色非溶解性产物,从而使细菌着色,所以测试片上的红色圆点判断为菌落,通过菌落计数和结果计算进行检验结果的报告。

三、实验设备与材料

(1)待检样品:瓶装番茄酱。

(2)试剂:无菌磷酸盐缓冲溶液(225 mL、9 mL)。

(3)其他:菌落总数测试片、天平、微量移液器(100~1 000 μL)、无菌移液器吸头(1 000 μL)、75%酒精棉球、无菌镊子、酒精灯、涡旋振荡器、拍击式均质器、恒温培养箱、记号笔等。

四、操作步骤

1.样品处理

用无菌镊子取一个酒精棉球擦拭番茄酱瓶口,打开瓶盖,用无菌勺子称取25 g番茄酱,置于盛有225 mL无菌磷酸盐缓冲溶液的瓶中,在涡旋振荡器上混合均匀,制成10^{-1}的样品匀液。

接下来,用无菌移液器吸取10^{-1}的样品匀液1 mL,沿管壁缓慢注于盛有9 mL无菌磷酸盐缓冲溶液中。注意吸管或吸头尖端不要触及稀释液面。然后,在涡旋振荡器上混合均匀,制成10^{-2}的样品匀液,并做好标记。

用同样的方法制备 10^{-3} 样品匀液，并做好标记。

2. 接种

将 7 张测试纸片放置在实验台面上，用无菌移液器吸取 10^{-1} 的样品匀液 1 mL，揭开上层透明膜，将样品加入纤维垫上，5 s 后待样品完全吸收，缓缓将透明膜盖回，接种完成，并做好标记。10^{-1} 的样品匀液接种两张测试片。用同样的方法，完成 10^{-2} 样品匀液、10^{-2} 样品匀液的接种，每个浓度的样品接种两张测试片。注意，在吸取不同浓度样品时，注意更换无菌吸头。

3. 培养

接种完毕后，将上述测试纸片透明膜朝上叠放在一起，拿到培养室进行培养。培养温度为 36℃，培养时间 24 h。

4. 菌落计数

记录稀释倍数和相应的菌落数量。菌落计数以菌落形成单位（colony-forming units，CFU）表示。

5. 结果计算

参照任务一中的相关内容。

6. 结果报告

参照任务一中的相关内容。

五、检测结果与分析（表 8-1）

表 8-1　菌落总数快速测定结果记录

样品浓度	纸片 1 的菌落数	纸片 1 的菌落数	结果	结论
10^{-1}				
10^{-2}				
10^{-3}				
对照（空白）				

六、注意事项

（1）使用过的测试纸片上带有活菌，应及时按照生物安全废弃物处理原则进行无害化处理，方可丢弃。

（2）测试纸片建议在冷藏条件下存放（2～8℃），开封后的测试片应使用透明胶带密封后，常温、避光、干燥保存，并在 1 个月内使用完。

七、操作实施

（1）学生分成 3～5 人一组，各小组在老师指导下，通过网络教学资源等多渠道查询番茄酱中菌落总数快速检测（测试片法）的相关资料。

（2）各组根据汇总的相关资料，师生共同讨论、分析，用集体智慧完成番茄酱中菌落总数快速检测（测试片法）方案初稿，制作汇报提纲并选一代表进行学习汇报交流，对番茄酱中菌落总数快速检测（测试片法）方案进行修订。

(3)学生按照修订后的番茄酱中菌落总数快速检测(测试片法)方案，按规范要求，独立完成番茄酱中菌落总数快速检测(测试片法)任务，最终填写任务考核单(表8-2)，教师在操作实施过程中巡回指导。

表8-2　任务考核单：番茄酱中菌落总数快速检测(测试片法)

班级：　　　　　　　姓名：　　　　　　　学号：　　　　[时间：30 min(不计培养时间)，总分：100分]

项目	考核内容	分值	考核记录(以"√"表示)	备注	得分
实验前的准备(10分)	实验用品准备及摆放	10	物品准备合适，摆放合理，得10分		
			实验物品少选或多选，1件扣5分，扣完为止		
样品处理(20分)	称样	10	无菌操作，称取样品规范，准确称取样品(25.0±0.1) g，得10分		
			无菌操作不规范，扣5分		
			天平使用不规范，扣5分		
	稀释	20	无菌操作，规范准确使用移液枪，充分混匀，做好标记，得20分		
			无菌操作不规范，扣5分		
			移液枪使用不规范，扣5分		
			漩涡振荡器使用不正确，扣5分		
			没有做标记，扣5分		
接种(20分)	加入样液于测试片的加样区	10	规范取用菌落总数测试片，无菌操作正确规范使用移液枪，得10分		
			无菌操作不规范，扣5分		
			移液枪使用不规范，扣5分		
	样液吸收后，放下透明膜，避免气泡产生	10	5 s后待样品完全吸收，缓缓将透明膜盖回，接种完成，并做好标记，得10分		
			无菌操作不规范，扣5分		
			样液未充分吸收，放下透明膜，扣5分		
			透明膜与接种区产生褶皱，扣5分		
			没有做标记，扣5分		
培养(10分)	测试片透明膜朝上，恒温箱中培养	10	测试片透明膜朝上叠放在一起，水平放置于培养箱内，36℃培养(48±2) h，得10分		
			测试片叠放不正确，扣5分		
			培养温度和时间选择不正确，扣5分		

续表8-2

项目	考核内容	分值	考核记录(以"√"表示)	备注	得分
菌落计数(15分)	正确识别菌落,空白试验无菌落生长	15	正确识别测试片上的菌落,做好记录,空白试验的测试片上无菌落生长,得15分		
			空白试验的测试片有菌落生长,扣10分		
			菌落识别不正确,扣5分		
结果计算(5分)	根据说明书,正确计算实验结果	5	结合实验原始记录和产品使用说明书,结果计算正确,得5分		
			结果计算不正确,扣5分		
结果报告(10分)	填写实验结果记录,检测结果报告正确	10	正确填写实验结果记录,检测结果和结论正确,得10分		
			实验结果记录不规范,扣5分		
			检测结果和结论不正确,扣5分		
文明操作(5分)	清理用物,整理台面	5	清扫实验台及收拾产生的垃圾,得5分		
			未清理所用实验物品,扣2分		
			未整理实验台面,扣3分		
操作时间(除培养时间)(5分)	共用( ) min 开始:______ 结束:______	5	除去培养时间之后,其他操作能在规定的30 min内完成,得5分		
			超时:每超1 min,扣1分(最多扣5分)		
合计					

(4)学生对完成工作任务的表现进行自评和互评,各小组进行总结、考核及评估,教师做出最后评价,填写教学反馈表(表8-3)。

表8-3 教学反馈表

番茄酱中菌落总数快速检测(测试片法)				
序号	调查内容	是	否	理由陈述
1	会利用收集的番茄酱中菌落总数快速检测(测试片法)的新信息归纳整理与分析吗?			
2	对于番茄酱中菌落总数快速检测(测试片法)技术要求是否清楚?			
3	处理待检样品的稀释液除了用无菌磷酸盐缓冲溶液,还可用其他哪些稀释液?你是否可说明?			
4	菌落计数时,你是否可区分测试片上的菌落与非菌落?			
5	对如何编制番茄酱中菌落总数快速检测(测试片法)方案是否心里有数?			

续表 8-3

序号	调查内容	是	否	理由陈述
6	你能否独立完成制作方案汇报提纲，并进行学习汇报交流？			
7	与其他同学口头交流内容是否流畅？			
8	能否主动参与教学场所的清洁与整理工作？能否按照安全与规范的规程操作？			
9	你对老师的本次操作实施任务教学满意吗？			
10	你对本小组完成本学习情境工作的配合满意吗？			

写出你对教学需要改进的建议和意见：

知识链接

菌落总数快速检测的其他方法

1. 放射测量法

利用微量放射性^{14}C进行标记的有机物作为微生物生长所需的碳源，当微生物进行新陈代谢时会利用这些碳源，从而释放$^{14}CO_2$，通过测量释放的$^{14}CO_2$的量，便可判断细菌的数量。

2. 阻抗法

通过测量微生物代谢引起的培养基电特异性变化来测定样品中微生物含量的一种快速检测方法。

3. 流式细胞计数法

是一种无需培养就可直接检测样品中细菌的方法。在流式细胞仪中，让带菌样品流经一个小孔时，检测细菌细胞与周围介质电传导率差异，或用激光照射，分析光散射情况得知细胞大小、形状、密度及其表面状况，或用荧光物质标记细胞，检测荧光信号。流式细胞计数法检测单一样品约需 15 min，连续检测速度更快。

任务 2　大肠菌群的快速检测

任务内容

本学习任务主要了解大肠菌群的检测意义，掌握测试片法的检测原理，会利用大肠菌群测试片快速检测食品中的大肠菌群数量，能够对检测结果进行正确判断和准确表达。

知识准备

一、检测意义

大肠菌群是指一群能在36℃条件下培养48 h，发酵乳糖，产酸产气的需氧或兼性厌氧的革兰氏阴性无芽孢杆菌。主要包括肠杆菌科的大肠埃希氏菌、柠檬酸杆菌、克雷伯菌和阴沟肠杆菌。该菌群主要来源于人畜粪便，作为粪便污染指标评价食品的卫生状况，推断食品受肠道致病菌污染的可能。

二、方法概述

大肠菌群快速检验的纸片法于20世纪90年代被纳入食(饮)具、公共场所卫生和医院感染等待测物体表面消毒卫生标准，作为餐具、饮具或其他物体表面消毒效果检测的法定方法之一。此后，纸片法又被应用到食品、饮料、水质等样品的大肠菌群检测，作为单位自检或部门行业、地方标准，大大提高了工作效率。纸片法检测大肠菌群，简便易行、节省成本、结果准确、工作效率高，是微生物检验诸多快检方法中较成熟的方法之一，目前已广泛应用于食品检验。

操作实施

操作实施一　酱油中大肠菌群的快速检测(测试片法)

一、实施目的

(1)理解大肠菌群测试片的检测原理。

(3)掌握大肠菌群测试片的使用方法。

二、实施原理

Easy TestTM测试片(简称“ET测试片”)系列中的大肠菌群测试片，是一种预先制备好培养基系统。该测试片的检测原理是大肠菌群中的特异性酶降解显色底物，打破底物原有结构，释放出显色因子，从而使大肠菌群显示为蓝绿色菌落(图8-8)，然后进行计数。

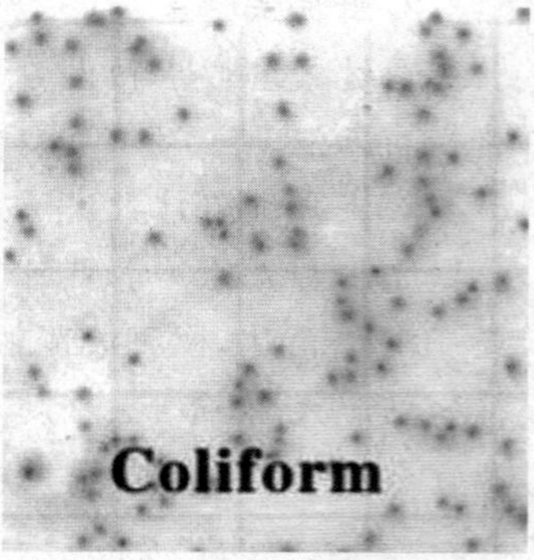

图8-8　大肠菌群在测试纸片上的菌落

三、试剂与器材准备

(1)待检样品：袋装酱油。

(2)试剂：无菌磷酸盐缓冲溶液(225 mL、9 mL)。

(3)其他：大肠菌群测试片、天平、微量移液器(100～1 000 μL)、无菌移液器吸头(1 000 μL)、75%酒精棉球、无菌剪刀、酒精灯、漩涡振荡器、拍击式均质器、恒温培养箱、记号笔等。

四、操作步骤

1. 样品处理

对待检样品做 10 倍系列稀释，采用的稀释液为无菌生理盐水或无菌磷酸盐缓冲溶液。根据样品的污染程度，选择适宜的 2～3 个连续稀释度，每个稀释度接种 2 张测试纸片，同时用无菌稀释液做空白对照。

2. 接种

将检验用的测试纸片置于实验台面，揭开上层膜，用吸管吸取 1 mL 样液垂直滴加在纤维垫上，5 s 后待样品完全吸收，缓缓将透明膜盖回，接种完成，并做好标记。

3. 培养

将测试纸片的透明面朝上水平放置于培养箱内，堆叠片数至多不超过 20 片，36℃下培养 (24±1) h。

4. 菌落计数

大肠菌群菌落为蓝绿色。选取菌落数在 15～150 的测试片，根据菌落颜色进行菌落计数。可以目测，也可以用菌落计数器计数。

5. 结果计算与结果报告

结果的计算与报告的方法按照任务一菌落总数测定（纸片法）的相关方法进行。

五、检测结果与分析（表 8-4）

表 8-4　大肠菌群快速测定结果记录

样品浓度	纸片 1 的菌落数	纸片 1 的菌落数	结果	结论
10^{-1}				
10^{-2}				
10^{-3}				
对照（空白）				

六、注意事项

（1）使用过的测试纸片上带有活菌，应及时按照生物安全废弃物处理原则进行无害化处理，方可丢弃。

（2）测试纸片建议在冷藏条件下存放（2～8℃），开封后的测试片应使用透明胶带密封后，常温、避光、干燥保存，并在 1 个月内使用完。

七、操作实施

（1）学生分成 3～5 人一组，各小组在老师指导下，通过网络教学资源等多渠道查询酱油中大肠菌群的快速检测（测试片法）的相关资料。

（2）各组根据汇总的相关资料，师生共同讨论、分析，用集体智慧完成酱油中大肠菌群的快速检测（测试片法）方案初稿，制作汇报提纲并选一代表进行学习汇报交流，对酱油中大肠菌群的快速检测(测试片法)方案进行修订。

(3)学生按照修订后的酱油中大肠菌群的快速检测(测试片法)方案,按规范要求,独立完成酱油中大肠菌群的快速检测(测试片法)任务,最终填写任务考核单(参考本项目任务1操作实施一),教师在操作实施过程中巡回指导。

(4)学生对完成工作任务的表现进行自评和互评,各小组进行总结、考核及评估,教师做出最后评价,填写教学反馈表(表8-5)。

表8-5 教学反馈表

酱油中大肠菌群的快速检测(测试片法)				
序号	调查内容	是	否	理由陈述
1	会利用收集的酱油中大肠菌群的快速检测(测试片法)的新信息归纳整理与分析吗?			
2	对于酱油中大肠菌群的快速检测(测试片法技术要求是否清楚?			
3	酱油中大肠菌群的快速检测(测试片法)原理是否清楚?			
4	能否按照安全与规范的规程操作?			
5	对如何编制酱油中大肠菌群的快速检测(测试片法)方案是否心里有数?			
6	你能否独立完成制作方案汇报提纲,并进行学习汇报交流?			
7	与其他同学口头交流内容是否流畅?			
8	能否主动参与教学场所的清洁与整理工作?			
9	你对老师的本次操作实施任务教学满意吗?			
10	你对本小组完成本学习情境工作的配合满意吗?			

写出你对教学需要改进的建议和意见:

知识链接

大肠菌群快速检测的其他方法

1. 酶底法

大肠菌群细菌能产生β-半乳糖苷酶,分解ONPG,使培养液呈黄色,在波长366 nm紫外光下培养液产生荧光,从而判断水样中是否含有大肠菌群。检测100 mL水样,只需手工操作2 min,即可在24 h内同时定量检测出大肠菌群。

2. 比色法

基于大肠菌群生物培养共性,改良了大肠菌群的培养基,建立大肠菌群数目与颜色对应模型，大大地缩短了检测时间，达到快速、准确、实时地报告检测结果。该法在 120 min 内即可得到检测结果，且比色法快速检测大肠菌群结果与国标法检测结果的比值为 1.21，二者无明显差别，但国标法检测需 72 h，该法能明显缩短检测时间，具有一定的灵敏性和真实性。

任务 3　霉菌和酵母菌的快速检测

任务内容

本学习任务主要了解霉菌和酵母菌的检测意义，掌握测试片法的检测原理，会利用测试片快速检测食品中的霉菌和酵母菌数量，能够对检测结果进行正确判断和准确表达。

知识准备

一、检测意义

霉菌和酵母菌广泛分布于自然界并可作为食品中正常菌相的一部分。长期以来，人们利用某些霉菌和酵母菌加工一些食品。但在某些情况下，霉菌和酵母菌也可以造成食品腐败变质。霉菌和酵母菌往往使食品表面失去色、香、味。例如，酵母在新鲜的和加工的食品中繁殖，可使食品产生难闻的气味等。因此，霉菌和酵母菌也作为评价食品卫生质量的指示菌，并以霉菌和酵母计数来反映食品被污染的程度。目前，我国已制定了一些食品中霉菌和酵母的限量标准。

二、方法概述

霉菌、酵母菌测试片由营养培养基、吸水凝胶和酶显色剂等组成。非常适合食品卫生检验部门和食品生产企业使用。与传统方法比较，省去了配制培养基、消毒和培养器皿的清洗处理等大量辅助性工作，操作简便，通过酶显色剂的放大作用，使菌落提前清晰地显现出来，培养时间由 1 周缩短至 48～72 h。

操作实施

操作实施一　霉菌和酵母菌的快速检测

一、实施目的

(1)理解霉菌测试片的检测原理。
(2)掌握霉菌测试片的使用方法。

二、实施原理

Easy TestTM 测试片(简称“ET 测试片”)系列中的霉菌测试片，是一种预先制备好培养基的霉菌计数片。该测试片的检测原理是也是利用了特异性酶与特异性显色底物反应的原理，使目标菌与非目标菌呈现可明显区别的不同特异性颜色，从而使霉菌的菌落为蓝绿色或蓝紫色（图 8-9），然后进行霉菌计数。

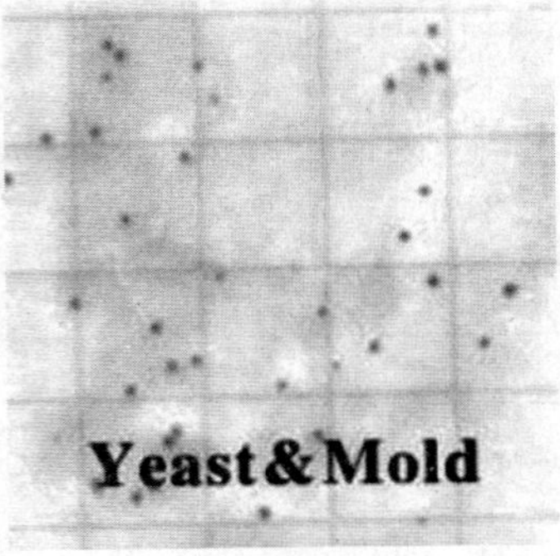

图 8-9 霉菌在测试纸片上的菌落

三、试剂与器材准备

（1）待检样品：袋装蛋糕。

（2）试剂：无菌磷酸盐缓冲溶液（225 mL、9 mL）。

（3）其他：霉菌测试片、天平、微量移液器（100～1 000 μL）、无菌移液器吸头（1 000 μL）、75%酒精棉球、无菌剪刀、酒精灯、漩涡振荡器、拍击式均质器、恒温培养箱、记号笔等。

四、操作步骤

1. 样品处理

对待检样品做 10 倍系列稀释，采用的稀释液为无菌生理盐水或无菌磷酸盐缓冲溶液。根据样品的污染程度，选择适宜的 2～3 个连续稀释度，每个稀释度接种 2 张测试纸片，同时用无菌稀释液做空白对照。

2. 接种

将检验用的测试纸片置于实验台面，揭开上层膜，用吸管吸取 1 mL 样液垂直滴加在纤维垫上，5 s 后待样品完全吸收，缓缓将透明膜盖回，接种完成，并做好标记。

3. 培养

将测试纸片的透明面朝上水平放置于培养箱内，堆叠片数至多不超过 20 片，28℃下培养 48 h。

4. 菌落计数

霉菌菌落为蓝紫色。可以目测，也可以用菌落计数器计数。选取菌落数在 10～150 的测试片，根据菌落颜色计数霉菌。

5. 结果计算与结果报告

结果的计算与报告的方法按照任务一菌落总数测定（纸片法）的相关方法进行。

五、实验数据记录与分析（表 8-6）

表 8-6 霉菌快速测定结果记录

样品浓度	纸片 1 的菌落数	纸片 1 的菌落数	结果	结论
10^{-1}				
10^{-2}				
10^{-3}				
对照（空白）				

六、注意事项

（1）使用过的测试纸片上带有活菌，应及时按照生物安全废弃物处理原则进行无害化处理，方可丢弃。

(2)由于霉菌常以孢子的形式在空气中到处传播,因此检验霉菌时需要特别小心操作,取样用品、稀释用水和吸管吸头等都需仔细消毒,接种时尽量避免空气流动。

(3)测试纸片建议在冷藏条件下存放(2～8℃),开封后的测试片应使用透明胶带密封后,常温、避光、干燥保存,并在1个月内使用完。在高湿度的环境中可能出现冷凝水,最好在拆封前将整包回温至室温。

七、操作实施

(1)学生分成3～5人一组,各小组在老师指导下,通过网络教学资源等多渠道查询霉菌和酵母菌的快速检测的相关资料。

(2)各组根据汇总的相关资料,师生共同讨论、分析,用集体智慧完成霉菌和酵母菌的快速检测方案初稿,制作汇报提纲并选一代表进行学习汇报交流,对果霉菌和酵母菌的快速检测方案进行修订。

(3)学生按照修订后的霉菌和酵母菌的快速检测方案,按规范要求,独立完成霉菌和酵母菌的快速检测任务,最终填写任务考核单(参考本项目任务1操作实施一),教师在操作实施过程中巡回指导。

(4)学生对完成工作任务的表现进行自评和互评,各小组进行总结、考核及评估,教师做出最后评价,填写教学反馈表(表8-7)。

表8-7 教学反馈表

霉菌和酵母菌的快速检测				
序号	调查内容	是	否	理由陈述
1	会利用收集的霉菌和酵母菌的快速检测的新信息归纳整理与分析吗?			
2	对于霉菌和酵母菌的快速检测技术要求是否清楚?			
3	霉菌和酵母菌的快速检测原理是什么?你是否明白?			
4	你能否按照安全与规范的规程操作?			
5	对如何编制霉菌和酵母菌的快速检测方案是否心里有数?			
6	你能否独立完成制作方案汇报提纲,并进行学习汇报交流?			
7	与其他同学口头交流内容是否流畅?			
8	能否主动参与教学场所的清洁与整理工作?			
9	你对老师的本次操作实施任务教学满意吗?			
10	你对本小组完成本学习情境工作的配合满意吗?			
写出你对教学需要改进的建议和意见:				

知识链接

霉菌直接镜检计数

常用的为郝氏霉菌计测法，适用于番茄酱罐头中霉菌的检测。

1. 设备和材料

折光仪；普通光学显微镜；郝氏计测玻璃片：具有标准计测室的特制玻片；盖玻片；测微器：具有标准刻度的玻片。

2. 操作步骤

(1)检样的制备：取定量检样，加蒸馏水稀释至折光指数为1.344 7～1.346 0(即浓度为7.9%～8.8%)，备用。

(2)显微镜标准视野的校正：将显微镜按放大率90～125倍调节标准视野，使其直径为1.382 mm。

(3)涂片：洗净郝氏计测玻片，将制好的标准液用玻璃棒均匀地摊布于计测室，以备观察。

(4)观测：将制好的载玻片放于显微镜标准视野下进行霉菌观测，一般每一检样观察50个视野，同一检样应由两人进行观察。

(5)结果与计算：在标准视野下，发现有霉菌菌丝其长度超过标准视野(1.382 mm)的1/6或3根菌丝总长度超过标准视野的1/6(即测微器的1格)时即为阳性(+)，否则为阴性(—)，按照100个视野计，其中发现有霉菌菌丝体存在的视野数，即为霉菌的视野百分数。

任务4　金黄色葡萄球菌的快速检测

任务内容

本学习任务主要了解金黄色葡萄球菌的检测意义，掌握测试片法、快速检验培养基法的检测原理，会利用测试片、金黄色葡萄球菌显色培养基快速检测食品中的金黄色葡萄球菌数量，能够对检测结果进行正确判断和准确表达。

知识准备

一、检测意义

金黄色葡萄球菌是引起食品污染和细菌性食物中毒的一种重要病原菌，在自然界中分布广泛。近年来，由金黄色葡萄球菌引起的食物中毒事件颇多。据美国疾控中心报道，由金黄色葡萄球菌引起的食物中毒位居第二位，仅次于大肠杆菌，占整个细菌性食物中毒病例的33%。食品中若有金黄色葡萄球菌生长是一种潜在危险，因为它可以产生肠毒素，食用后能引起食物中毒。因此，检测农产品或食品中金黄色葡萄球菌具有实际意义。

二、方法概述

常规检验方法(选择性培养、生化鉴定)步骤多、操作复杂、耗时长(需要 5 d左右)、灵敏度不高。金黄色葡萄球菌快速检测方法则可以缩短检测周期,提高检测效率。

(一)显色培养基法

显色培养基是一类利用微生物自身代谢产生的酶与相应显色底物反应显色的原理来检测微生物的新型培养基,减少了对菌株进行纯培养和进一步生化鉴定的步骤。如北京陆桥公司生产的金黄色葡萄球菌显色培养基制成无色透明平板上,金黄色葡萄球菌产生紫红色、红色或粉红色菌落(图 8-10),滴加 1 mol/L 盐酸后菌落周围产生透明圈。其他菌的菌落外观为蓝色、无色、淡黄色或抑制不生长。

(二)快速测试片法

利用金黄色葡萄球菌在培养过程中产生的热稳定核酸酶与显色剂反应形成粉红色环来检测该菌的存在。如绿洲生化公司生产的金黄色葡萄球菌测试片,含有选择性培养基和专一性的酶显色剂,运用微生物测试片专有技术,做成一次性快速检验产品,一步培养 15～24 h 就可确认是否有病原菌的存在,大大地简化了检测程序。本产品适用于各类生熟食制品、饮料、糕点类、调味品、奶制品等的快速检测。测试片上紫红色的菌落为金黄色葡萄球菌;呈蓝色的菌落为其他大肠菌群(图 8-11)。

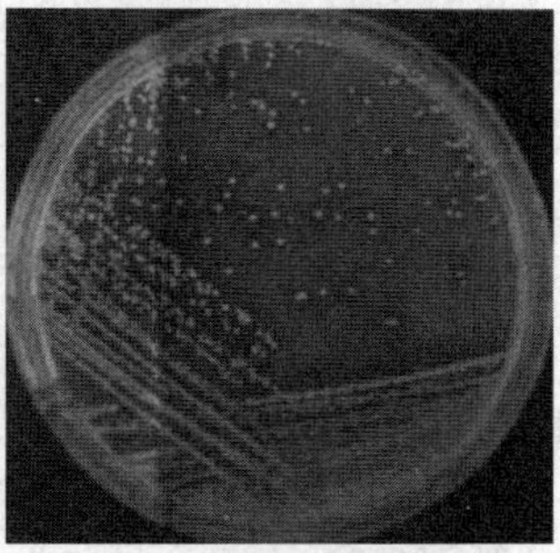

图 8-10　金黄色葡萄球菌在显色培养基上的菌落

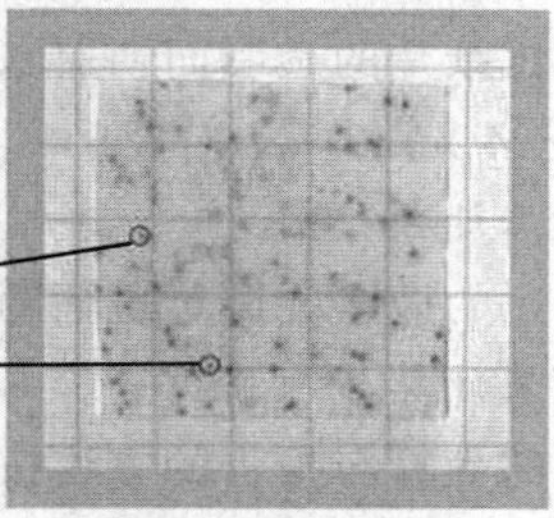

图 8-11　金黄色葡萄球菌在测试片上的菌落

操作实施

操作实施一　奶粉中金黄色葡萄球菌的快速检测(测试片法)

视频 8-3　金黄色葡萄球菌检验测试片法

一、实施目的

(1)理解金黄色葡萄球菌测试片的检测原理。

(2)掌握金黄色葡萄球菌测试片的使用方法。

二、实施原理

金黄色葡萄球菌测试片含有选择性培养基和专一性的酶显色剂,运用微生物测试片专有技术,做成一次性快速检验产品,一步培养 15～24 h 就可确认是否有病原菌的存在。测试片上紫红色的菌落为金黄色葡萄球菌；呈蓝色的菌落为其他大肠菌群。

三、试剂与器材准备

(1)待检样品：袋装奶粉。

(2)试剂：无菌生理盐水(225 mL、9 mL)。

(3)其他：金黄色葡萄球菌测试片、天平、微量移液器(100～1 000 μL)、无菌移液器吸头(1 000 μL)、75%酒精棉球、无菌剪刀、酒精灯、漩涡振荡器、拍击式均质器、恒温培养箱、记号笔等。

四、操作步骤

1. 样品处理

对待检样品做 10 倍系列稀释，采用的稀释液为无菌生理盐水或无菌磷酸盐缓冲溶液。根据样品的污染程度，选择适宜的 2～3 个连续稀释度，每个稀释度接种 2 张测试纸片，同时用无菌稀释液做空白对照。

2. 接种

将检验用的测试纸片置于实验台面，揭开上层膜，用吸管吸取 1 mL 样液垂直滴加在纤维垫上，5 s 后待样品完全吸收，缓缓将透明膜盖回，接种完成，并做好标记。

3. 培养

将测试纸片的透明面朝上水平放置于培养箱内，堆叠片数至多不超过 20 片，(36±1)℃，培养 15～24 h。

4. 菌落计数

紫红色的菌落为金黄色葡萄球菌。选取菌落数在 20～200 的测试片进行计数。

5. 结果计算与结果报告

结果的计算与报告的方法按照本项目任务 1 菌落总数测定(纸片法)的相关方法进行。

五、检测结果与分析(表 8-8)

表 8-8 金黄色葡萄球菌快速测定结果记录

样品浓度	纸片 1 的菌落数	纸片 1 的菌落数	结果	结论
10^{-1}				
10^{-2}				
10^{-3}				
对照(空白)				

六、注意事项

(1)使用过的测试纸片上带有活菌，应及时按照生物安全废弃物处理原则进行无害化处理，方可丢弃。

(2)测试纸片建议在冷藏条件下存放(2～8℃)，开封后的测试片应使用透明胶带密封后，常温、避光、干燥保存，并在 1 个月内使用完。在高湿度的环境中可能出现冷凝水，最好在拆封前将整包回温至室温。

七、操作实施

(1)学生分成3～5人一组,各小组在老师指导下,通过网络教学资源等多渠道查询金黄色葡萄球菌的快速检测的相关资料。

(2)各组根据汇总的相关资料,师生共同讨论、分析,用集体智慧完成金黄色葡萄球菌的快速检测方案初稿,制作汇报提纲并选一代表进行学习汇报交流,对金黄色葡萄球菌的快速检测方案进行修订。

(3)学生按照修订后的金黄色葡萄球菌的快速检测方案,按规范要求,独立完成金黄色葡萄球菌的快速检测任务,最终填写任务考核单(参考本项目任务1操作实施一),教师在操作实施过程中巡回指导。

(4)学生对完成工作任务的表现进行自评和互评,各小组进行总结、考核及评估,教师做出最后评价,填写教学反馈表(表8-9)。

表8-9　教学反馈表

金黄色葡萄球菌的快速检测				
序号	调查内容	是	否	理由陈述
1	会利用收集的金黄色葡萄球菌的快速检测的新信息归纳整理与分析吗?			
2	对于金黄色葡萄球菌的快速检测技术要求是否清楚?			
3	金黄色葡萄球菌的快速检测原理是什么?			
4	能否按照安全与规范的规程操作?			
5	对如何编制金黄色葡萄球菌的快速检测方案是否心里有数?			
6	你能否独立完成制作方案汇报提纲,并进行学习汇报交流?			
7	与其他同学口头交流内容是否流畅?			
8	能否主动参与教学场所的清洁与整理工作?			
9	你对老师的本次操作实施任务教学满意吗?			
10	你对本小组完成本学习情境工作的配合满意吗?			
写出你对教学需要改进的建议和意见:				

知识链接

金黄色葡萄球菌的其他快速检测方法

1. 酶联免疫(ELISA)法

进行金黄色葡萄球菌的检测常采用“夹心法”。能够在 15 min 之内检测 500 pg/mL 的金黄色葡萄球菌肠毒素。但是 ELISA 法也存在一些缺陷,试验中所用到的试剂选择性高,价格昂贵,易受环境、温度、时间等条件的影响。

2. 免疫荧光(IFA)法

根据抗原抗体特异性结合的反应特点,将已知抗体与荧光色素以化学方法结合制成荧光标记物,在特定条件下,使样品与其发生结合反应;之后在荧光显微镜下观察是否有荧光标记的抗原抗体复合物存在,若存在则证明该样品含有金黄色葡萄球菌。全程需 40～50 min。

3. 环介导等温扩增(LAMP)技术

通过针对靶基因的 6 个区域而设计 4 种特异性引物,利用链置换 DNA 聚合酶在等温条件下进行反应,1 h 内可完成核酸扩增反应,呈现出 LAMP 特征性梯状条带,扩增结果可通过肉眼观察判定结果。适合大量、即时、现场的病原微生物的检测,是真正的普及型的核酸检测方法,易于在基层推广。目前金黄色葡萄球菌核酸快速检测试剂盒已有多家公司生产、出售。

任务 5　沙门氏菌的快速检测

任务内容

本学习任务主要了解沙门氏菌的检测意义,掌握测试片法、胶体金速测卡法的检测原理,会利用测试片、沙门氏菌胶体金卡片快速检测食品是否含有沙门氏菌。

知识准备

一、检测意义

沙门氏菌属肠道细菌科,包括那些引起食物中毒、导致肠胃炎、伤寒和副伤寒的细菌。沙门氏菌被认为是导致暴发性食物中毒的主要致病菌之一,占细菌性食物中毒总数的 60%左右,世界各国都将其作为食品卫生检验的一个重要对象。据统计,世界各国的细菌性食物中毒中,沙门氏菌引起的食物中毒位居前列,我国内陆地区也以沙门氏菌为首位。因此,检验食品中的沙门氏菌极其重要。

二、方法概述

目前，沙门氏菌的快速检验方法有荧光免疫技术、ELISA 法、PCR 法等，但这些方法大多成熟度不够，使用普及率不高，而且运用到的分析检测设备价格昂贵，不适于食品企业及基层检测部门的推广应用。下面介绍两种简便快速、应用广泛的检测方法。

(一)测试片法

沙门氏菌测试片将微生物的鉴定、分离合二为一，含有选择性培养基、沙门氏菌特有辛酯酶的显色指示剂和高分子吸水凝胶，运用微生物测试片专有技术，做成一次性快速检验产品，一步培养 15～24 h 就可确认是否带有沙门氏菌。例如绿洲生化公司生产的沙门氏菌测试片，经培养后测试片上呈紫红色的菌落为沙门氏菌；呈蓝色的菌落为其他菌群(图 8-12)。

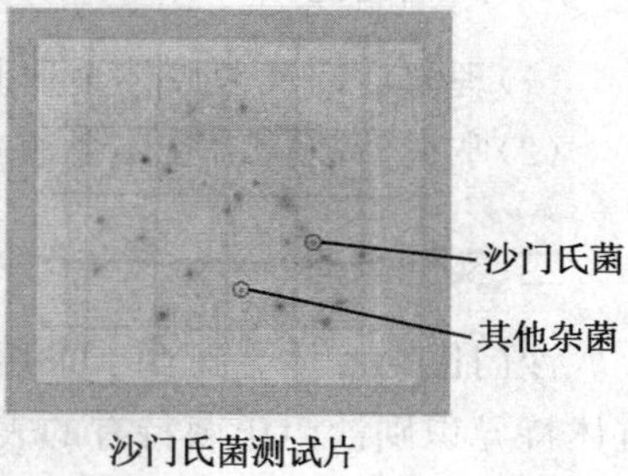

图 8-12　沙门氏菌在测试片上的菌落

(二)胶体金速测卡法

沙门氏菌胶体金速测卡采用免疫胶体金层析技术制成。其结构如图 8-13 所示，采用“双抗体夹心法”的原理，通过抗体特异识别沙门氏菌特有的表面蛋白，判断样品中是否含有沙门氏菌。在加样孔中滴加待检样品后，如果待检样品中含有沙门氏菌，检测线 T 和质控线 C 同时显色，结果为阳性。反之，检测线 T 不显色，质控线 C 线显色，结果为阴性。如果 C 线不显色，测试失败或检测卡失效(图 8-14)。

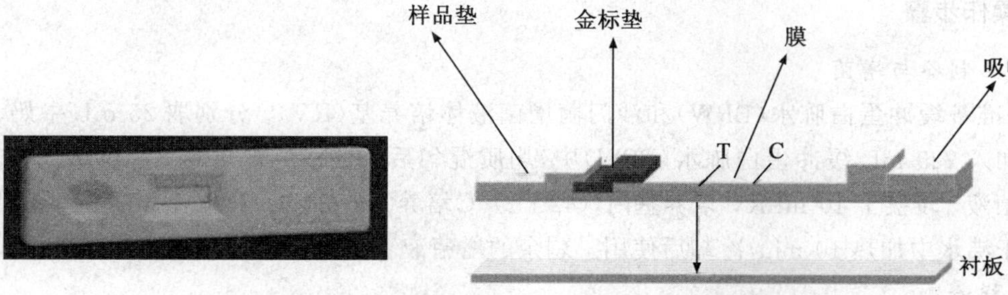

图 8-13　沙门氏菌胶体金速测卡的外部构造和内部结构

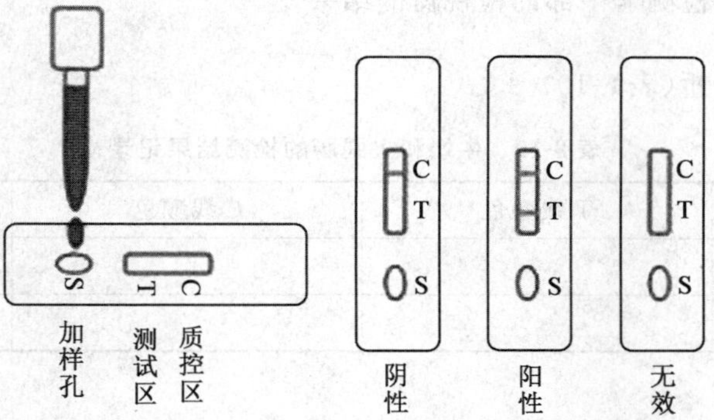

图 8-14　沙门氏菌胶体金速测卡的结果判读

操作实施

操作实施一　火腿肠和牛奶中沙门氏菌的快速检测(胶体金速测卡法)

视频 8-4　沙门氏菌胶体金速测卡法

一、实施目的

(1)理解沙门氏菌胶体金速测卡的检测原理。

(2)掌握沙门氏菌胶体金速测卡的使用方法。

二、实施原理

沙门氏菌胶体金速测卡采用免疫胶体金层析技术制成。其原理是"双抗体夹心法",通过抗体特异识别沙门氏菌特有的表面蛋白,判断样品中是否含有沙门氏菌。

三、试剂与器材准备

(1)待检样品:袋装牛奶、火腿肠。

(2)培养基:缓冲蛋白胨水(BPW)、沙门菌增菌液体培养基(RV)。

(3)其他:沙门氏菌胶体金速测卡、天平、微量移液器(1~5 mL、100~1 000 μL)、无菌移液器吸头(5 000 μL、1 000 μL)、75%酒精棉球、无菌剪刀、酒精灯、漩涡振荡器、恒温培养箱、记号笔等。

四、操作步骤

1. 样品制备与增菌

预先准备缓冲蛋白胨水(BPW)和沙门菌增菌液体培养基(RV)。分别取 25 mL 牛奶、25 g 火腿肠,加入 225 mL 缓冲蛋白胨水(BPW)中,均质混匀后(36±1) ℃培养 8~18 h 。分别取 1 mL 增菌液,转接于 10 mLRV 培养基内,(42±1) ℃培养 18~24 h。移取 1 mL 增菌液到无菌试管中,于沸水中加热 10 min,冷却后使用。剩余的增菌液于 4℃保存,以便用于阳性确认。

2. 点样检测

撕开铝箔袋,取出检测卡平放,在加样孔中垂直滴加 3~4 滴已灭菌且冷却的待检样品,等待 8~10 min 后,观察检测卡中部的检视窗的结果。

五、检测结果与分析(表 8-10)

表 8-10　牛奶和火腿肠的检测结果记录

样品名称	T 线颜色	C 线颜色	结果(阴性/阳性)
牛奶			
火腿肠			

六、注意事项

在使用沙门氏菌胶体金速测卡检测食品检验中是否含有待检菌的过程中，应该注意以下几点：

(1)检测卡若在冰箱中储存，请充分复温后再打开包装使用。室温要求高于15℃。使用时不能浸润检测板或触摸反应膜。

(2)本检测卡仅用于新鲜增菌培养液样本，样本长时间放置可能影响检测结果。

(3)使用后的金标卡按照相关要求，灭菌后妥善处理。

(4)观察结果，要在规定时间内观察结果，30 min后显示结果无效。

七、操作实施

(1)学生分成3～5人一组，各小组在老师指导下，通过网络教学资源等多渠道查询火腿肠和牛奶中沙门氏菌的快速检测(胶体金速测卡法)的相关资料。

(2)各组根据汇总的相关资料，师生共同讨论、分析，用集体智慧完成火腿肠和牛奶中沙门氏菌的快速检测(胶体金速测卡法)方案初稿，制作汇报提纲并选一代表进行学习汇报交流，对火腿肠和牛奶中沙门氏菌的快速检测(胶体金速测卡法)方案进行修订。

(3)学生按照修订后的火腿肠和牛奶中沙门氏菌的快速检测(胶体金速测卡法)方案，按规范要求，独立完成火腿肠和牛奶中沙门氏菌的快速检测(胶体金速测卡法)任务，最终填写任务考核单(表8-11)，教师在操作实施过程中巡回指导。

表8-11　任务考核单：牛奶和火腿肠中沙门氏菌快速检测(胶体金速测卡法)

班级：　　　　　　姓名：　　　　　　学号：　　　　[时间：20 min(不计培养时间)，总分：100分]

项目	考核内容	分值	考核记录(以"√"表示)	备注	得分
实验前的准备(10分)	实验用品准备及摆放	10	物品准备合适，摆放合理，得10分		
			实验物品少选或多选，1件扣5分，扣完为止		
样品制备与增菌(40分)	称样	10	无菌操作，称取样品规范，准确称取火腿肠样品(25.0±0.1) g，准确量取牛奶样品25 mL，得10分		
			无菌操作不规范，扣5分		
			天平和移液枪使用不规范，扣5分		
	第一次增菌	10	无菌操作，将上述样品分别加入缓冲蛋白胨水中，均质混匀后培养，得10分		
			无菌操作不规范，扣3分		
			移液枪使用不规范，扣2分		
			漩涡振荡器使用不正确，扣2分		
			培养温度和时间选择不正确，扣3分		

续表 8-11

项目	考核内容	分值	考核记录(以"√"表示)	备注	得分
	第二次增菌	10	无菌操作,分别取 1 mL 上述增菌液加入 RV 培养基中,均质混匀后培养,得 10 分		
			无菌操作不规范,扣 3 分		
			移液枪使用不规范,扣 2 分		
			漩涡振荡器使用不正确,扣 2 分		
			培养温度和时间选择不正确,扣 3 分		
	水浴加热,冷却	10	无菌操作,分别取 1 mL 上述增菌液于无菌试管中,沸水浴 10 min,冷却后使用,剩余增菌液低温保存,得 10 分		
			无菌操作不规范,扣 3 分		
			移液枪使用不规范,扣 2 分		
			水浴温度和时间选择不正确,扣 3 分		
			剩余增菌液没保存,扣 2 分		
点样检测(10 分)	在检测卡的加样孔中滴加冷却液,等待检测结果	10	在加样孔中垂直滴加 3～4 滴上述冷却液,等待 8～10 min 后观察结果,得 10 分		
			没有使用检测卡自带的滴管,扣 5 分		
			样液加到观测窗,扣 5 分		
结果判读(20 分)	观察卡片检测窗的实验结果,进行结果判读	20	能够正确判读结果,得 20 分		
			判读结果错误,扣 10 分		
			没有在规定时间进行结果判读,扣 10 分		
结果报告(10 分)	填写实验结果记录,检测结果报告正确	10	正确填写实验结果记录,检测结果和结论正确,得 10 分		
			实验结果记录不规范,扣 5 分		
			检测结果和结论不正确,扣 5 分		
文明操作(5 分)	清理用物,整理台面	5	清扫实验台及收拾产生的垃圾,得 5 分		
			未清理所用实验物品,扣 2 分		
			未整理实验台面,扣 3 分		
操作时间(除培养时间)(5 分)	共用( ) min 开始:______ 结束:______	5	除去培养时间之后,其他操作能在规定的 20 min 内完成,得 5 分		
			超时:每超 1 min,扣 1 分(最多扣 5 分)		
合计					

(4)学生对完成工作任务的表现进行自评和互评,各小组进行总结、考核及评估,教师做出最后评价,填写教学反馈表(表 8-12)。

表 8-12　教学反馈表

火腿肠和牛奶中沙门氏菌的快速检测(胶体金速测卡法)				
序号	调查内容	是	否	理由陈述
1	会利用收集的火腿肠和牛奶中沙门氏菌的快速检测(胶体金速测卡法)的新信息归纳整理与分析吗?			
2	对于火腿肠和牛奶中沙门氏菌的快速检测(胶体金速测卡法)技术要求是否清楚?			
3	如果胶体金速测卡检测窗的 T 线显红色,C 线不显红色,你是否明白其检验结果是什么?			
4	如果没有及时观察检测结果,检验结果将会发生什么变化?你是否清楚?			
5	对如何编制火腿肠和牛奶中沙门氏菌的快速检测(胶体金速测卡法)方案是否心里有数?			
6	你能否独立完成制作方案汇报提纲,并进行学习汇报交流?			
7	与其他同学口头交流内容是否流畅?			
8	能否主动参与教学场所的清洁与整理工作?能否按照安全与规范的规程操作?			
9	你对老师的本次操作实施任务教学满意吗?			
10	你对本小组完成本学习情境工作的配合满意吗?			
写出你对教学需要改进的建议和意见:				

知识链接

沙门氏菌的其他快速检测方法

沙门氏菌显色培养基法:用显色培养基对沙门氏菌进行鉴定,以通过改良的选择性培养基为基础,使沙门氏菌在选择性培养基上的菌落显示出特定的颜色,便于观察。其原理是利用目标菌特有的生理生化反应,将细菌特异性酶的显色底物加入培养基中,根据菌落颜色可对菌种进行鉴定。显色培养基法操作简单、方便,将食品样品增菌后直接划线于选择性培养基,于 37℃培养 18～24 h,然后观察生长菌的颜色。

荧光定量 RT-PCR 检测法:基于沙门氏菌 fimY 基因序列,进行引物和探针的设计,利用基因重组技术对检测的定量标准品进行构建,可借助荧光定量 RT-PCR 法对沙门氏菌进行检测。

变性高效液相色谱检测法:该方法以 fimY 基因为靶基因,选择引物可实现对多重

PCR 体系的优化，由此可对沙门氏菌进行快速鉴别。该方法的特异性、灵敏性较高，其扩增产物为 284 bp，可对沙门氏菌进行快速检验，并能进一步验证多重 PCR 的特异性。

学习小结

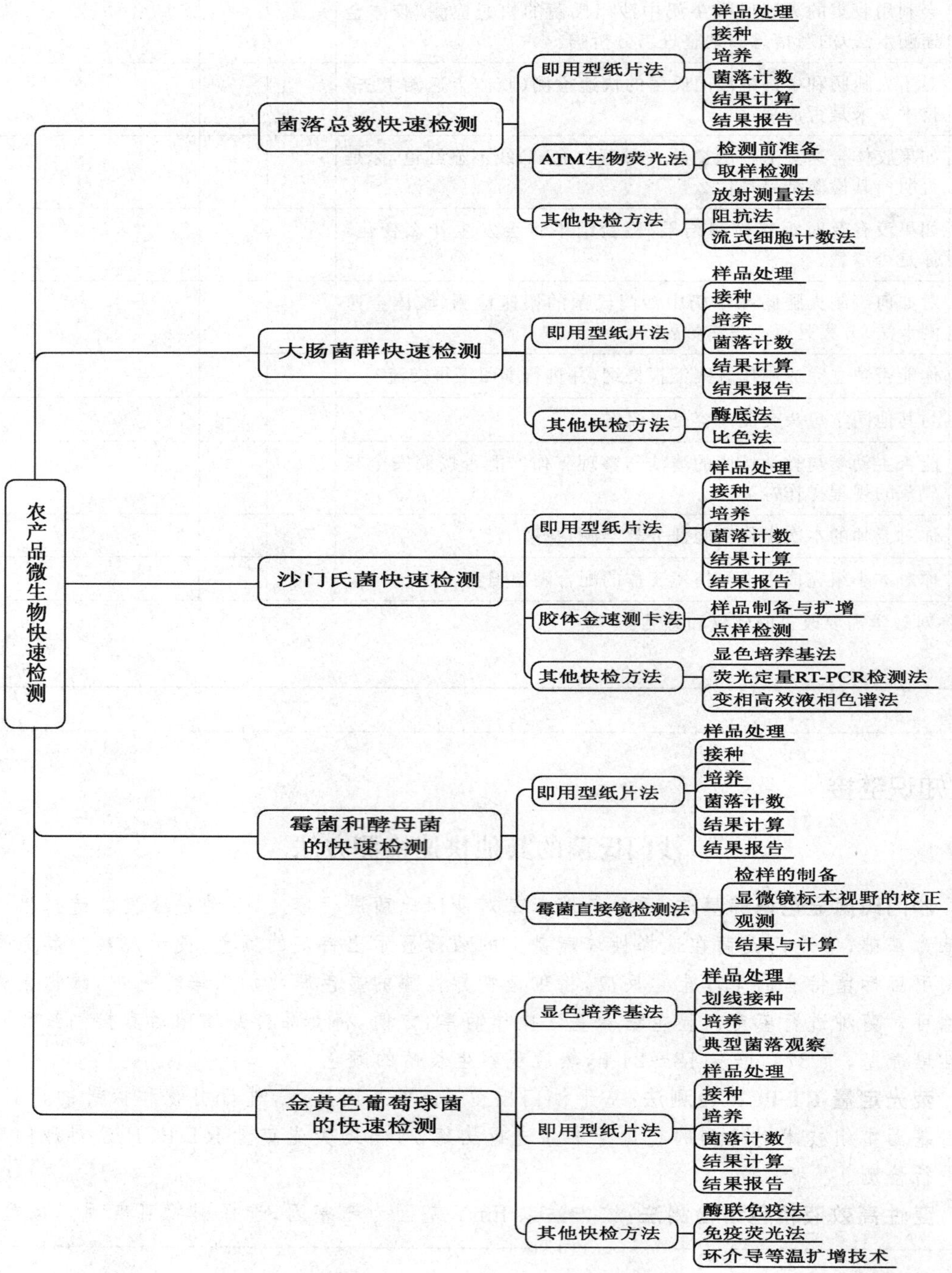

达标检测

一、判断题

1. 细菌在测试片上生长显示红色圆形斑点。（ ）

2. 选择菌落数在 30～300 的测试纸片进行计数。（ ）

3. Easy TestTM 菌落总数测试片利用了特异性酶与特异性显色底物反应的原理，使目标菌与非目标菌呈现可明显区别的不同特异性颜色。（ ）

4. ATP 荧光检测仪是通过检测荧光信号的强度，从而得知待测目标被细菌污染的程度。因此，ATP 的检测可以作为判断是否洁净的指标。（ ）

5. 根据不同品牌 ATP 荧光检测、ATP 荧光试剂、被检测对象洁净度不同要求等具体情况和对一定量的监测数据进行统计学分析来确定。（ ）

6. Easy TestTM 测试片（简称“ET 测试片”）系列中的大肠菌群测试片上生长显示红色圆形斑点。（ ）

7. 选择菌落数在 15～150 的测试纸片进行计数。（ ）

8. Easy TestTM 测试片（简称“ET 测试片”）系列中的霉菌测试片上生长显示红色圆形斑点。（ ）

9. 选择菌落数在 15～150 的测试纸片进行计数。（ ）

10. 选择菌落数在 20～200 的测试纸片进行计数。（ ）

11. 取 25 mL 牛奶，加入 225 mL 缓冲蛋白胨水（BPW）中，均质混匀后 36±1℃培养 24 h。（ ）

12. 对沙门氏菌测试片进行观察，呈紫红色的菌落为沙门氏菌。（ ）

13. 使用后的金标卡按照相关要求，灭菌后妥善处理。（ ）

14. 观察结果，要在规定时间内观察结果，30 min 后显示结果无效。（ ）

二、单选题

1. 10^{-1} 测试片的菌落数为多不可计；10^{-2} 测试片的菌落数为分别为 126、128；10^{-3} 测试片的菌落数为分别为 23，20；请问该待检样品的菌落总数报告为（ ）CFU/g。

   A. 13 000　　B. 12 700　　C. 21 500　　D. 22 000

2. Easy TestTM 菌落总数测试片的培养条件为（ ）。

   A. （36±1）℃，（48±2）h　　B. （30±1）℃，（24±1）h

   C. （35±1）℃，（24±2）h　　D. （25±1）℃，（48±3）h

3. 胶体金速测卡卡上字母 T 表示（ ），用来（ ）。

   A. 检测线、判断检测结果为阴性还是阳性　　B. 质控线、判断检测结果为阴性还是阳性

   C. 检测线、速测卡本身是否有效　　D. 质控线、速测卡本身是否有效

4. 胶体金免疫层析卡上字母 C 表示（ ），用来（ ）。

   A. 检测线、判断检测结果为阴性还是阳性　　B. 质控线、判断检测结果为阴性还是阳性

   C. 检测线、速测卡本身是否有效　　D. 质控线、速测卡本身是否有效

5. 沙门氏菌胶体金速测卡采用（ ）原理。

   A. 竞争法　　B. 双抗体夹心　　C. 间接法　　D. 直接法

6. 沙门氏菌胶体金速测卡检测牛奶，结果显示区出现 C 红、T 不显色现象，说明样品为（　　）。

A. 阴性　　B. 阳性　　C. 无效　　D. 无法判定

7. 沙门氏菌胶体金速测卡检测牛奶，显示区只出现 T 显色现象，说明样品为（　　）。

A. 阳性　　B. 阴性　　C. 无效　　D. 无法判定

三、多选题

1. 菌落总数测试片是一种预先制备好的一次性培养基产品，含有（　　）氯化三苯基四氮唑（TTC），菌落在测试片上呈红色，这样可缩短计数时间和增强计数效果。（　　）

A. 标准的营养培养基　　B. 冷水可溶性的吸水凝胶　　C. 脱氢酶指示剂　　D. 靛酚

2. Easy TestTM 测试片除了用于食品微生物检测，还可用于环境卫生监测，如（　　）。

A. 沉降实验　　B. 滤膜法　　C. 棉拭子实验　　D. 涂抹实验

3. 菌落总数测试片与传统检测方法相比，优势在于（　　）。

A. 操作简单　　B. 携带方便　　C. 污染小　　D. 形成有色菌落，便于计数

4. 食品中金黄色葡萄球菌快速检验的方法有（　　）。

A. 测试片法　　B. 显色培养基法　　C. 免疫学法　　D. 分子生物学法

5. 沙门氏菌胶体金速测卡的结构包括（　　）。

A. 样品垫　　B. 胶体金垫　　C. 硝酸纤维素膜　　D. 吸收垫

附录 1

食品中常见的安全问题及快速检测项目

1 粮食及粮食制品

主要安全问题:粮食在收购、销运、储存等环节中,如果温度、湿度和通风等条件不合适,很容易受多种霉菌污染;生产过程中,不规范使用农药导致农药残留超标、用污染严重的水灌溉导致重金属超标等;原粮中混有有毒植物,比如毒麦和曼陀罗籽等;原粮加工不正确,未消除某些有毒成分导致中毒,如未煮熟的豆浆;运输工具、仓储设备被有毒有害物质污染,杀鼠等药物保管不当导致的意外污染;使用非法添加物;掺伪,如在大米中掺入霉变米,沉米或将陈米染色销售等。

快速检测项目:农药、鼠药、陈化粮、生熟豆浆、砷、亚硝酸盐、硼酸盐、可疑渗入物如水溶性非食用色素、真菌毒素如黄曲霉毒素 B_1、黄曲霉毒素 M_1、总黄曲霉毒素、伏马菌素 B_1、赭曲霉毒素 A、玉米赤霉烯酮等。

2 食用油、油脂

主要安全问题:油脂包装、储存不当而发生酸败;误食误用了有毒有害植物油,如桐油、大麻油等;高温条件下反复使用的油脂;植物原料加工前有霉变而导致植物油中含有毒素,如黄曲霉毒素超标等;浸出溶剂残留超标;压榨油加工中机械润滑油(矿物油)不慎污染;人为加入液体石蜡(矿物油)等。

快速检测项目:酸价、过氧化值、极性组分、矿物油、非食用有毒有害植物油(桐油、大麻油、巴豆油、蓖麻油)、真菌毒素如黄曲霉毒素 B_1。

3 蔬菜和水果

主要安全问题:农药施撒不当或施撒农药后蔬菜、水果的采摘时间不当而引起的农药残留超标或农药中毒问题;某些果蔬自身含有有毒有害的物质,如生扁豆中含有皂素、鲜黄花菜中含有生物碱、发芽土豆中含有龙葵素、银杏果中含有氰化物等;氮肥施撒过量导致的硝酸盐含量超标问题;不新鲜的蔬菜或腌制菜容易导致的亚硝酸盐含量超标问题;工业废水灌溉或废气排放引起的污染问题;某些蔬菜或水果在二次加工中乱用防腐剂、增白剂等,如竹笋、黄花菜、蜜饯、果脯等二氧化硫残留超标问题;人畜粪肥处理不当会对果蔬污染,尤其是肠道致病菌和寄生虫卵的污染。

快速检测项目:农药残留、亚硝酸盐、硝酸盐、砷、二氧化硫、可能存在的危害性物质(如豆角生熟)等。

4 肉与肉制品

主要安全问题:肉与肉制品存放不当或存放时间过长而腐度败变质;饲养过程中使用违禁药物如瘦肉精、莱克多巴胺、催长激素等);畜禽防、患病使用的大量抗生素;病害肉流入市场;注水肉,特别注入的是不洁净的水;宰杀后牲畜的胴体或制品中加入超量的发色剂如硝酸盐、亚硝酸盐;肉制品加工中使用非法防腐剂、非食用色素等;大块肉在加工中,持续中心温度70℃不到 10 min 导致的隐患。

快速检测项目:变质肉、病害肉、注水肉、瘦肉精、莱克多巴胺、硝酸盐、亚硝酸盐、非食用色素、细菌总数、大肠菌群、致病菌。

5 水产品及其制品

主要安全问题:运输、储藏不当而造成的产品腐败变质、食物中毒;有毒鱼种(如河豚等)混入消费市场;含组胺(鲭霉素)较高的鱼体(如鲭鱼等)或由细菌引起的变质使组胺大量增加;污染水质对产品造成的有机或无机物污染,如蛤蜊中甲肝病毒富集,水产品中砷、汞富集等;生食水产品导致寄生虫侵入人体;水发水产品中的甲醛、过氧化氢(双氧水)等;水产品添加的非食用添加物或违禁药物,如用工业染料对鱼体着色,采用孔雀石绿化学物质杀菌养鱼等。

快速检测项目为水发水产品:溶液酸碱度、甲醛、双氧水;水产品及水产制品:砷、汞、孔雀石绿等水溶性非食用色素。

6 乳与乳制品

主要安全问题:由于乳与乳制品的高营养特性,一旦遭受微生物污染即可在短时间内大量繁殖;运输、加工过程中的污染;人为的掺杂造假。

快速检测项目:变质牛乳、蛋白质含量、硝酸盐、亚硝酸盐、农药残留、砷、金黄色葡萄球菌、阪崎肠杆菌、大肠菌群、大肠杆菌、细菌总数、牛乳水分、碱性物质、淀粉和麦芽糊精、尿素、三聚氰胺。

7 蛋与蛋制品

主要安全问题:微生物污染、存放不当或时间过长导致腐败变质;有害金属、农药、兽药残留。

快速检测项目:鸡蛋鲜度、亚硝酸盐、细菌总数、大肠菌群、致病菌、霉菌、酵母菌、铅。

8 面粉、米粉及糕点类食品

主要安全问题:原料面粉的含水量大于 15%时,易于霉菌繁殖,当温度在 30℃以上时,繁殖速度非常快；包装或操作不当导致霉变或致病菌污染；高脂制品储存不当导致油脂酸败、变质；原料和加工中有害金属的污染；使用非法添加物，如加入硼酸盐用于防虫杀虫等；过量使用食品添加剂或掺杂造假等，如在面粉或米粉中掺入滑石粉、石膏粉、吊白块及增白剂等。

快速检测项目：鸡蛋鲜度、亚硝酸盐、细菌总数、大肠菌群、致病菌、霉菌、酵母菌、铅。

9　豆类及豆制品

主要安全问题：生豆类如大豆、扁豆等含有对人体有害的蛋白酶抑制成分；生豆类尤其是生菜豆类含有对人体有害的红细胞凝集素、致甲状腺肿素、氰苷；豆制品加工中添加剂的不规范使用；霉菌和细菌的污染问题；豆制品加工所用油脂的酸败问题以及有毒化学物或杂物的混入等。

快速检测项目：生熟豆浆或生熟豆粉、二氧化硫、砷、黄曲霉毒素 B_1、大肠菌群、致病菌。

10　酒类

主要安全问题：白酒（蒸馏酒）的主要安全问题就是甲醇超标。不法分子使用工业酒精勾兑白酒导致的甲醇急性中毒；其他酒类存在的主要安全问题是微生物引起的变质，如啤酒、果酒因包装不干净等而变质；还有果酒生产原料中的二氧化硫残留超标问题；果酒添加色素问题。

快速检测项目：白酒（蒸馏酒）中甲醇、果酒中色素及二氧化硫。

11　饮料与冷饮

主要安全问题：生产加工、销售及储存中微生物（包括致病菌）的污染；有害化学物的污染；食品添加剂的使用不当和非法添加物。

快速检测项目：电导率、水溶性非食用色素、亚硝酸盐、砷、细菌总数、大肠菌群、致病菌。

12　罐头食品

主要安全问题：不同类别的胖听（金属装罐头的涨灌）；包装内壁涂料的脱落；食品添加剂的使用不当；重金属的污染，如锡、铅、砷、汞等。

快速检测项目：电导率、水溶性非食用色素、亚硝酸盐、砷、细菌总数、大肠菌群、致病菌。

13　食糖

主要安全问题：加工中有害元素的污染；储存中微生物污染，如红糖和糖果的发霉等；食品添加剂的超量使用如二氧化硫或非法添加物；包装材料不安全，如糖果包装材料的彩色装潢直接接触糖果等。

快速检测项目：二氧化硫、水溶性非食用色素、砷、大肠菌群、致病菌。

14　蜂蜜

主要安全问题：误采、误食有毒蜂蜜；包装不当导致污染；金属容器储放蜂蜜；未成熟的蜂蜜及一些掺假蜂蜜水分较多，导致蜂蜜发酵酸败；不法分子的掺杂使假。

快速检测项目：含水量、酸度、糊精、淀粉。

15 调味品

主要安全问题：酱油、醋、酱等生产原料中可能被霉菌毒素污染；误将亚硝酸盐作食盐食用；食醋中游离矿酸污染；生产加工中砷、铅、汞等金属污染；掺杂作假行为的存在，如辣椒粉中加入工业用染料，调味品中非使用色素的使用，味精中掺入食盐，偷工减料导致主成分未达标等。

快速检测项目：食盐中亚硝酸盐、钡盐、碘，食醋中游离矿酸、总酸，酱油中总酸、氨基酸态氮，味精中谷氨酸钠，非食用色素，砷，汞，黄曲霉毒素 B_1。

16 膨化食品和方便食品

主要安全问题：油脂酸败；微生物和真菌污染；二氧化硫残留问题；食品添加剂的超范围使用及非法添加物（如吊白块）等。

快速检测项目：二氧化硫、吊白块、甲醛、酸价、过氧化值、亚硝酸盐、黄曲霉毒素 B_1、细菌总数、大肠菌群、致病菌。

17 焙烤食品

主要安全问题：焙烤食品主要为面包、蛋糕、饼干等产品，近几年来，焙烤食品的微生物卫生安全性问题引起重视，因常用原料为面粉、马铃薯淀粉等，微生物超标可能是生产过程中原材料、工具、工作台面等卫生标准不合格造成，也可能是在冷却，内包装过程中，遭受空气中细菌的二次污染，从而导致食品细菌含量超标。除此之外，焙烤食品哈会有防腐剂各自用量占最大使用量比例之和，滥用合成着色剂和甜味剂现象。

快速检测项目：细菌总数、大肠菌群、致病菌、合成着色剂、甜味剂。

18 茶叶及相关制品

主要安全问题：茶树是一种喜酸性土壤植物，在其生长过程中，会富集吸收大量的金属离子，茶叶重金属污染是近几年出现的主要质量问题之一，在茶叶的种植和储藏过程中，广泛使用各种农药，这些农药对环境和人类健康具有潜在危害。

快速检测项目：铅、铜、铬、砷、汞、农药残留。

19 糖果及可可制品

主要安全问题：糖果是指白砂糖、淀粉糖浆（或其他食糖）、糖醇或允许使用的其他甜味剂为主要原料，经相关工艺制成的固态、半固态或液态甜味食品。有些糖果企业以假充振，以次充好，存在滥用食品添加剂情况。使用不过关的食品添加剂造成重金属超标，生产条件和保存不合格造成微生物污染等情况。

快速检测项目：合成着色剂、甜味剂、防腐剂、铅、砷、汞、细菌总数、大肠菌群、致病菌。

20 炒货食品及坚果制品

炒货食品及坚果是中国特有的休闲食品，分为树果和种子两类，树坚果主要包括腰果、杏仁、开心果、松子、板栗等；种子则主要包括葵花籽、西瓜子、南瓜子等。

我国对坚果的监督抽检项目包括酸价、过氧化值、铅、糖精钠、环已基氨基磺酸钠(甜蜜素)、乙酰磺胺酸钾(安赛蜜)、合成着色剂(柠檬黄、苋莱红、胭脂红、日落黄、诱惑红、亮蓝)、滑石粉、二氧化硫、黄曲霉毒素 B_1、大肠菌群、霉菌(限油炸类、其他类)、酵母、沙门氏菌(限腌制果仁类),罗丹明 B(限烘炒脱壳花生及加辣椒制品)等。

21 特殊膳食食品

特殊膳食食品包括婴儿配方乳粉和较大婴儿及幼儿配方乳粉。

监督抽检的主要项目包括:重金属:总汞、铬、总砷、铝的残留量(以干基计)。抗生素类:青霉素类(氨苄西林、邻氮青霉素、青霉素)、磺胺类(磺胺嘧啶、磺胺甲嘧啶,磺胺二甲嘧啶)、氯霉素等。激素类:黄体酮、雌二醇,氟氢可的松、氢化可的松。塑化剂:邻苯二甲酸酯(DBP、DEHP、DINP)。苯甲酸、蜡样芽孢杆菌、双酚 A、壬基酚、苯甲酸、蜡样芽孢杆菌。

22 餐饮食品

主要安全问题:餐饮食品主要包括:餐饮自制食品、餐饮具、食用盐、餐饮单位水产品暂养池水和其他餐饮食品。其中餐饮自制食品包括:小麦粉制品、熟肉制品、酱腌菜、半固态调味料、糕点、面包、冰激凌、雪糕、自制饮料、拌菜等餐饮环节自制食品。在餐饮食品监管时,经常会对餐饮单位的食品进行抽样检测,不合格指标中,微生物指标不合格占比例较大。有些餐馆为了在颜色上吸引顾客,采用化学色素来渲染菜品颜色。常见的包括柠檬黄、日落黄、胭脂红、苋莱红、亮蓝等合成着色剂的滥用和碱性橙等工业染料的非法添加。

快速检测项目:菌落总数、大肠菌群、金黄色葡萄酒菌、沙门氏菌、合成着色剂。

附录 2

食用农产品快速检测指南

第一部分　快速检测相关政策解读

一、关于食用农产品的质量安全，目前国家制定了哪些法规和标准

针对食用农产品的质量安全，国家相关部门制定了一系列的法规、标准，主要有：

1. 通用标准

(1)GB 276—2012《食品安全国家标准 食品中污染物限量》。

(2)食品整治办〔2008〕3 号 全国打击违法添加非食用物质和滥用食品添加剂专项整治领导小组关于印发《食品中可能违法添加的非食用物质和易滥用的食品添加剂品种名单(第一批)》的通知。

(3)食品整治办〔2009〕5 号 全国打击违法添加非食用物质和滥用食品添加剂专项整治领导小组关于印发《食品中可能违法添加的非食用物质和易滥用的食品添加剂品种名单(第二批)》的通知。

(4)食品整治办〔2009〕72 号 全国打击违法添加非食用物质和滥用食品添加剂专项整治领导小组关于印发《食品中可能违法添加的非食用物质和易滥用的食品添加剂品种名单(第三批)》的通知。

(5)整治办函〔2010〕50 号 全国食品安全整顿办公室关于印发《食品中可能违法添加的非食用物质和易滥用的食品添加剂品种名单(第四批)》的通知。

(6)整治办函〔2011〕1 号 全国食品安全整顿办公室关于印发《食品中可能违法添加的非食用物质和易滥用的食品添加剂品种名单(第五批)》的通知。

(7)卫生部公告 2011 年第 16 号 中华人民共和国卫生部关于印发《食品中可能违法添加的非食用物质和易滥用的食品添加剂品种名单(第六批)》的通知。

(8)国家食品药品监督管理总局令第 20 号《食用农产品市场销售质量安全监督管理办

法》。

2.常用农药标准

(1)GB 2763—2016《食品安全国家标准 食品中农药最大残留限量》。

(2)中华人民共和国农业部公告第199号《国家明令禁止使用的农药》。

(3)中华人民共和国农业部公告第322号《禁止甲胺磷等5种高毒有机磷农药在农业上的使用》。

(4)中华人民共和国农业部公告第1157号《加强氟虫腈管理的有关事项公告》。

(5)中华人民共和国农业部公告第1586号《高毒农药采取进一步禁限用管理措施》。

(6)中华人民共和国农业部公告第2289号《杀扑磷等3种高毒农药采取禁用现用措施》。

3.常用兽药标准

(1)GB 2707—2005《鲜(冻)畜肉卫生标准》。

(2)GB 16869—2005《鲜、冻禽产品》。

(3)中华人民共和国农业部公告第193号《食品动物禁用的兽药及其他化合物清单》。

(4)中华人民共和国农业部公告第235号《动物性食品中兽药最高残留限量》。

(5)中华人民共和国农业部公告第560号《兽药地方标准废止目录》。

二、什么是食品快速检测方法

《实施条例草案》第十章第一百九十五条定义:食品快速检测方法,指具有快速、简便、灵敏等特点的,用于食品安全相关项目的检测手段。

所谓"快速检测",是包括样品制备在内,检测人员在短时间内,如几分钟、十几分钟,采用不同方式检测出被检物质是否处于正常状态,被检物质是否为有毒有害物质,或者被检物质是否超出标准规定值的一种检测、筛查行为。食品安全快检是通过便携式的设备、试剂、材料对食品中相关安全性指标进行检测。

三、为什么要推行食用农产品快速检测

《实施条例草案》第四十六条规定:食品、食品添加剂和食品相关产品的生产者,应当按照食品安全标准对所生产的食品、食品添加剂和食品相关产品进行自行检验或者委托检验。食品保质期少于常规检验所需期限的,可以采用快速检测方法。

实验室的建设成本较大,设置数量有限,且实验室检测更加着重于终端产品(最后流通到用户手中,供用户使用的产品)的检测,难以满足对大量样品以及对食品原料、生产环节卫生状况等进行适时监测,因此需要推行快速检测,当检测超标需要复检的样品再送实验室做进一步检测。对于许多食物如蔬菜、肉类等样品,如果送往实验室检测,在得到检测报告之前就已经过食用期或销售待尽。对于廉价、普遍食用而又容易出问题的食物如农贸市场出售的食物,要用昂贵的检测设备来保障食用者的安全也是不现实的。为保障此类食品的食用安全性,快速检测是一种可行的补充行为,既扩大了监督覆盖面,提高监督效率,又可减轻实验室的工作压力,合理利用实验室资源。

四、快速检测项目的主要内容包括哪些

《农产品质量安全法》第七十一条规定:食用农产品销售者进入集中交易市场销售食用农

产品，应当依法提供食用农产品产地证明、购货凭证、合格证明文件。销售者无法提供上述证明文件的，集中交易市场应当进行快速检测或者抽样检验；检验合格的，方可进入市场销售。销售按有关规定需要检疫的肉类，应当提供检疫合格证明；销售肉类制品应当提供检验合格证等证明文件。销售进口食用农产品，应当提供出入境检验检疫部门出具的入境货物检验检疫证明。

2014 年公布的《食品国家标准 食品中农药最大残留量限量》对残留物有这样的定义：由于使用农药而在食品、农产品和动物饲料中出现的任何特定物质，包括被认为具有毒理学意义的农药衍生物，如农药转化物、代谢物、反应产物及杂质等。最大残留限量是在食品或农产品内部或表面法定允许的农药最大浓度。标准对可供人类食用的植物、动物、微生物及其产品，如粮食、蔬菜、豆制品、瓜果、茶叶、食用菌、牛奶、畜禽、水产等动植物、微生物及其产品中农药最大残留限量进行了明确的规定。

五、快速检测项目制定的依据

《食品安全法》第三条指出：食品生产经营者应当依照法律、法规和食品安全标准从事生产经营活动，对社会和公众负责，保证食品安全，接受社会监督，承担社会责任。在快速检测工作中，食用农产品市场（超市）开办方有义务对其所经营的产品进行自我监督管理，在每天实行自检的工作下，还需将当天的检测结果进行公示和上报，广而告之消费者，做到数据信息透明化。

六、公示检验结果的意义

《实施条例草案》第四十四条指出：食品生产经营者应当建立食品安全信息公示制度，及时将食品生产经营许可、食品企业标准、风险分级标识、检查检验结果、食品召回和停止经营、不合格食品处置等信息向社会公示。

《实施条例草案》第六十八条称：食用农产品集中交易市场开办者应当在市场醒目位置设置信息公示栏，公示食品安全管理制度、食用农产品检验结果、不合格食用农产品处理情况、监督管理部门投诉举报电话等信息。

第二部分　检测结果处理及档案管理规范

一、快检实验室如何建立样品检测台账

为了日后方便查阅和档案管理，快检实验室最好将每天处理的样品来源、品种、检测的数量、检测结果、检测人员等信息以表格的形式进行记录，形成实验室的快速检测台账，具体台账表格可参考表 1。

表 1 ××市场检测台账

检验时间：　年　月　日

每天检测项目(有机磷类农药、氨基甲酸酯类农药)

档口	品种	数量	酶抑制率	结果	原始数据粘贴	检测人

定期检测项目(拟除虫菊酯类、有机氯类及杀菌剂农药)

档口	品种	数量	呈现颜色	结果	原始数据粘贴	检测人

二、快检中发现阳性样品处理方式

快检实验室在日常检测中发现阳性样品后，可以采取以下措施：

(1)复测一次。为了慎重起见，可以将抽回来的样品按照检测方法重新检测一次。

(2)到相同的档口对同一批次的样品重新抽样进行复测。

(3)找有资质的实验室用标准确证方法进行检测。

如果用确证方法检测后，样品依然是阳性结果，那就要采取以下措施：

(1)检验人员应将检测结果及时告知被抽样人。

(2)对经市场(超市)自检不合格的食品，市场(超市)要及时填写"……自检结果告知书"，并在 30 min 内将告知书送达被抽样人确认。

(3)被抽样人收到告知书后，应立即暂停销售快检不合格的食品。

(4)对市场(超市)自检结果无异议的，被抽样人在告知书回执签字确认，并在市场(超市)或食品药品监督管理部门的监督下，对同一批食品采取无害化处理、销毁等措施，防止其再次流入市场；同时通知相关生产经营者、消费者，并记录停止销售和通知情况；对自检结果有异议的，被抽样人可自收到检测结果时起 4 小时内提出对同一批食用农产品抽样送检申请。

(5)经检验不合格的，由食品药品监督管理部门依据《食品安全法》《食用农产品市场销售质量安全监督管理办法》等法律法规处理。

辖区内一个或多个市场同一品种食品在 1 个月内多次出现快检不合格的，食品药品监督管理部门要结合日常监督抽检工作要求，将该品种列入重点抽检品种，加强质量安全监测。

三、快检结果信息公布的格式

食品药品监督管理局及各区所指导其下辖的批发市场、超市和农贸市场做好快检结果的信息公布，让普通老百姓可以及时了解其所购买的食用农产品的安全信息，也督促和监督市场经营者把好食用农产品质量关。快检结果信息一般用大的 LED 电子屏显示，具体格式可参考表 2。

表 2 ××市××果蔬批发市场食用农产品快检信息公布栏

序号	样品名称	被抽样单位	被抽样单位地址	检验项目	检验结果	不合格产品处理情况
1	上海青	××	××	农药残留	不合格	销毁
2	菜心	××	××	农药残留	合格	
3						
4						

四、快检设备档案的内容

对检测结果有重要影响的设备如农药残留快速测定仪，应建立设备档案。设备档案的主要内容包括：

(1)设备及其软件的特性识别。

(2)生产商名称、型号标识、序号或识别编号。

(3)符合规范的检查，包括：验收记录、设备性能、准确性、投入使用前和使用期间检查和/或校准记录。

(4)目前放置地点。

(5)使用说明书、操作规程、校准规程。

(6)校准、调试报告或证书日期、结果及复印件，验收标准以及下次校准日期。

(7)维护计划以及维护情况。

(8)设备的损坏、故障、改装或维修。

五、快检设备使用登记的表格制作

快检设备使用登记表格作为日常快检管理工作的重要组成部分，也是原始数据的重要组成部分，具有重要的作用。因此，快检设备的使用登记表格要包括足够的内容和信息，方便日后检查、了解仪器状况等工作。快检实验室快检设备使用登记表格可参考表 3。

表 3 快检设备使用登记表

日期	设备状况	检测时间(时分—时分)	检测情况						检测人员	备注
			样品编号或批次	样品名称或类别	样品数量	检测方法/标准	检测项目	检测结果		
	正常□ 故障□ 保养□ 维修□									
	正常□ 故障□ 保养□ 维修□									
	正常□ 故障□ 保养□ 维修□									

六、快检原始数据等档案的管理

为了确保快检原始数据、各种记录的真实性、有效性和可追溯性，要求对快检的原始数据、记录等档案进行标识、使用、归档、存放、维护和清理。因此，要求快速检测员要按规定进行以下操作：

(1)进行检测样品台账、设备使用登记、检测结果表进行填写。

(2)档案管理员(可以是检测人员兼职)收集原始数据涉及的各项表格、记录，进行登记、存取、存档、存放、维护和处理。

(3)记录的内容主要为抽样信息、检测数据、仪器管理、试剂和易耗品管理，按保存方式分为纸制记录和电子记录。

(4)数据记录应按规定的记录表格如实书写，字迹清晰、数据准确、内容完整。一般用蓝黑色或黑色墨水书与，不得用铅笔，不得誊抄。

(5)记录中有关内容不能随意改动，如记录内容确需修改，修改人应先将错误的数据或文字划去，然后在近处写上正确的内容，并在修改处签名或盖章，必要时，修改须取得质量监督员的批准。

(6)所有记录应建立目录和编号，应由专人负责分类存放。

(7)以电子方式储存的记录，采取措施加以适当保护，防止未经授权的人员侵入和修改。

(8)所有记录应存放和保存在防止损坏、变质和丢失的适宜环境中。

(9)原始记录和检验报告等至少应保存 3 年。

(10)档案管理员负责对自己存放的资料定期清理。

第三部分　食品安全快检实验室建设

一、食品安全快检实验室建设必要性

针对食品、农产品质量安全问题的层出不穷，在近几年的两会期间，我们不难发现“食品安全”这一议题几乎是逢会必提，逢提必重。结合“十三五”提出的“让人民群众吃得放心”的规划，不难看出国家对食品安全整改的重视以及决心，就是从国家层面上加强食品安全监管，健全法律法规体制；从生产者角度重视食品安全问题，加强生产流程管理和自身检测能力建设。

(1)《食品安全法》颁布实施使食品安全快速检测产品执法合法化，近些年来，国家相继出台政策规范食品企业生产，要求企业增强检测能力，但是这些小企业中有能力配备标准中要求的大型分析仪器的并不多，而食品安全快速检测技术和产品恰好能化解这种矛盾。同时，一些大型食品企业出于对成本的考虑也在大规模使用食品安全快速检测产品。

(2)政府的基层执法单位检测实验室的缺失；政府的基层执法单位检测实验室简陋，甚至没有相关的检测实验室，造成执法难度较大。针对此问题，国家设计检测体系和检测环节是按国家部委、省(自治区)、市、县、乡镇、基层设计，检测能力梯度依次递减，在乡镇和技能等执法单位推荐使用快速、简单、便携的快速检测产品，主要起筛查防范作用。

二、食品安全快检实验室的基本要求

快检实验室以检测食用农产品质量安全为目的，参照国家和地方标准，结合快速检测和标

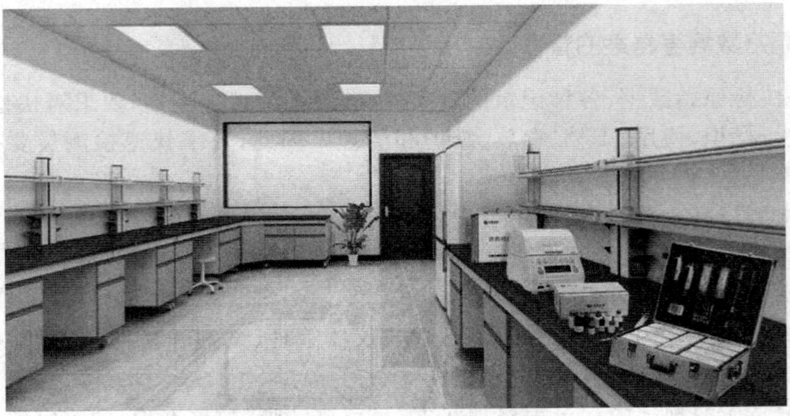

图1 快检实验室局部

准检测方法，为食品提供检测平台。检测分为快速检测和标准方法检测，其中快速检测可作为初步筛查的手段，当检测出疑似不合格产品时，用标准方法复查。快检实验室可做到快速、便捷、准确地检查食品的安全性，用于日常的执法及大数据收集。

1. 实验室选址

食品安全快检实验室的选址原则同一般化学实验室，一般选在远离粉尘、有害气体、噪声、振动等地点，供电电压应相对稳定，有配套的上下水、电、通风橱，建议选择良好的房间。

2. 实验室的建筑面积

根据食品安全监管部门的工作要求和实际开展检测项目需要，综合批发市场实验室面积应不小于15 m^2，专业批发市场实验室面积应不小于20 m^2。建议实验室建筑面积在30 m^2 或以上，这样有助于根据实验项目合理分配功能区，便于实验室仪器设备的合理摆放和样品流转及空气流通。

3. 实验室温、湿度等要求

实验室内应配备空调、除湿机等设施，并有温度计保证快速检测室的温度控制在15～28℃，湿度控制在70%以下。室内照明采用日光灯即可，平均光照度不低于100勒(lx)。

室内必须配备干粉或二氧化碳灭火器，以便电路故障或化学品燃烧引发明火时灭火使用。所有设备插座均应有牢固的地线装置，以防止设备带电导致操作人员触电。根据现代快检数据信息上传的要求，最好快检实验室具有互联网接入端口等设施。

4. 实验室内部布局要求

快检实验室的内部空间布局要求科学、合理、防止交叉污染；此外，要合理摆放实验台及设备，还要充分考虑到对检测人员的保护、人员流动与物品流动的方向符合工作要求。

三、对快检实验室的检测人员要求

综合批发市场实验室人员总数不少于2人，并能满足本专业领域对实验室人员的特殊资质要求；专业批发市场实验室人员总数不少于2人，并能满足本专业领域对实验室人员的特殊资质要求；零售市场实验室人员总数不少于1人，并能满足本专业领域对实验室人员的特殊资质要求。所有快检实验室检测人员都要求培训后上岗，且为市场方固定工作人员并尽量保持相对的稳定性。

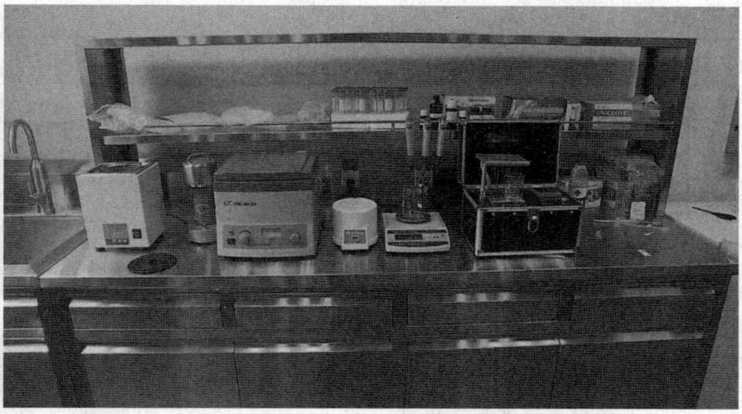

图 2　标准快检实验室

四、快检实验室的常用设备和耗材

作为一个可以进行常见农药、兽药残留检测的快检实验室，需配备一些与市场类型相符合的检测设备（表 4）、辅助设备和耗材才可以开展具体的检测工作，包括：农药残留快速检测仪、小型电子天平、超声波清洗机、离心机、冰箱、振荡器、恒温箱、水浴锅、氮吹仪、涡旋混匀器、玻璃器皿；消耗性试剂有农药残留检测试剂盒、农药残留检测试纸、孔雀石绿快速检测卡、氯霉素快速检测卡、呋喃唑酮代谢物检测卡、呋喃它酮代谢物检测卡、瘦肉精（盐酸克伦特罗、莱克多巴胺、沙丁胺醇）免疫胶体金快速检测试剂板。相对检测项目多、要求更好的快检实验室可以配备多功能快速检测仪、氮吹仪、气相色谱仪或液相色谱仪。检测设备按要求管理，并定期维护。食品安全检测试剂符合储存要求，且在保质期内。

表 4　快检实验室常用设备

设备名称	用途简介	实例图片
农药残留快速检测仪	蔬菜水果中农药残留的检测	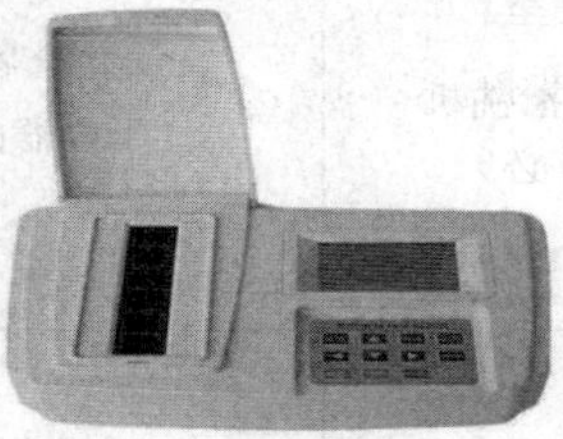
恒温荧光检测仪	食品中致病菌的检测	

续表4

设备名称	用途简介	实例图片
胶体金检测仪	食品中兽药残留的检测	
涡旋振荡器	样品前处理 标准溶液配制等混匀	
高速离心机	样品前处理、离心	
小型电子天平	称量待检测样品	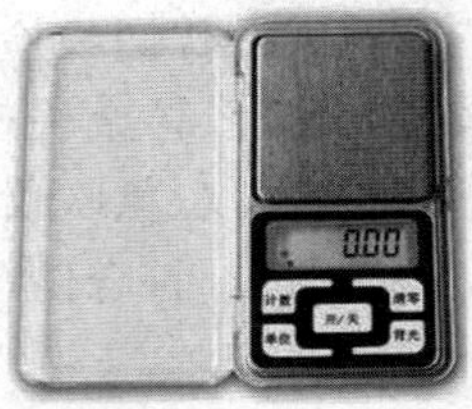
超声波清洗机	待测化合物的提取、玻璃容器的清洗等	
恒温水浴锅	水浴	

五、市场(超市)自检实验室严格控制的关键环节

为确保检测工作质量，市场(超市)自检室应严格控制以下环节：

(1)检测样本管理：规范样本的抽取、信息登记、制备、储存、检测、处置。

（2）仪器设备管理：规范仪器设备的使用、检验、维护、建档。

（3）数据资料管理：规范实验记录、检测数据的填写、报送、保存。

（4）实验耗材管理：规范实验耗材的采购、验收、使用、保存。

（5）实验室安全卫生管理：规范易燃、易爆、腐蚀性物质的存放和使用，严防各类事故发生。

六、快检实验室管理制度的制定

快检实验室管理制度可以参考以下条款：

（1）进入快检室必须穿工作衣，必须更换洁净衣鞋，做好个人防护。非检验人员未经许可不得随意进入检验室。

（2）保持快检室环境整洁，经常彻底地清洁实验室及其设备，避免扬尘和过分潮湿。

（3）对实验室用器皿要做好及时清洗、晾干或烘干，置于干燥无尘处。

（4）严格遵守毒品保管制度，易燃、易爆、有毒物品应按规定进行保管、使用。

（5）为避免检验相互间污染干扰，对于不同品种或属性的试样，不用检查项目，应有足够的试验区域予以分离检验，尤其对于已知具有“三致”危害物质，必须分离检验，防止环境污染。

（6）各种试剂要分类存放，有明晰的分类标签，试验用器皿要分类、固定位置存放，实验台面物品摆放整齐、规范。

（7）严禁将与实验无关的物品带入实验室，避免污染，影响实验操作。

（8）损坏一般仪器设备要登记、维修或报废；损坏贵重仪器时，应及时报告，按照程序及时处理。

（9）严禁在实验室抽烟、饮食，做与实验室无关的工作，保持实验室整洁。

七、快检实验室设备管理制度的制定

为了保障快检结果的准确性、可靠性，要对快检设备进行规范化的管理，保证其具备良好的状态。

（1）实验室设备应建立使用登记制度，新领用或有损坏时应做好记录，按规定进行处理。

（2）每台设备均应按照说明书介绍方法操作，以免损坏仪器或影响检测结果。精密设备应有专业人员进行安装调试，调试正常后方可交付使用。

（3）各种设备应逐个编号的，定期保养、维护，确保其运行正常，发生故障应及时拨打售后服务电话通知专业人员维修，保养、维护应有记录。设备维修或更换零配件后，应调试校正方可使用。

（4）检测设备应由检测人员操作，其他人员不得擅自使用。

（5）应保持设备清洁，定期做好除尘、除湿等措施。试验用的玻璃器皿应随时保持干净，使用前、后应清洁干净，使用前应先检查是否完好。

（6）设备使用时发现故障，应立即关闭电源、气源，并及时报告单位负责人。

（7）设备使用完后应将各部件恢复至所要求的位置，并及时做好清理工作。

（8）设备的零配件应妥善保管，说明书、操作手册、登记手册等应设专柜存放。

（9）报废的设备应写出报废原因，由单位负责人签字报损，并做好标识封存后集中处理。

项目达标检测参考答案

项目一参考答案

一、简答题

1. 答：即在短时间内，如几分钟、十几分钟，采用不同方式方法检测出被检物质是否处于正常状态，检测得到的结果是否符合标准规定值，被检物质本身是不是有毒有害物质，由此而发生的操作行为称之为快速检测。

2. 答：(1)定性检测：即快速地得出被检样品中是否含有有毒有害物质，或其本身就是有毒有害物质。通常以阴性或阳性表述。阴性表示用本方法未检出要检测的物质。阳性表示检出了有毒有害物质。

(2)限量检测：即快速地得出被检样品中有毒有害物质是否超出标准规定值。

或有效物质是否达到标准规定值。通常以合格或不合格表述。

(3)半定量检测：能够快速地得出所测物质的大概含量，通常以合格或不合格表述，也可标示出具体数值。

(4)定量检测：如温度、湿度、消毒间紫外线辅照强度、纯净水电导率等物理指标的检测。通常以具体数值表述。

二、判断题

1. ×；2. ×

三、单选题

C

项目二参考答案

一、单选题

1. D；2. A；3. B；4. B；5. A

二、多选题

1. ABCD；2. ABC

三、简答题

1. 答：(1)拿取比色皿时，只能用手指接触两侧的毛玻璃，避免接触光学面。同时注意轻拿轻放，防止外力对比色皿的影响，产生应力后破损。(2)凡含有腐蚀玻璃的物质的溶液，不得长期盛放在比色皿中。(3)不能将比色皿放在火焰或电炉上进行加热或干燥箱内烘烤。(4)当发现比色皿里面被污染后，应用无水乙醇清洗，及时擦拭干净。(5)不得将比色皿的透光面与硬物或脏物接触。盛装溶液时，高度为比色皿的 2/3 处即可，光学面如有残液可先用滤纸轻轻吸附，然后再用镜头纸或丝绸擦拭。

2. 答：(1)卡片要放到 0～4℃冰箱保存，保质期为一年。(2)加样液时，注意让液体附着在白色药片上。

3. 答：目前食品中熏蒸剂残留量的检测还没有一种方法快捷的现场快速检测方法，大多是依据化学反应比色法或者利用气相色谱仪进行分析。目前市面上出现的MB-02溴甲烷熏蒸气体检测仪则是针对熏蒸气体进行检测。例如在封闭的集装箱外检测溴甲烷的泄漏量;地窖和包装箱的溴甲烷的浓度。该仪器灵敏度高,一旦检测到溴甲烷,几秒钟内就会读数,声音报警;同时它体积小,重量轻,携带和存放都很方便。

项目三参考答案

一、单选题

1. D;2. A;3. C;4. C;5. B;6. D;7. A;8. A;9. D;10. C

二、判断题

1. √;2. √;3. ×;4. √;5. √

项目四参考答案

一、单选题

1. D;2. D;3. C;4. A;5. D;6. B;7. C;8. A;9. B;10. D

二、填空题

1. 汞、铅、砷、铜、锡、铬;石墨炉原子法;紫外可见分光光度法、原子吸收光谱法、原子荧光光谱法

2. 硫化氢

三、简答题

1. 铅的毒副作用是多方面的,主要有:①影响卟啉代谢,使血红蛋白合成受阻,导致贫血;②抑制细胞 Na^+/K^+-ATP 酶活性,影响水钠调节;③抑制红细胞嘧啶-5-核苷酸酶,使其在红细胞内大量积聚。使红细胞膜脆性增加,结果导致溶血;④影响神经细胞正常代谢。使大脑皮质兴奋和抑制功能紊乱,严重者可发生中毒性脑病和中毒性周围神经病;⑤损伤肾小管内皮细胞和肾小球,影响滤过和再吸收功能;⑥引起血管平滑肌痉挛;⑦使肝、肾、脑等重要脏器缺血,细胞受损,血压升高。

2. 检测步骤:取粉碎后的固体样品 5 g 于反应瓶中,加入 20 mL 蒸馏水或纯净水(如果样品为饮用水,直接取 20 mL 于反应瓶中),固体样品需浸泡 5 min 以上(富含蛋白质的样品需加入 5～10 滴消泡剂),摇匀后加入 2 平勺(约 0.2 g)酒石酸(若果固体样品取样量为 10 g 以上,加入 3 平勺的酒石酸),摇匀,取检汞管 1 支,在下端(细端)松松塞入试剂棉少许,插入 1/2 条测汞试纸,在检汞管上端再塞入少许试剂棉,将检汞管的下端插入带孔的胶塞中。向反应瓶中加入 1 片产气片(如果固体样品的取样量为 10 g 以上,加入 2 片产气片),立即将带有检汞管的胶塞插入反应瓶口中,待产气停止,观察测汞试纸的变化情况。

注意事项:

①操作应在 20℃以下温度下进行,必要时可用手握住反应瓶助温。

②加入产气片后应立即将带有检汞管的胶塞插入反应瓶口中。

③当检出阳性结果样品时,应将样品送实验室进一步检测。

④经常检测限量指标≤0.01 mg/kg 的样品,取样量大于 20 g 时,可改用较大一些的玻璃瓶。

⑤试剂有效期为 2 年,阳性对照试验无反应时不可再用。生产日期见包装处。

项目五参考答案

一、选择题

1. D;2. A;3. C;4. B;5. D;6. A;7. A;8. D;9. C;10. B

二、填空题

1. 食品添加剂;2. 抗微生物剂;3. 二氧化硫残留量;

三、简答题

1. 食品中的亚硝酸盐与对氨基苯磺酸重氮化后,亚硝酸盐与再与盐酸萘乙二胺偶合形成紫红色染料,通过与标准色卡对比,可对样品中亚硝酸盐进行定量。

2. 结合滴定法与目测比色法原理,在显色剂环境下将滴定试剂与苯甲酸钠反应,通过观察颜色变化时所加滴定试剂的量来计算苯甲酸钠的含量。本产品的检出限为 0.0244 g/L,食品安全国家标准食品添加剂使用标准(GB 2760)规定碳酸饮料中苯甲酸不得超过 0.2 g/L(≤8 滴),果蔬汁饮料中苯甲酸不得超过 1.0 g/L(≤40 滴)。

3. 食品添加剂使用时应符合以下基本原则:①不应对人体产生任何健康危害;①不应掩盖食品腐败变质;③不应掩盖食品本身或加工过程中的质量质量缺陷或以掺杂、掺假、伪造为目的而使用食品添加剂;④不应降低食品本身的营养价值;⑤在达到预期目的前提下尽可能降低在食品中的使用量。在下列情况下可使用食品添加剂:①保持或提高食品本身的营养价值。②作为某些特殊膳食用食品的必要配料或成分。③提高食品的质量和稳定性,改进其感官特性。④便于食品的生产、加工、包装、运输或者储藏。食品添加剂检测直接关系食品安全和人们的生命健康,因此必须高度重视。必须加强对食品添加剂检测技术的研究,提高检测水平,对食品中的添加剂残留情况实施准确、快速的定性和定量检测,全面保证食品安全,保证人们的身体健康和生命安全,让人们能放心的食用食品。这对推动我国社会经济的和谐及稳定发展,也具有积极的影响和促进作用。①色谱检测技术(如高效液相色谱法、反相高效液相色谱法、毛细管气相色谱内标法、固相萃取-高效液相色谱法、毛细管气相色谱内标法等)。②毛细管电泳检测技术(高效毛细管电泳检测法、毛细管电泳分离法等)。③快速检测法(碱性副品红-甲醛溶液法、二苯乙醇酸法等)。

项目六参考答案

一、单选题

1. C;2. B;3. A;4. B;5. A

二、多选题

ABCD

三、简答题

一般通过看、闻、尝、听、问五个方面即可鉴别。健康的油呈现透明、有清香感、烧后没有噼啪声音,没有矿物味。

看:看透明度,看色泽。颜色发暗,比较混浊,且有沉淀物,低温易凝固的可能是地沟油。检测小窍门一是给冰棍上倒上一点油,油很快凝固并附着在冰棍上,则很可能是地沟油做成的。窍门二是玻璃上倒上一点油,如果油流的很慢,则可能有问题。

闻:每种油都有各自独特的气味。可以在手掌上滴一两滴油,双手合拢磨擦,发热时仔细闻其气味。有臭味的，呈淡淡哈喇味的很可能就是地沟油。

尝：用筷子取一滴油，仔细品尝其味道。有异味的油可能是地沟油，含地沟油的油炒菜不香，残油渣呈黑炭状。

听：取油层底部的油一两滴，涂在易燃的纸片上，点燃并听其响声。燃烧不正常且发出"吱吱"声音的，水分超标，是不合格产品；燃烧时发出"噼叭"爆炸声，表明油的含水量严重超标，而且有可能掺假产品，绝对不能购买。

问：问商家的进货渠道，必要时索要进货发票或查看当地食品卫生监督部门的抽样检查报告。

项目七参考答案

一、单选题

1. C；2. A；3. C；4. D；5. C

二、多选题

1. ABC；2. ABCD；3. ABC

项目八参考答案

一、判断题

1. √；2. √；3. √；4. √；5. √；6. ×；7. √；8. ×；9. ×；10. √；11. ×；12. √；13. √；14. √

二、单选题

1. A；2. A 3. A；4. D；5. B；6. A；7. C

三、多选题

1. ABC；2. ABCD；3. ABCD；4. ABCD；5. ABCD

参考文献

[1] 崔野韩,曾庆,奚朝鸾.农产品质量安全检测技术实务[M].北京:中国农业出版社,2011.

[2] 金发忠,丁保华,王宇萍.农产品质量安全监督检查指南[M].北京:中国农业出版社,2019.

[3] 广德福.从农田到餐桌-农产品质量安全150问.北京:中国农业科学技术出版社,2017.

[4] 肖放,向朝阳,闫石.农产品质量安全执法案例评析与实务指导[M].北京:中国农业出版社,2019.

[5] 欧阳喜辉,黄宝勇.农产品质量安全检测操作实务[M].北京:中国农业出版社,2019.

[6] 翁文川,谢建军.天天快检100问:食用农产品快速检测指南.广州:广东科技出版社,2017.

[7] 刘桂伶.原料乳及乳制品中三聚氰胺检测方法研究[J].湖北畜牧兽医,2019,40(01):13-14.

[8] 汪开银.辣椒制品中苏丹红Ⅰ快速检测的方法研究[J].生物加工过程,2018,16(02):63-68.

[9] 史海莹.吊白块快检试剂盒分析与评价[J].食品科技,2012,37(08):290-292.

[10] 液体乳中三聚氰胺的快速检测胶体金免疫层析法(KJ201907).

[11] 液体乳中三聚氰胺的快速检测拉曼光谱法(KJ201908).

[12] 辣椒制品中苏丹红Ⅰ的快速检测胶体金免疫层析法(KJ201801).

[13] 李云雁,胡传荣.试验设计与数据处理[M].2版.北京:化学工业出版社,2008.

[14] 段丽丽.食品安全快速检测[M].北京:北京师范大学出版社,2017.

[15] 穆华荣,于淑萍.食品分析[M].3版.北京:化学工业出版社,2015.

[16] 王紫菲,肖晶.国际标准组织食品检验方法体系的构成及特点分析[J].中国卫生标准管理,2018,9(2):4-8.

[17] 王林,王晶,周景洋.食品安全快速检测技术手册[M].北京:化学工业出版社,2008.

[18] 李秀,赖滋汉.食品分析与检验[M].北京:中国计量出版社,2011.

[19] 陈炳卿,刘志诚,王茂起.现代食品卫生学[M].北京:人民卫生出版社,2001.

[20] 段丽丽,句容辉.食品安全快速检测[M].北京:北京师范大学出版社,2020.

[21] 姚松坪,燕荣,杨少华,等.食品中微生物快速检测技术发展概况[J].食品研究与开发,2017,38(4):194-197.

[22] 孙长颢.营养与食品卫生学(第6版)(供预防医学类专业用)[M].北京:人民卫生出版社,2012.

[23] 张水华.食品分析实验[M].北京:化学工业出版社,2006.

[24] 师邱毅,程春梅.食品安全快速检测技术[M].北京:化学工业出版社,2019.